Hermann Nothnagel

Beiträge zur Physiologie und Pathologie des Darmes

Hermann Nothnagel

Beiträge zur Physiologie und Pathologie des Darmes

ISBN/EAN: 9783744658966

Hergestellt in Europa, USA, Kanada, Australien, Japan

Cover: Foto ©berggeist007 / pixelio.de

Weitere Bücher finden Sie auf **www.hansebooks.com**

BEITRÄGE

ZUR

PHYSIOLOGIE UND PATHOLOGIE

DES DARMES.

VON

DR. HERMANN NOTHNAGEL,

O. Ö. PROFESSOR DER MEDICIN UND DIRECTOR DER I. MEDICINISCHEN KLINIK
IN WIEN.

Mit lithographischen Tafeln.

BERLIN, 1884.

VERLAG VON AUGUST HIRSCHWALD.

NW. UNTER DEN LINDEN 68.

Vorwort.

Chemische, neuropathologische, mikroparasitäre Fragen beherrschen in der gegenwärtigen Zeit die interne Medicin vorwiegend, beschäftigen deren wissenschaftliche Vertreter in der grösseren Mehrzahl. Wenn nun in den hier vorgelegten Abhandlungen ein von den grossen Tagesfragen abweichender Gegenstand zur. Erörterung gelangt, so bedarf dies allerdings an sich keiner Rechtfertigung. Dennoch empfinde ich den lebhaften Wunsch, es auszusprechen, dass mich zu der Beschäftigung mit der Pathologie des Darmes die Thatsache gebracht hat, dass in der jüngsten Zeit, das grosse Werk Woodward's ausgenommen, auffallend wenige Forscher derselben ein lebhafteres Interesse zugewendet haben. Die einschlägigen Bearbeitungen in den Handbüchern, gelegentliche casuistische Beiträge, und nur ganz vereinzelt eine umfänglichere und eingehendere Abhandlung weist die Literatur der Darmpathologie in den letzten Jahrzehnten auf. Insbesondere ist das Experiment, die lichtbringende Fackel an so vielen dunklen Stellen der Pathologie, auf die krankhaften Vorgänge im Darm bislang nur äusserst selten angewendet worden.

Vielleicht veranlasst die vorliegende kleine Sammlung — deren einzelne Abhandlungen zum Theil in mehreren Zeitschriften während der letzten drei Jahre veröffentlicht wurden, zum Theil jetzt neugedruckt erscheinen — einige Forscher, ihre Aufmerksamkeit und Arbeitskraft auch diesem etwas vernachlässigten Gebiete der Pathologie zu widmen.

Wien, im Februar 1884.

H. Nothnagel.

Inhalt.

I. Experimentelles.

II. Klinisches und Anatomisches.

Die Abhandlungen No. 1, 3, 8, 11, 12 sind neugedruckt.

1.

Einige Versuche und Bemerkungen über die normalen Darmbewegungen.

In den folgenden Zeilen wird nicht die ganze Physiologie der Darmbewegungen erörtert werden; nur einige Punkte aus derselben sollen eine kurze Besprechung finden. Die thatsächliche Unterlage für die nachstehenden Bemerkungen bilden Beobachtungen, welche ich zum Theil gelegentlich bei anderen experimentellen Untersuchungen über den Darm*) gemacht, zum Theil aus ad hoc angestellten Versuchen entnommen habe. Die Methode,‛ nach welcher ich arbeitete, ist in der Abhandlung No. 2 dieser Sammlung besprochen. Ebendaselbst habe ich bemerkt, dass ich mich den von Braam-Houckgeest¹ gemachten Mittheilungen über das Verhalten der Peristaltik unter den von ihm angewandten Versuchsbedingungen in den meisten Punkten anschliessen müsse; einige kurze Ergänzungen wurden hinzugefügt.

Thatsächliches zum Verhalten der Darmbewegungen.

a) Es scheint mir überflüssig, das von Braam-Houckgeest Beschriebene noch einmal zu wiederholen; nur folgendes Weitere möge hier Platz finden. Wenn man von „fortschreitender Peristaltik" spricht und etwa damit die Vorstellung verbinden sollte, dass die Contractionswelle, wenn sie einmal entstanden ist, den ganzen Dünndarm oder den grössten Theil desselben fortschreitend von oben nach unten durchmesse — so entspräche diese Vorstellung dem Thatsächlichen keineswegs. Vielmehr sind es immer nur ein-

---

*) Vergl. die Abhandlungen No. 2—5.

zelne Strecken,. welche sich in Bewegung befinden; wobei es sich
häufig ereignet, dass mehrere derselben nebeneinander gleichzeitig
sich bewegen, und die dazwischen liegenden Abschnitte ganz ruhig
sind. Niemals, selbst bei der stürmischsten Peristaltik nicht, habe
ich den ganzen Dünndarm gleichzeitig in Bewegung gesehen; ebensowenig ist es mir je gelungen, festzustellen, dass derselbe Wellen-
zug allmählich und ununterbrochen vom Duodenum bis zum
Coecum vorgerückt wäre.

b) Wenn noch neuerdings, wie z. B. in dem vortrefflichen
Lehrbuch der Physiologie von M. Foster[2], angegeben wird, „dass
die Reizung irgend eines Theils des Dünndarms eine ringförmige
Zusammenziehung oder eine Contraction der circulären Muskelschicht, die längs dem Darm wie eine Welle hinzieht, verursacht,
und dass gleichzeitig auch eine Contraction der Fasern der longitudinalen Schicht eintritt, welche gleichfalls in Form einer Welle
über den Darm verläuft"; so hat dem gegenüber schon Braam-
Houckgeest betont, dass die Reizung eines Punktes der äusseren
Oberfläche des ruhenden Darmes — unter den oben erwähnten
Versuchsbedingungen — am lebenden Thier immer nur einen lo-
calen Effect hervorruft, und ich habe dies durchaus bestätigen
können. Es tritt darauf weder eine auf- noch abwärts steigende
Bewegung ein.

c) Die Bewegungen, welche man am Dünndarm auftreten sieht,
kann man in zwei Gruppen bringen. Einmal nämlich schreiten
dieselben wirklich vorwärts, befördern den Inhalt weiter nach abwärts. Zweitens aber sieht man sehr oft schwache Pendelbewegungen, herrührend von Contractionen der Längsfasern, und auch
schwache Contractionen der circulären Schicht, ohne dass der Darminhalt dabei vorgeschoben wird. Kennzeichnet man sich in letzterem Falle die abwärts gerichtete Spitze der Inhaltssäule, so kann
man mit Sicherheit das Stehenbleiben derselben constatiren, trotzdem die genannten Bewegungen durch 5, 10, 15 Minuten angedauert
hatten. Durch dieselben wird höchst wahrscheinlich eine innigere
Mischung des Inhalts mit den Verdauungssäften erreicht, und andererseits wohl die Berührung immer frischer Inhaltspartien mit
der Schleimhautoberfläche behufs der Resorption.

d) Beim Kaninchen ist bekanntlich der oberste Theil des
Dünndarms, insbesondere das Duodenum, stärker und mehr als

alle übrigen Darmstrecken bewegt. Es liegt nahe, dies mit dem Eintritte der Verdauungssäfte in Verbindung zu bringen. Denn dass nicht etwa ein ununterbrochenes oder wenigstens sehr häufiges Eintreten von Mageninhalt die Veranlassung sein kann, geht einfach daraus hervor, dass man oft trotz beständiger Bewegungen nichts in das Duodenum vom Magen her eintreten sieht, was vermöge des Durchschimmerns des grünen Inhalts durch die dünne Darmwand sehr leicht festzustellen ist. Ich habe mich unmittelbar davon überzeugen können, dass die peristaltische Welle im Duodenum selbst entsteht, und zwar durch den Eintritt der Verdauungssäfte, insbesondere der Galle. Denn in diesem gelegentlich durch eine Viertelstunde ganz ruhigen Darmstück begann die Peristaltik, und zwar in einiger Entfernung vom Pylorus, als es sich sichtbar zu füllen anfing und stärker wurde, und zwar, wie die bald vorgenommene Eröffnung lehrte, stärker wurde durch das Einströmen von Galle. Uebrigens ist es mir nicht gelungen, wie ich zu erwähnen nicht unterlassen will, durch Injection von Kaninchengalle, die einem soeben getödteten Thier entnommen war, in leere beliebige Darmstrecken Bewegungen anzuregen. Bemerkenswerth ist ferner, dass auch die offenbar mit dem Eintritt der Verdauungssäfte zusammenhängenden Duodenumbewegungen trotz des Vorrückens der Galle bald aufhören.

Wichtig erscheint mir, dass ich ganz leere Darmschlingen, bei deren Eröffnung thatsächlich gar nichts von sogenanntem Inhalt auffindbar war, niemals sich bewegen gesehen habe. Solche Strecken lagen während der ganzen Versuchsdauer stets vollkommen still. Es ist dies der einzige Punkt, wo ich Houckgeest's Angaben über die normale Peristaltik nicht beitreten kann, welcher berichtet „oft ziemlich lebhafte Pendelbewegungen in ganz leeren Schlingen des Ileum" beobachtet zu haben. Allerdings ist es richtig, dass positive Beobachtungen unter den fraglichen Verhältnissen mehr beweisen als negative. Indessen möchte ich hinzufügen, dass ich selbst anfänglich Bewegungen in ganz leeren Darmschlingen zu sehen glaubte, bis die Eröffnung derselben die Gegenwart von spärlichem Inhalt darthat. Houckgeest's Mittheilung lässt nicht erkennen, ob er dieselbe Vorsicht beobachtet. Möglich, dass er mit seinen positiven Angaben im Rechte ist; es lag mir aber ob das zu berichten, was ich selbst gesehen habe.

e) Wenn in einem beliebigen schlaff gefüllten Dünudarmab-
schnitt eine Inhaltssäule langsam sich vorbewegt hat, so tritt eine
Ruhepause ein, von längerer oder kürzerer Dauer, bis zu einer
Stunde selbst. Die sorgfältigste Betrachtung lässt gar keinen
Grund erkennen, aus welchem dieser Stillstand erfolgt. Aeusser-
lich bleibt diese Darmstrecke unverändert, es erfolgt keine stärkere
Ausdehnung durch Gas oder dergleichen. Dann beginnt in derselben Weise, d. h. ohne sichtbare Veranlassung wieder die Bewegung, welche den Inhalt weiter abwärts schiebt. — In der Abhandlung No. 2 habe ich geschildert, wie auch in solchen Darmschlingen, welche von einer gewissen Gasmenge ausgedehnt und von
einer stürmischen peristaltischen Welle durcheilt werden, die Roll-
bewegung wie mit einem Ruck plötzlich zum Stillstand kommen
kann. Auch hier tritt dann trotz der Fortdauer derselben Bedingungen seitens des Darminhaltes und trotz der Spannung der
Darmwand eine Ruhepause ein, bis auch hier wieder nach einiger
Zeit, ebenfalls wieder ohne erkennbare äussere Veranlassung die
Bewegung von neuem beginnt.

Ist bei der Entstehung der normalen Peristaltik das Nervensystem betheiligt?

Bis vor kurzem schien kein Zweifel darüber möglich, dass
bei der Entstehung der normalen Peristaltik Erregungsvorgänge in
nervösen Apparaten insbesondere in den Darmwandganglienzellen
in Betracht kommen. In neuerer Zeit jedoch hat Engelmann[3]
auf Grund seiner am Ureter gewonnenen Erfahrungen sich dahin
ausgesprochen, dass die Entstehung auch der Darmperistaltik zurückzuführen sei auf einen blos von Muskelzelle zu Muskelzelle,
ohne Dazwischentreten nervöser Einflüsse sich fortpflanzenden Erregungsvorgang. Und S. Mayer[4] schliesst sich dieser Anschauung
insoweit an, als er die wichtige Rolle, welche man den Darmwandganglien zuzuschreiben pflegt, für vollständig unerwiesen erachtet,
der glatten Muskelfaser mit peristaltischer Bewegung automatische
Erregbarkeit zuschreibt, die reguläre Fortpflanzung der Erregung
wesentlich auf Rechnung der Muskelsubstanz selbst setzt.

Da demnach eine von der bisherigen durchaus abweichende
Ansicht von namhaften Forschern vertreten wird, dürfte es nicht
ganz überflüssig sein, auf den Gegenstand ein wenig einzugehen.

Zuvörderst betone ich, dass mir dafür, dass die glatte Muskulatur des Darmes eine automatische Erregbarkeit besitze, die Peristaltik ohne nervöse Erregung zu Stande komme, bis jetzt noch kein directer, kein zwingender thatsächlicher Beweis erbracht zu sein scheint. Engelmann's Schlussfolgerung stützt sich bekanntlich auf die von ihm gemachte Beobachtung, dass der grösste Theile des Harnleiters, in welchem auch Peristaltik sich abspielt, der Ganglienzellen entbehre. Dem gegenüber ist zunächst zu bemerken, dass andere Forscher das Vorkommen von Ganglienzellen im ganzen Ureter behaupten. So giebt Rud. Maier[5] mit Rücksicht auf die von ihm untersuchten Objecte (Mensch, Schwein, Kalb, Kaninchen) wörtlich an: „Der Ureter zeigt in seiner bindegewebigen Mucosa auf seinem ganzen Lauf mit seiner trichterförmigen Beckenerweiterung durchweg an seinen Nervverzweigungen Ganglienzellen". Es ist demnach die thatsächliche Grundlage für Engelmann's Anschauung selbst betreffs des Ureter durchaus noch nicht zweifellos anerkannt. Aber selbst wenn diese Anschauung für den Ureter richtig wäre, so wäre damit vielleicht die Möglichkeit eines analogen Vorganges am Darm gegeben, aber doch noch lange nicht der Beweis. Wenn selbst an dem — angenommen ganglienlosen — Ureter die Fortbewegung des Inhaltes durch die automatische Erregung der Muskelzellen zu Stande käme, so ist damit noch nicht der Schluss bewiesen, dass dies an dem — zweifellos ganglienreichen — Darm ebenso sein müsse.

Darüber, dass nervöse Einflüsse, sei es hemmender sei es bewegender Natur bei der Peristaltik sich geltend machen unter bestimmten Verhältnissen, kann ja kein Zweifel bestehen; dieses wird auch allseitig anerkannt. Wenn unter dem Einflusse cerebraler Erkrankungen hartnäckige Stuhlverstopfung oder umgekehrt bei psychischen Erregungen plötzlicher Durchfall eintritt, so ist dies eben nur durch die Einwirkung des Nervensystems möglich. Die Frage dreht sich nur darum, ob die normale, die physiologische Peristaltik zu ihrem Zustandekommen nervöser Erregungen bedarf. Auf diese Frage geben die gewöhnlichen, ohne weiteres am Darm zu beobachtenden Erscheinungen keine sichere Antwort, sonst könnte ja hier gar keine Meinungsverschiedenheit obwalten. Wenn man nämlich der glatten Muskelfaser automatische Erreg-

barkeit zuerkennt, dann können alle die verschiedenen einfachen
Beobachtungsthatsachen der normalen Peristaltik, welche etwa die
Auffassung des nervösen Zustandekommens zu unterstützen scheinen,
ebensogut ohne dieselbe erklärt werden. Beweise kann hier nur
das Experiment erbringen.

Das einfachste Verfahren wäre nun, die Ganglienzellen der
Darmwand durch die Einwirkung eines Giftes isolirt auszuschalten;
ein solches Gift giebt es aber nicht, auch Curare ist bekanntlich
zu diesem Zwecke nicht verwendbar. Ich suchte deshalb auf einem
anderen Wege zum Ziele zu gelangen. Zum Ausgangspunkt nahm
ich die merkwürdige Differenz der Wirkung, welche sich bei der
Application von Kali- und Natronsalzen auf die äussere Darmwand
des Kaninchens darbietet: rein örtliche Contraction bei Kalisalzen,
über eine weitere Strecke sich ausbreitende bei Natronsalzen. Ich
glaube dargethan zu haben (vergl. Abhandlung No. 4), dass bei
dem Kali es sich um eine ausschliessliche Einwirkung auf die
Muskulatur handelt, während der Natroneffect bedingt ist durch
eine gleichzeitige Beeinflussung der nervösen Apparate, die directe
Muskelreizung beim Natron in den Hintergrund tritt. Die Ueberlegung war folgende. Den bekannten Erfahrungen zufolge wird
nach der Tödtung des Thieres — oder, wenn man die Blutgefässe
eines bestimmten doppelt unterbundenen Darmstückes gänzlich ab-
trennt, in diesem — die Erregbarkeit und Thätigkeit der Muskulatur länger erhalten bleiben, als die der nervösen Apparate. Das
Erloschensein der nervösen Erregbarkeit prüft man durch die
Application von Natronsalz: ruft dieses eine aufsteigende Contraction nicht mehr hervor, sondern nur eine auf den unmittelbaren Berührungsort beschränkte, so besteht nur noch die Contractilität der Muskulatur. Alle etwaigen Bewegungsvorgänge am
Darm, welche in dieser Zeitperiode noch beobachtet werden, müssen
demnach einfach durch die blosse Thätigkeit der Muskelzellen ohne
Intervention der Nerven zu Stande kommen.

Zur Erregung der Peristaltik benutzte ich eine concentrirte,
mit Carmin gefärbte Kali- oder Natron-Salzlösung. In ein doppelt
unterbundenes Darmstück mittelst einer Pravaz'schen Spritze injicirt wird die Lösung in auf- wie absteigender Richtung (vergl.
Abhandlung No. 2) durch peristaltische und antiperistaltische Be-

wegung in einer bestimmten Zeit hindurchgetrieben. Verschiedene
Versuche haben nun folgendes ergeben:

Die Lösung wurde in die doppelt unterbundene Darmschlinge
injicirt zu dem Zeitpunkt, als die Application von Natron auf die
äussere Darmfläche keine aufsteigende Contraction mehr ergab,
dagegen auf Kali noch eine energische örtliche Contraction erfolgte. Die Lösung blieb liegen, sie wurde nicht mehr durch Peristaltik weitergefördert. Trotzdem also die Muskulatur noch örtlich,
direct erregbar war, pflanzte sich der Erregungsvorgang nicht von
einer Muskelzelle zur anderen fort. Da kein Grund abzusehen ist,
warum, falls die Engelmann'sche Anschauung richtig wäre, die
Uebertragung der Erregung von Muskel zu Muskel unter den angegebenen Verhältnissen ausbleiben sollte, so scheint eben die Anschauung Engelmann's nicht zutreffend zu sein. Allerdings
konnte ich in einigen Versuchen feststellen, dass auch in der Zeitperiode, als die Natron-Nervenwirkung schon fehlte, die reizende
Injectionsmasse noch vorwärts bewegt wurde. Aber die Art und
Weise der Bewegung war hier eine ganz andere, wie die gewöhnliche. Es erfolgte nämlich an der unmittelbar von der Lösung
berührten Darmstrecke eine starke Contraction, der ganzen Gestaltung zufolge als durch directe Muskelreizung bedingt aufzufassen;
hierdurch wurde natürlich die Lösung vorwärts geschoben, nun
trat an der neu berührten Stelle derselbe Vorgang ein u. s. w.
Jeder, welcher die peristaltischen Bewegungen kennt, weiss, dass sie
mit den soeben geschilderten keine Aehnlichkeit haben. Uebrigens
sei nebenbei bemerkt, dass ich auch mehrere Male eine enorme
Steigerung der wirklichen peristaltischen Fortbewegung beobachtet
habe. Einige Zeit nach der Tödtung des Thieres — die Anzahl
der Minuten wechselt, wahrscheinlich gemäss einer Reihe von Umständen — konnte zuweilen festgestellt werden, dass die injicirte
Natron- oder Kalilösung die 40—50 Ctm. lange Darmschlinge
nicht wie gewöhnlich in 8—15 Minuten durchlief, sondern in
$^1/_2$—1 Minute. Diese Beschleunigung der Peristaltik wurde sicher
durch eine Erhöhung der nervösen Erregbarkeit bedingt: denn die
Berührung der äusseren Darmfläche mit einem Natronsalz in dieser
Zeitperiode bewirkte eine weit über das Gewöhnliche hinausgehende
aufsteigende, und zugleich sogar eine etwas absteigende Contraction

des Darmes, während die Kaliberührung wie immer eine rein örtliche Constriction veranlasste.

Das Ergebniss dieser Versuche ist also folgendes: in einer
Zeitperiode, in welcher die nervösen Darmwandapparate nicht mehr,
die Darmmuskulatur aber noch wohl erregbar ist, erzeugt reizender Inhalt im Darmlumen keine Peristaltik mehr; umgekehrt
findet in einer Zeitperiode, in welcher die Erregbarkeit der
Nervenapparate gesteigert ist, eine auffällige Beschleunigung
der peristaltischen Fortbewegung statt. Danach ist wohl der
Schluss gestattet, dass bei dem Zustandekommen der
Peristaltik auch im Normalzustande Nerveneinflüsse betheiligt sind.

2.

Experimentelle Untersuchungen über die Darmbewegungen, insbesondere unter pathologischen Verhältnissen*).

Methodische und ausgedehntere Untersuchungen über das Verhalten der Darmbewegungen bei pathologischen Zuständen des Intestinalschlauches liegen meines Wissens nicht vor. Alles darüber Geltende ist entweder der Beobachtung am Krankenbett entnommen, und kann demgemäss nur auf mittelbare Schlussfolgerungen aus functionellen Symptomen sich gründen, höchstens ganz ausnahmsweise einmal auf unmittelbare Anschauung, wie z. B. in einem bekannten Falle von Busch[6]; oder es sind nur gelegentliche oder vereinzelte Versuche angestellt, wie z. B. von Leichtenstern[7] über das etwaige Vorkommen von Antiperistaltik bei Darmstenosen. Der Wunsch, über mehrere hier einschlägige Fragen ein bestimmtes Urtheil zu gewinnen, veranlasste eine Reihe von Experimenten, deren Ergebnisse in den nachfolgenden Zeilen niedergelegt sind. Ich verzichte auf eine Mittheilung der Versuchsprotocolle, die an ungefähr 70 Thieren gewonnen sind; die summarische Darstellung wird hoffentlich alle Einzelheiten genügend zur Darstellung bringen.

A. Methode der Untersuchung.

Als gegenwärtig beste Art, experimentelle Beobachtungen über die Peristaltik anzustellen ist die von Sanders und van Braam-Houckgeest[1] zu diesem Zwecke zuerst angewendete Methode zu betrachten. Die Vortheile derselben sind so offenbar, dass eine

---

*) Abgedruckt aus der Zeitschrift für klin. Medicin. IV. Bd.

Discussion darüber gar nicht möglich ist. Dieselbe besteht bekanntlich darin, das ganze Thier, mit Ausnahme des Kopfes, in eine $^5/_{10}$—$^6/_{10}$ procentige Kochsalzlösung zu bringen, welche beständig auf einer Temperatur von 38 ⁰ C. erhalten wird, unter Wasser die Bauchhöhle zu öffnen und zu beobachten. Alle sonstigen Einzelheiten des Verfahrens ergeben sich dem Beobachter leicht von selbst.

Sämmtliche Versuche sind nach dieser Methode an ätherisirten Thieren angestellt. Die Betäubung wurde bei den Kaninchen ausnahmslos durch subcutane Aetherinjectionen herbeigeführt, welche, falls die Thiere etwa anfingen zu erwachen, im Bade wiederholt wurden; nur bei Katzen und Hunden wurde die Narcose durch Einathmen erzielt. Die Erfahrungen über die Wirkung des Aethers und Chloroforms auf andere Organe mit glatten Muskelfasern machten es wahrscheinlich, dass die Darmperistaltik nicht durch dieselben beeinflusst würde, was auch z. B. Nussbaum direct angiebt. In der That hat sich mir auch herausgestellt, dass die Darmperistaltik nicht oder wenigstens nicht für meine Versuche störend durch die Aetherbetäubung verändert wird, so dass die an ätherisirten Thieren gewonnenen Ergebnisse mit solchen des wachen Zustandes gleichwerthig sind. — Nach Beendigung jedes Versuches wurden die Thiere durch den Nackenstich getödtet.

Benutzt wurden ganz überwiegend Kaninchen, nicht nur weil diese wegen ihrer geringeren Grösse in der gebrauchten Blechwanne leichter zu handhaben waren, sondern auch namentlich weil ihr Darm ein sehr zweckmässiges Object für die Beantwortung meiner Fragen darstellte, einmal wegen der Durchsichtigkeit seiner Wandung, und dann wegen seiner grossen Länge (bei einer Körperlänge von 35—40 Ctm. im Durchschnitt misst der Dickdarm rund 100 Ctm., Coecum mit Processus vermiformis durchschnittlich 35 Ctm., Dünndarm durchschnittlich 300 Ctm.). Zur Ergänzung wurden auch einige Versuche an Katzen und Hunden angestellt. Alles in der Darstellung Gesagte bezieht sich ohne weiteres auf Kaninchen; die Ergebnisse an Katzen und Hunden werden besonders erwähnt.

B. Einige physiologische Bemerkungen.

Dass an dem in der früher gewöhnlichen Weise d. h. an der Luft blossgelegten Dünndarm des Hundes und der Katze jede peri-

staltische Bewegung fehlt, war schon ehedem allbekannt, so bekannt, dass Schwarzenberg[8] im Beginn seiner Arbeit die Frage
erörtert, ob nicht die Weiterbewegung des Speisebreies von dem
Druck der Bauchdecken abhängig sei. Dass aber auch bei dem
Kaninchen die meisten Darmabschnitte ruhig sich verhalten, wenn
man in der erwärmten Kochsalzlösung die Bauchhöhle eröffnet, und
dass die mittels der üblichen Eröffnungsmethode an der Luft gewonnenen Ergebnisse unrichtig sind, hat Braam-Houckgeest
nachgewiesen. Um nicht überflüssiger Weise schon einmal Ge-
drucktes hier zu wiederholen, erlaube ich mir, auf die „Beschreibung der normalen Bewegungen des Magens und Darmcanals"
(sc. des Kaninchens) zu verweisen, welche der soeben genannte Verfasser auf S. 270—273 seiner angeführten Abhandlung liefert. Ich
bemerke ausdrücklich, dass ich Alles in dieser Beschreibung
Gesagte nach meinen zahlreichen Beobachtungen bestätigen kann: die
für gewöhnlich in den meisten Darmabschnitten, mit Ausnahme des
die Verdauungssäfte aufnehmenden Duodenum, herrschende Ruhe und
nur seltene peristaltische Bewegung in dem Dünndarm, die Ruhe
des Magens, Coecums, in den meisten Fällen auch des Colon; das
vollständige Localbleiben einer mechanischen Reizung ohne Spur
von Peristaltik oder Antiperistaltik darauf u. s. w.

Zur Ergänzung mögen noch folgende Bemerkungen dienen.

An einem beliebigen, schlaff gefüllten Abschnitt des mittleren
oder unteren Dünndarms, welcher auf eine weite Strecke hin, z. B.
40—70 Ctm., dunkelgrün von dem Grünfutterinhalt durchschimmert,
sieht man gelegentlich schwache Pendelbewegungen, herrührend
von Contractionen der longitudinalen Muskellage, und auch schwache
solche der circulären Fasern, welche sich als ganz leichte Peristaltik darstellen. Nach einer Reihe von Minuten aber hört jede
Bewegung wieder auf, ohne dass ein Grund dafür ersichtlich wäre;
und man kann nun beobachten, dass die Spitze der Speisebreisäule
$\frac{1}{2}$—1 Stunde unverrückt an derselben Stelle stehen bleibt. Nur
im untersten Abschnitt des Ileum, etwa in den letzten 20 Centi-
metern oberhalb des Coecum, wenn derselbe Futterinhalt führt,
pflegen so lange Ruhepausen nicht vorzukommen, ist der Inhalt
einmal hier angelangt, so wird er bald in das Coecum übergeleitet.

Ganz anders dagegen ist das Schauspiel, wenn einmal Gas-
blasen, die den Darm ziemlich stark ausdehnen, neben flüssigem

Inhalt sich vorfinden. Der Inhalt einer solchen, über 10—20 Ctm. sich erstreckenden Partie wird dann in einer Weise fortbewegt, welche in der That das Bild einer sogenannten stürmischen Peristaltik gewährt. In lebhafter Eile, so dass die prall gefüllte Darmpartie wie ein rasch sich drehendes Rad im Wasser hinrollt, wird Gas und flüssiger Inhalt klappenwärts nach dem Coecum zu vorbewegt („Rollbewegungen" von Braam Houckgeest), und zwar in der Weise, dass die circuläre Constriction immer hinter der ausgedehnten Schlinge herläuft.

Und nun tritt oft ein überraschender Anblick auf. Urplötzlich, ohne dass der mindeste äussere Grund dafür ersichtlich wäre, kommt diese Peristaltik wie mit einem Ruck an irgend einer beliebigen Stelle zum Stehen, um nach einer beliebigen Pause dann weiter zu stürmen.

Worin liegt der Grund für diesen plötzlichen Stillstand?

Auf weitere Untersuchungen dieser Frage habe ich mich, als von meinem augenblicklichen Zwecke abliegend, nicht eingelassen; übrigens dürften solche auch sehr schwierig sein, da man die Erzeugung des Phänomens nicht willkürlich in der Hand hat, sondern nur auf zufällige Begegnungen angewiesen ist. Indessen ist es so überraschend, dass ich es, weil bisher nicht beschrieben, doch erwähnen wollte. Nebenbei bemerkt, bleiben wohl die mit heftig gurrenden Geräuschen verbundenen peristaltischen Stürme im Dünndarm des Menschen (Tormina intestinorum — wie Kussmaul[9] sie nennt), welche Jeder aus eigener Erfahrung kennt, und welche oft eben so plötzlich abschneiden, das Analogon dieses Phänomens. Wenn es erlaubt ist, eine subjective Meinung — ohne jeden Beweis — anzuführen, so gestehe ich, bei der Betrachtung des Vorganges mich der Anschauung nicht erwähren zu können, dass es sich bei dem plötzlichen, anscheinend äusserlich so ganz unbegründeten Stillstand der Peristaltik um nervöse Einflüsse, kurz, um eine plötzliche Hemmung handele.

Zum Schlusse bemerke ich noch, dass ich auf Grund meiner Beobachtungen mich mehr den älteren Anschauungen anschliessen muss, welche den peristaltischen Modus der Darmbewegung überwiegend vom Nervensystem abhängig sein lassen. Man vergleiche hierüber die Abhandlung No. 1.

C. Ueber das Vorkommen der Antiperistaltik.

Zur Begriffsverständigung sei vorausgeschickt, dass im Folgenden unter Antiperistaltik immer der Bewegungsvorgang verstanden ist, bei welchem die Contractionswelle die Darmwand über eine grössere Strecke oder über den ganzen Darm hin in der Richtung von unten nach oben, vom Anus nach dem Pylorus zu durchläuft.

Engelmann[3] hat den Satz aufgestellt, dass in allen glatten Muskelhäuten die Contraction ebenso gut in antiperistaltischer, wie in peristaltischer Richtung sich fortzupflanzen vermöge. Für den Darm ist in dieser ganz allgemeinen, durch nichts beschränkten Fassung der Satz zutreffend, wie meine eigenen Beobachtungen darthun werden: in der That kann durch die Contractionen der Darmmuskulatur der Inhalt sowohl aufwärts gegen den Magen zu, wie abwärts gegen den After zu bewegt werden. Es fragt sich nur, unter welchen Verhältnissen dies geschieht, und ob die Antiperistaltik je unter normalen Bedingungen vorkomme. Prüfen wir die einzelnen Fälle, in welchen bis jetzt antiperistaltische Bewegung des Darmes zweifellos nachgewiesen ist.

Engelmann's einschlägige Beobachtungen sind, soweit ich aus seinen Mittheilungen ersehe, entweder an getödteten Thieren oder wenn an lebenden so doch unter Verhältnissen gemacht, welche sofort pathologische Bedingungen einführen, nämlich die Abkühlung an der Luft, die Austrocknung u. s. w. Seine Angabe, dass die mechanische Reizung einer Stelle peri- und antiperistaltische Bewegung anrege, bleibt selbstverständlich zu Recht bestehen, aber nur für die erwähnten abnormen Bedingungen. Wenn man dagegen unter annähernd normalen Verhältnissen, wie in der erwärmten Kochsalzlösung, den Darm durch leichtes Quetschen mit der Pincette oder auch durch feste Umschnürung mit einem Faden mechanisch reizt, so tritt immer nur eine auf den Ort der Reizung beschränkte locale ringförmige Einschnürung ein, nie eine von der Reizungsstelle ausgehende peristaltische oder gar antiperistaltische Welle. Diese Angabe van Braam Houckgeest's bin ich nach zahlreichen Beobachtungen durchaus zu bestätigen in der Lage. Höchstens wenn das Darmstück schon vorher in lebhafter selbstständiger peristaltischer Bewegung war, geht auch nach der mechanischen Reizung dieselbe noch fort.

Als ein Beweis für das Vorkommen der Antiperistaltik wird ferner die Beobachtung von Busch angeführt. Zunächst möchte ich dazu bemerken, dass dieselbe mir nicht den überzeugenden Beweis zu erbringen scheint, dass hier thatsächlich Antiperistaltik im gebräuchlichen Wortsinn vorgelegen habe, wonach der Inhalt durch rückläufige Bewegung über einen grösseren Theil des Darmes hin nach aufwärts zu befördert worden sei. Die betreffenden Einzelheiten des Falles lassen sehr wohl die Auffassung zu, dass das Wiederausstossen des Inhaltes durch die Dünndarmfistel auch durch die im gewöhnlichen Zustande vorkommenden „Pendelbewegungen" hätte zu Stande gebracht werden können. Aber selbst wenn hier wirkliche Antiperistaltik bestanden hätte, so würde es sich doch immer nur wieder um eine solche unter sehr bedeutenden pathologischen Verhältnissen gehandelt haben: es bestand eine Fistelöffnung im Dünndarm, dessen Schleimhaut der Beschreibung nach hochgradig katarrhalisch ergriffen war. Uebrigens kommt Schwarzenberg, welcher die ganz analogen Bewegungsvorgänge unter den ganz gleichen Verhältnissen bei seinen Hunden mit Dünndarmfisteln beobachtete, zu dem festen Ausspruch, dass es sich nicht um eigentliche antiperistaltische Wellen handele.

Ferner könnten für das Vorkommen von Antiperistaltik die Versuche von F. A. Falck[10] angezogen werden, welcher bei Hunden das in das Rectum eingespritzte Wasser bis in den Dünndarm, ja bis in den Magen hat gelangen sehen. Jedoch liefern auch sie, abgesehen davon, dass eine unmittelbare Besichtigung des Darmes und seiner Bewegungen dabei nicht stattgefunden hat, keinen Beweis. Denn Falck injicirte sehr grosse Wassermengen, so dass „der Umfang des Unterleibes enorm gewachsen" war, und bei dieser bedeutenden Flüssigkeitsmenge einerseits, der relativen Kürze des Hundedarmes andererseits ist die Möglichkeit durchaus nicht von der Hand zu weisen, dass nicht durch Antiperistaltik, sondern einfach durch die vis a tergo bei den sich folgenden Einspritzungen das Wasser nach oben gelangt sei. Jedenfalls ist in diesen Versuchen ein directer Beweis für die Antiperistaltik nicht gegeben.

Ziemlich zur selben Zeit wie Falck hat auch Battey[11] mitgetheilt, dass Wasser- und Ricinusölklystiere erbrochen werden könnten, viel früher schon desgleichen A. Hall[12], ja Morgagni[13] bereits behandelt diese Frage sehr ausführlich. Gegen diese Mittheilungen, soweit sie mir im Original bekannt geworden, lassen sich dieselben Einwände machen, wie die soeben bei Falck gemachten: es handelt sich um „grosse, forcirte“ Klystiere, Hall z. B. injicirte 8 Pinten Wasser. Ein unantastbarer Beweis freilich für das Bestehen der Antiperistaltik wäre gegeben, wenn die von alten Autoren berichteten und von Morgagni zum Theil gesammelten Geschichten richtig wären, dass einfache in den Anus eingeführte Stuhlzäpfchen durch Erbrechen entleert wären. Morgagni aber schon kritisirt selbst diese Berichte (wie die vom Erbrechen der Klystiere) sehr streng, und in der That, wenn man einerseits liest, dass ein Stück Talglicht schon kurz nach seiner Einführung in den After erbrochen wurde, oder dass bei einem „festgebundenen“ Stuhlzäpfchen „die Schnur riss und dasselbe schleunigst erbrochen wurde“, wenn man andererseits berücksichtigt, dass in der Neuzeit derartige sicher beobachtete Ereignisse nicht mehr berichtet sind, so wird man an der Glaubwürdigkeit jener alten Berichte zweifeln dürfen, zum mindesten aber zugeben müssen, dass sie nicht als Beweise bei wissenschaftlichen Fragen gelten können.

Hiermit sind die bis jetzt vorliegenden, auf unmittelbare Beobachtung oder auf Versuche gestützten Thatsachen erschöpft, welche als Beweis für die Antiperistaltik dienen könnten. Die eine Reihe derselben, von Engelmann herrührend, kann nach dem eben Gesagten unmöglich auf die Verhältnisse im lebenden Organismus übertragen werden; die Beweisfähigkeit der anderen ist ebenfalls sehr anfechtbar. Ihre Hauptstützen hat die Lehre von der Antiperistaltik bekanntlich auch immer aus den rein pathologischen Vorgängen, namentlich aus dem Krankheitsbild des sog. Ileus entnommen — auf diesen Punkt soll weiter unten in einem besonderen Abschnitt eingegangen werden. Dagegen muss man meines Erachtens die Thatsache anerkennen, dass bisher im lebenden Organismus der Vorgang der Antiperistaltik noch nicht direct und unanfechtbar durch Beobachtung und Experiment festgestellt ist. Erst wenn dies geschehen, wird man an die verwickelteren Vorgänge, welche bei den Darmstenosen, dem sog. Ileus paralyticus, bei der Peritonitis u. s. w. stattfinden, herantreten können.

Ich wende mich jetzt zu meinen Versuchsergebnissen. An die Spitze derselben stelle ich folgenden Satz: Im normalen unversehrten Darm kommt niemals Antiperistaltik vor, solange keine pathologischen Eingriffe auf denselben geschehen sind bezw. keine pathologischen Vorgänge in ihm sich abspielen. Dieser Satz begründet sich auf die Beobachtung von etwa 60 Thieren, deren unversehrten Darm ich bei geöffneter Bauchhöhle im erwärmten Kochsalzbade betrachtet habe, und steht durchaus im Einklange mit den Ergebnissen Braam-Houckgeest's.

Injectionen in den Mastdarm. — Ich untersuchte nun zuerst die Erscheinungen, welche eintreten, wenn man den Thieren verschiedenartige Flüssigkeiten, theils chemisch indifferente, theils reizende, in den Mastdarm, also in Klystierform, einbringt. Nachdem zunächst bei geöffneter Bauchhöhle die Verhältnisse in Augenschein genommen, wurde mittels einer kleinen Glasspritze die Flüssigkeit (immer unter Wasser) in das Rectum gespritzt. Der nur einigermassen gedehnte Mastdarm und der allergrösste Theil des Dickdarms des Kaninchens lässt, ebenso wie der Dünndarm, die Farbe des Inhaltes deutlich durchschimmern. Wenn man nun, wie ich es regelmässig in diesen Fällen that, die Flüssigkeit durch etwas indifferentes Carmin roth färbt, so lässt sich auf das bequemste ein etwaiges Vorrücken der rothen Flüssigkeit direct von aussen her beobachten. Bei Beendigung des Versuches wurde dann noch vor der Tödtung des Thieres (um nicht etwa durch die postmortale Peristaltik Verschiebungen der Flüssigkeit zu bekommen) der Darm im Bade verschiedentlich unterbunden und darauf post mortem genau bestimmt und gemessen, wie weit die Flüssigkeit etwa vorgedrungen.

Man kann also ganz unmittelbar sehen, wie weit während der Einspritzung und durch dieselbe die Flüssigkeit hinaufgetrieben wird. Diesen betreffenden Punkt markirt man in irgend einer Weise. Steigt dann die Flüssigkeit nach Entfernung der Spritze, also nach Aufhören der vis a tergo noch weiter hinauf, so muss eine im Darm selbst vor sich gehende Thätigkeit, sei es Antiperistaltik oder irgend etwas anderes, die Ursache davon sein.

Laues Wasser von 38° C., wenn man nur kleine Mengen, bei dem Kaninchendarm heisst dies 2—5 Cubikcentimeter, injicirt, bleibt einfach stehen, ohne weitere Erscheinungen zu veranlassen; wenn später zufällig eine von oben her kommende Peristaltik den Mastdarminhalt austreibt, so wird die Flüssigkeit mit entfernt; erfolgt dagegen keine spontane Peristaltik, so verschwindet die Flüssigkeit allmälig, wohl durch Resorption. — Wird mehr laues Wasser auf einmal injicirt, etwa 10 Ccm. und noch mehr, so wird der unterste Dickdarm stark ausgedehnt und gespannt. Alsbald nach Entfernung der Spritze wird ein Theil der Flüssigkeit wieder durch den After ausgestossen, ein anderer rückt gleichzeitig einige Centimeter aufwärts. Deutliche circuläre Einschnürungen und peristaltische oder antiperistaltische Bewegungen liessen sich dabei nicht wahrnehmen, es schien die Forttreibung nach unten und oben mehr durch die elastischen Kräfte des stark gedehnten Darmrohres stattzufinden.

Eiswasser in grösserer Menge eingespritzt verhält sich ähnlich wie soeben von einem reichlicheren lauen Klystier gesagt, doch treten dabei einige peristaltische Contractionen auf, welche allerdings wegen der bedeutenden Darmdehnung nicht sehr intensiv erscheinen. — Kleinere Mengen Eiswasser erzeugen antiperistaltische Einschnürungen, welche die rothgefärbte Flüssigkeit um 5—20 Ctm. aufwärts führen; dann Stillstand. Ich habe in dieser Richtung nur wenige Versuche angestellt, weil voraussichtlich für die Frage der Antiperistaltik nicht viel mehr erreicht werden konnte; denn in dem erwärmten Bade muss ja die geringe Menge Eiswasser sehr rasch auf eine höhere Temperatur kommen, und forcirte Klystiere erzeugen bei dem dünnen Kaninchendarm leicht eine übermässige Dehnung der Wand.

Olivenöl wirkt ebenfalls indifferent, d. h. wenn man es erwärmt und in geringer Menge injicirt, wie eine entsprechende Menge lauen Wassers. Ist es kalt und reichlich, so können anfänglich peristaltische und auch einige antiperistaltische Bewegungen entstehen; diese letzteren aber veranlassen nur ein ganz unbedeutendes Aufsteigen des Inhalts, weil sie alsbald mit der Erwärmung und Vertheilung des Oeles nachlassen.

Concentrirte Kochsalzlösung (27—30 proc.), mit Carmin gefärbt, wurde in sehr zahlreichen Versuchen injicirt, welche für die Frage der Antiperistaltik ein entscheidendes Ergebniss lieferten. Die Erscheinungen in diesen Versuchen waren folgende.

Die Injection betrug gewöhnlich 3—5 Ccm., selten einige Cubikcentimeter mehr, gelegentlich weniger, nur 1½—2 Ccm. Durch den Druck der Spritze wird die Lösung meist 5—8 Ctm. in das Rectum hinaufgetrieben, zuweilen noch weniger, nie mehr als 10 Ctm. Alsbald nach Entfernung der Spritze, einige Secunden nachher, sieht man, wie die gefärbte Flüssigkeit von einer aufwärts steigenden Contractionswelle ergriffen und etwas nach oben geschoben wird. So rückt die Flüssigkeit langsam und allmälig antiperistaltisch gegen das Coecum hinauf, gelegentlich auch einmal Kothballen antiperistaltisch mit sich führend. Die Art des Vorwärtsbewegens geschieht immer durch circuläre Contractionen, d. h. durch Antiperistaltik, doch gestaltet sich dieselbe in den einzelnen Fällen etwas verschieden. In der Regel nämlich sieht man die circulären Einschnürungen an verschiedenen Punkten des mit der rothen Salzlösung gefüllten Darmstückes erscheinen, besonders auch gegen die Spitze der Flüssigkeitssäule hin, nach aufwärts zu; die Contraction wiederholt sich an derselben Stelle in Zwischenräumen von einer bis mehreren Secunden mehrmals, dann tritt hier Ruhe ein, und man sieht dann indem die Flüssigkeit weiter hinauf getrieben ist an einer etwas höheren Stelle frische Einschnürungen. Andere Male jedoch sind an der pyloruswärts gerichteten Spitze der Säule keine deutlichen Contractionen zu bemerken, und dieselbe scheint vielmehr als Ganzes durch die tiefer abwärts bestehenden Einschnürungen vorgeschoben zu werden. Ist die Salzlösung in die oberste Partie des Colon gelangt, wo jedes einzelne Haustrum fest um einen Kothballen sich zusammenschnürt, dann sieht man zuweilen, wie lange Zeit, bis 10 Minuten, ununterbrochen die antiperistaltische Welle gegen diesen Kothballen vorrückt, ohne doch die rothe Flüssigkeit über denselben hinaufwärts vorschieben zu können.

Neben dieser antiperistaltischen Bewegung sind gleichzeitig Contractionen einhergegangen, welche in der gewöhnlichen Weise zunächst die im untersten Rectum befindlichen Kothballen nach abwärts und aussen befördert haben. Während auf der einen Seite nach aufwärts in antiperistaltischer Richtung die Contraction aufwärts steigt, wächst andererseits die analwärts gelegene Länge des Stückes, in welchem peristaltische Bewegungen in der Richtung nach dem Anus zu sich vollziehen. Auf die weiteren Veränderungen, welche diese Contractionen zeigen, nachdem in Folge der concentrirten Salzlösung eine wirkliche Entzündung der Schleimhaut sich entwickelt hat, will ich in einem folgenden Abschnitt eingehen.

Höher wie bis in die unmittelbare Nähe des Coecum habe ich die Flüssigkeit nicht hinaufgelangen sehen, wahrscheinlich weil die Lösung allmälig so sich verdünnt, dass ihre reizende Wirkung nicht mehr energisch genug ist. Auch erfolgte bei dem einen Thier die Antiperistaltik energischer, schneller und weiter hinauf fördernd wie bei einem anderen. So kam es vor, dass nach 10 Minuten bereits die Spitze der Salzlösung 60 Ctm. aufwärts gerückt war, ein anderes Mal wieder nach 40 Minuten kaum 30—40 Ctm.; doch bilden die letzteren Fälle die entschiedene Minderzahl. Im Durchschnitt bewegte sich die Säule in $\frac{1}{2}$—1 Stunde 60—90 Ctm. aufwärts.

Ausser mit Natrium chloratum wurden nun noch mit verschiedenen anderen Substanzen Versuche angestellt. Injectionen mit concentrirten Lösungen von Kalium nitricum und Kalium bromatum, welche ich beliebig herausgriff, ebenso mit schwachen Lösungen von Cuprum sulfuricum lieferten genau dieselben Ergebnisse wie Chlornatrium. Die eigentlichen medicamentös als Abführmittel gebrauchten Substanzen liess ich bei dieser Versuchsreihe absichtlich bei Seite.

Injectionen in den Dünndarm. — Vorversuche ergaben, dass, wenn man die Kanüle der Pravaz'schen Spritze in den Dünndarm einsticht, der Reiz des Stiches gar keine Bewegung, kaum eine ganz umschriebene locale Contraction auslöst. Die kleine Stichwunde, bei der man natürlich die Gefässästchen möglichst zu vermeiden sucht, schliesst sich alsbald vollständig, ohne dass Darminhalt austritt.

Es wurde nun in den Dünndarm die gewöhnliche mit Carmin gefärbte concentrirte Kochsalzlösung injicirt, jedesmal an derselben Darmstelle, aber durch mehrere dicht nebeneinander gelegene Einstichsöffnungen einige Pravaz'sche Spritzen voll, bald 2, bald 4 Ccm. im Ganzen. Selbstverständlich wurden immer Darmstrecken dazu ausgewählt, welche ganz still lagen und möglichst leer waren. Diese Versuche wurden am Kaninchen, Hund, Katze angestellt; zur Erläuterung des Erfolges seien kurz folgende unter ihnen herausgegriffen. Kaninchen — Injection von 4 Ccm. an einer Stelle des Dünndarms, welche 54 Ctm. oberhalb des Coecum, 234 Ctm. unterhalb des Magens liegt (die Maassbestimmungen wie immer nach dem Tode gemacht). Nach einer Stunde bei Beendigung des Versuches ist die rothe Färbung 31 Ctm. in der Richtung pyloruswärts, abwärts bis zur Klappe zu verfolgen; im Kothe des Dickdarms nichts mehr davon zu sehen. Die Art der Antiperistaltik war so, wie sie beim Dickdarm beschrieben ist. Hund — Injection von 3 Ccm. in den vollständig ruhig daliegenden Dünndarm 8 Ctm. oberhalb der Klappe. Danach treten in der Richtung pyloruswärts von der Einstichstelle ganz allmälig vorrückende leichte circuläre Einschnürungen, also antiperistaltisch, auf; der noch höhere Darmabschnitt liegt ruhig; die 8 Ctm. bis zur Klappe abwärts sind wegen versteckter Lage nicht deutlich zu beobachten. Der ganze Dünndarm ist nur 75 Ctm. lang; nach aufwärts von der Einstichstelle ist die rothe Flüssigkeit innerhalb 15 Minuten eine Strecke von 35 Ctm. vorgedrungen, nach abwärts durch die Klappe in den Dickdarm hinein. Katze — Injection von 2 Ccm. 3 Ctm. oberhalb der Bauhin'schen Klappe. Es treten wie beim Hunde leichte antiperistaltisch und auch sichtbar peristaltisch vorschreitende circuläre Contractionen ein. Nach 20 Minuten ist die Lösung nach aufwärts gegen den Pylorus zu 34 Ctm. gestiegen, und zwar ist die rothe Flüssigkeit von der Injectionsstelle aufwärts in grösserer Menge angehäuft als an dieser selbst; abwärts ist sie 14 Ctm. weit in das Colon gegangen.

Das Gesammtergebniss auch aller dieser Versuche ist, dass die Kochsalzlösung nicht nur abwärts, sondern auch aufwärts, d. h. in antiperistaltischer Richtung vorgedrungen war*).

---

*) Dass übrigens auch beim Menschen stärkere Chlornatriumlösungen durch Antiperistaltik hoch hinauf befördert werden, davon hatte ich bei einem Falle von Enterostenose mich zu überzeugen Gelegenheit. Dieselbe bestand unter dem gewöhnlichen Bilde des Ileus seit 9 Tagen; die üblichen Maassnahmen waren vergeblich versucht worden. Eingiessungen von eiskaltem Selterswasser (mittels Syphons), dann von schwacher gewöhnlicher, etwa 2proc. Kochsalzlösung, jede Eingiessung von 2 Litern, nach der Hegar'schen Methode in Knieellenbogenlage. Dieselben waren alsbald wieder ohne jede Wirkung abgegangen. — Nun wurde 14 Stunden vor dem (anscheinend schon in Aussicht stehenden) Tode eine kleine Menge von 350 Gramm Flüssigkeit unter

Indifferente Flüssigkeiten von Körpertemperatur wurden in einer weiteren Versuchsreihe wie in den Mastdarm, so auch in den Dünndarm injicirt, insbesondere mit Gentianablau gefärbtes Wasser und Mandelöl. Der Erfolg war durchaus negativ; geschah die Einspritzung in eine ruhige Darmschlinge, so trat weder peristaltische noch antiperistaltische Bewegung ein, vielmehr blieb die betreffende Flüssigkeit in der Begrenzung liegen, bis zu welcher sie durch den Druck der Injection gelangt war.

Das Ergebniss der vorstehenden Versuchsreihen ist unanfechtbar zunächst folgendes: in dem frei durchgängigen, unter annähernd normalen Bedingungen befindlichen Darm (denn die Eröffnung der Bauchhöhle als solche dürfte im vorliegenden Falle kaum eine Fehlerquelle einführen) kann eine Bewegung des Inhalts in einer der Norm entgegengesetzten Richtung, d. h. Antiperistaltik auftreten — aber nur unter bestimmten Bedingungen. Dass es sich bei den Versuchen wirklich um eine active peristaltische Bewegung handelt, ist zweifellos: man sieht dieselbe ja ganz unmittelbar, sieht die circulären Contractionen wie sie aufwärts schreiten und wie der gefärbte Inhalt pyloruswärts befördert wird.

Einen Einwand könnte man noch machen; dass die Fortbewegung des Inhalts, zum Theil wenigstens, durch Diffusion erfolgt sei. Um demselben zu begegnen, wurde eine Reihe von Controllversuchen gemacht. Längere Dünndarmstücke von Kaninchen, welche 1, 2, 4, 24 Stunden vorher getödtet waren, wurden theils wagerecht, theils schräg, theils senkrecht in dem warmen Kochsalzbade (um dieselben äusseren Bedingungen zu haben) aufge-

geringem Druck eingegossen; sie floss nur in einigen Absätzen in das Rectum ein. Dieselbe enthielt aber Kochsalz in 10 proc. Lösung; zugleich war sie durch indifferentes Carmin roth gefärbt. Dieses Klystier blieb $1\frac{1}{2}$ Stunde und veranlasste eine geringe Kothentleerung, die erste seit 9 Tagen. — Die weiteren Einzelheiten (noch Laparotomie u. s. w.) gehören nicht hierher. Bei der Section fand sich die rothe Carminfärbung bis 45 Ctm. oberhalb der Bauhin'schen Klappe hinaufreichend. Die Darmverschliessung (Einklemmung des Ileum) sass 1 Meter oberhalb der Klappe. — Es war also das kleine Kochsalzklystier wirksamer gewesen als die üblichen Masseneingiessungen. Und wenn auch kein Heilerfolg eingetreten war, so dürfte doch immerhin zu weiteren therapeutischen Versuchen eine Anregung hierin gegeben sein.

spannt, natürlich an beiden Enden unterbunden. In das eine Ende
wurde rothgefärbte Kochsalzlösung oder auch einfach indifferentes
Carmin, Olivenöl, in Wasser suspendirtes Kohlenpulver injicirt.
Oel und Kohle blieben an derselben Stelle stehen, bis zu welcher
sie durch den Injectionsdruck vorgetrieben waren. Die Carminfärbung war in ganz leeren Darmschlingen gar nicht, in gefüllten
ein wenig vorgerückt, aber nur ausserordentlich wenig, im Verlauf
von 1—3 Stunden nur um 8—10 Ctm. Daraus folgt, dass die
Diffusion an der Fortbewegung der Injectionsflüssigkeit in unseren
Versuchen nur in verschwindendem Maasse betheiligt.

Die Antiperistaltik kann im Dünndarm wie im Dickdarm eintreten. Die Geschwindigkeit ihres Fortschreitens ist eine wechselnde,
ohne dass ich die Ursachen dieses wechselnden Verhaltens anzugeben vermöchte; einmal habe ich die Kochsalzlösung eine Strecke
von 20 Ctm. des unteren Dünndarms in 2 Minuten nach aufwärts
durcheilen sehen. Dass bei Injection in den Dünndarm sowohl, wie
in den Dickdarm die peristaltische Bewegung in beiden Richtungen
erfolgt, geht aus dem Mitgetheilten zur Genüge hervor.

Wenn nun also von einer beliebigen Darmschlinge aus die
Bewegung nach oben wie unten hin angeregt werden kann, so ist
die Frage möglich: warum entsteht bei Gegenwart des gewöhnlichen normalen Darminhalts nicht auch eine antiperistaltische Bewegung neben der peristaltischen? Eine vollständig befriedigende
oder vielmehr erklärende Antwort lässt sich auf diese Frage deshalb nicht geben, weil die Art der Entstehung und Anregung der
Peristaltik überhaupt physiologisch noch nicht aufgeklärt ist. Doch
möchte ich einen aus unseren Versuchen hervorgehenden, bedeutungsvollen Umstand hervorheben. Wir sahen, dass die Injection
von chemisch indifferenten, will sagen von nicht stärker reizenden
Flüssigkeiten in eine ruhende Darmstelle gar keine Bewegung veranlasst, ebenso wie man eine mit normalem physiologischen Inhalt
erfüllte Darmstrecke oft lange Zeit hindurch ruhen sieht. Nur
mit denjenigen Substanzen war Antiperistaltik zu erzielen, welche
eine stärkere chemische Reizwirkung ausüben, wie die concentrirten
Lösungen der gebrauchten Salze. Daraus folgt als einfache Thatsache zunächst: bei physiologischem oder sonstigem reiz-
losen Inhalt im normalen Darm gehen die peristaltischen
Bewegungen nur in der Richtung vom Magen nach dem

After zu. Wenn dagegen stärker reizende Substanzen im Darm sich befinden, werden dadurch Erregungen geschaffen, welche ein Fortschreiten der Bewegung auch in antiperistaltischer Richtung veranlassen. Das weitere Wie dieser Erregungsvorgänge ist freilich noch erst aufzuklären.

Zur Vervollständigung stellte ich noch folgende Versuche an. In den Magen von Kaninchen wurde eine ziemlich starke Lösung von Cuprum sulfuricum gebracht, welche in den Mastdarm oder direct in den Dünndarm eingebracht antiperistaltische sowohl wie peristaltische Bewegungen anregt und von welcher ich aus anderen Versuchen wusste, dass sie sehr schnell aus dem Magen in den Darm überginge. Es sollte nun beobachtet werden, ob beim Uebertritt derselben aus dem Magen in das Duodenum auch antiperistaltische oder nur peristaltische Bewegungen erfolgten. Es zeigten sich nur letztere. Diese Erscheinung würde vielleicht zur Annahme der weiteren Vorstellung veranlassen, dass selbst ein abnormer Reiz die Antiperistaltik nur dann hervorrufen kann, wenn derselbe an einer um mich so auszudrücken unphysiologischen Stelle in das Darmlumen geräth. Man würde weiter zu der Annahme gelangen, dass präformirte Einrichtungen bestehen müssen, welche im lebenden mit normalem Inhalt in normaler Weise sich füllenden Darm den Gang der Bewegung nur in der Richtung von oben nach unten zulassen. Welcher Art freilich dieselben sind, darüber lassen sich nicht einmal Vermuthungen anstellen. Dass aber solche präformirten Einrichtungen (anatomischer oder physiologischer Art) bestehen, zu dieser Anschauung drängen noch weitere Thatsachen, welche ich in einem besonderen Aufsatz mittheilen werde.

D. Ueber die Bewegungen des Darmes bei acuten Verschliessungen desselben, und über die Entstehung des Kotherbrechens.

Das Vorkommen des Kotherbrechens bei bestimmten Zuständen, namentlich bei Darmstenosen, hat oftmals als Hauptbeweis für die Existenz von antiperistaltischen Bewegungen gegolten. Dass dasselbe möglicher Weise auch ohne solche zu Stande kommen könne, hat man schon seit mehr wie einem Jahrhundert behauptet; van Swieten [14] schreibt: „Fuerunt clari viri, qui illam inversionem

motus peristaltici (sc. beim Ileus) negaverunt, credentes sufficere
ad hanc rem diaphragmatis et musculorum abdominalium convul-
sivam actionem, quae excitabatur, dum a ventriculo ad morbi sedem
in intestino usque, intercepta libera via, repleta omnia forent; ster-
coraceum autem illum odorem produci a mora contentorum in
ventriculo et intestinis." Viele Schriftsteller bis zu unseren Tagen
(auch der neueste deutsche Autor über diesen Gegenstand, Leichtenstern) sind dieser alten Meinung beigetreten, welche von
Brinton noch weiter physikalisch erörtert ist. Ob dieselbe richtig
oder falsch sei, mag hier zunächst dahingestellt bleiben. Thatsache
ist, dass wir einen genauen Einblick in das Verhalten der Darmbewegungen bei Enterostenosen noch nicht haben. Ein solcher
kann sich nur auf Thierversuche stützen. Diese sind nun allerdings angestellt, aber merkwürdiger Weise sehr vereinzelt und mit
nicht klarem und entscheidendem Erfolge oder auch nach ungenügenden Methoden. Van Swieten berichtet von solchen bereits
aus dem Jahre 1713; dieselben sind mir nicht zugängig. Aus der
neuesten Zeit schreibt van Braam-Houckgeest, dass er „einige
Male" das Lumen des unteren Duodenum oder des mittleren Ileum
mittelst einer Serre fine verschlossen habe; Antiperistaltik jedoch
oberhalb der Verschliessung trat nicht ein. Ferner giebt Leichtenstern, welcher von fünf gleichen Versuchen berichtet, ebenfalls
über ein etwaiges Auftreten von Antiperistaltik nichts an (a. a. O.
S. 400), obgleich es nach einer anderen Bemerkung (ibid. S. 399)
scheinen könnte, als habe er solche gesehen. Wenn ich andere
Arbeiten, welche sich eingehender experimentell mit dieser Frage
beschäftigen, übersehen haben sollte, so bitte ich dies zu entschul-
digen; gegenwärtig sind mir keine weiteren bekannt.

Meine eigenen mit verschiedenen Abänderungen angestellten
Versuche betragen an Zahl 32; alle sind an Kaninchen vorgenommen; in fast allen wurde der Dünndarm bald in diesem bald
in jenem Abschnitt unterbunden, nur zweimal der Dickdarm; durch
Umschnürung mit einem Seidenfaden wurde eine vollständige Stenose
hergestellt. Im Wesentlichen zerfallen sie in drei Gruppen: in der
einen wurden die Erscheinungen ununterbrochen von der Anlegung
der Ligatur an beobachtet; in der zweiten währte die Darmverschliessung länger und begann die directe Besichtigung erst eine
Zeit nach der Umschnürung; in der dritten wurden verschieden-

artige Injectionen theils oberhalb, theils unterhalb der Stenose gemacht.

Gruppe a. — Den ätherisirten Thieren wurde das Abdomen in der gewöhnlichen Weise im Kochsalzbade eröffnet und nach vorläufiger Besichtigung der Darmbewegungen die Ligatur angelegt. Die Zuschnürung des Darmes als solche, wenn sie an einem ruhigen Darmstück geschah, veranlasste gar keine weiteren unmittelbaren Bewegungen, ebensowenig wie man solche bei dem einfachen Quetschen mit einer Pincette sieht. Wurde ein in mehr oder weniger lebhafter Bewegung begriffener Abschnitt umschnürt, so dauerten die Bewegungen gewöhnlich hinterher fort.

Um hier gleich die Erscheinungen in dem unterhalb der Stenose befindlichen Darmstück abzumachen, so verhielt sich dieses folgendermassen. Entweder, wenn der Darm vorher überhaupt ruhig war, blieb auch das untere Darmstück nachher so, oder war es bewegt, so dauerten auch im unteren Darmstück die Bewegungen fort, bis dasselbe allmählich von Inhalt frei geworden war; zu einem dünnen rundlichen oder mehr platten Strange wurde es jedoch erst einige Stunden nach Anlegung der Ligatur. Dass als die Folge dieser letzteren bezw. durch sie veranlasst, eine so lebhafte Steigerung der Peristaltik in den abwärts gelegenen Theilen, wie v. Braam-Houckgeest schildert, eintrete, kann ich nicht als nur einigermassen regelmässiges Vorkommniss bezeichnen; bei den nur vereinzelten bezüglichen Beobachtungen Braam-Houckgeest's handelt es sich wohl mehr um eine Zufälligkeit, ebenso wie Leichtenstern die in Rede stehende Erscheinung unter fünf Versuchen dreimal vermisste.

Wie verhält sich nun das Darmstück oberhalb der Stenose? Geschieht die Umschnürung am mittleren oder unteren Dünndarm in einer gleichgültig ob ganz leeren oder mässig mit Futterinhalt gefüllten Darmstrecke, so sieht man, wenn dieselbe nur ganz ruhig und unbewegt vor der Ligatur war, auch nach derselben oft gar keine Veränderung, keine Bewegung, keine stärkere Füllung. Eine halbe oder selbst ganze Stunde nachher bietet sie denselben Anblick der ursprünglichen Ruhe und Anfüllung bezw. Leere. Andere Male tritt ganz unmerklich, namentlich ohne auffälligere peristaltische Bewegungen, eine schlaffe Füllung bis zum Ende des Versuches ein. Dieses letztere ist sogar die Regel,

wenn die Ligatur am Duodenum oder oberen Jejunum angelegt
wird; dann entsteht eine mässige Anfüllung oberhalb der Stenose,
augenscheinlich herrührend von einer Ansammlung der Verdauungs-
flüssigkeiten, aber auch dieses ohne irgend wie stärkere und auffällige Peristaltik.

Anders dagegen ist das alsbald sich entwickelnde Bild, wenn
die Ligatur in einer stärker bewegten Darmstrecke angelegt wird,
welches Verhalten dem früher Gesagten zufolge besonders oft im
obersten Dünndarm, gelegentlich aber auch an tieferen Abschnitten
vorkommt. Zwei direct nach der Natur geschilderte Beispiele
werden die Vorgänge am deutlichsten erläutern.

Bei einem Kaninchen wird an dem mässig bewegten Dünndarm
(27 Ctm. unterhalb des Pylorus, nach Ausweis der Autopsie) die
Ligatur angelegt. In den folgenden 10 Minuten sind noch leichte
Bewegungen in dem zunächst darunter befindlichen Darmstück zu
sehen, dann liegt der ganze unterwärts befindliche Dünn- und der
Dickdarm bis zum Ende des Versuches ruhig. Oberhalb der Stenose
beginnt alsbald eine bis zum Schluss des Versuches ununterbrochen
anhaltende, sehr rege Peristaltik. Das der Stenose nächste Stück
füllt sich binnen fünf Minuten mit Inhalt, und allmälig füllt sich
in den nächsten dreiviertel Stunden der ganze Darm bis zum
Pylorus hin ausserordentlich straff und fest. Im Einzelnen betrachtet, gestalten sich die Vorgänge folgender Art: Eine eigentliche antiperistaltische, von unten nach dem Pylorus zu
laufende Welle ist nie wahrzunehmen. Das gleich im Anfang straff gefüllte etwa 3—4 Ctm. lange Stück unmittelbar über
der Stenose verharrt, straff gefüllt, ohne sichtbare Bewegungen bis
zum Schluss des Versuches. Von oben her, in der Nähe des Pylorus beginnend (NB. der Magen selbst ist ruhig), kommen beständig heftige peristaltische Bewegungen, welche flüssigen Inhalt
abwärts befördern. Allmälig füllt sich nun eine immer längere
Strecke straff an und wird in demselben Maasse, sobald sie stark
gefüllt und ausgedehnt ist, in Ruhe gestellt. Die heftige peristaltische Bewegung wird dergestalt nach und nach auf eine immer
kürzere Strecke beschränkt, nach ungefähr 45 Minuten nur noch
auf wenige Centimeter unterhalb des Pylorus, in welchen zuletzt
der Inhalt pendelnd hin und her geschoben wird. Gegen Ende des
Versuches, d. h. etwa 50 Minuten nach der Unterbindung, reagirt

auf mechanischen Reiz (Kneifen mit der Pincette) die dem Pylorus nächstgelegene Strecke noch sehr energisch, die etwa 20—25 Min. gefüllt und gedehnt gewesene Partie nur noch leicht; der am längsten ausgedehnte Abschnitt dagegen dicht über der Ligatur reagirt gar nicht mehr, und auch postmortal bleibt er gedehnt, zeigt nicht die Contractionen, wie der übrige Darm, er ist gelähmt.

Etwas anders wieder ist das Schauspiel in Versuchen wie der folgende, und ausserdem etwas häufiger als das soeben beschriebene. Unterbindung des in reger Peristaltik begriffenen Dünndarms, etwa der Mitte desselben entsprechend, 153 Ctm. unter dem Pylorus. Die allmälige Füllung durch lebhafte absteigende peristaltische Wellen erfolgt ebenso wie in den vorstehenden Versuchen, doch tritt dazu eine andere Erscheinung. Wenn die Partie unmittelbar über der Stenose eine gewisse Dehnung erlangt hat, zieht sie sich zusammen, aber nicht in einer aufsteigenden, fortlaufenden antiperistaltischen Welle, sondern nur entsprechend der gedehnten und gefüllten, über einige Centimeter sich erstreckenden Partie. Durch diese Contraction, welche ich im Folgenden der Kürze wegen als „Rückstosscontraction" bezeichnen will, wird der hier befindliche Inhalt auf eine gewisse Strecke rückwärts getrieben, so dass zuweilen eine vollständige Leere dicht oberhalb der Stenose eintritt. Nachdem dieser Vorgang einige Male sich wiederholt hat, bleibt die der Stenose unmittelbar benachbarte Darmpartie doch allmälig gefüllt. Dann wiederholt sich das Spiel der anstürmenden Peristaltik und der rückstossenden Contraction vor dieser gefüllten Partie von neuem, und so immer weiter aufsteigend. Auch hier habe ich nie eine reguläre Antiperistaltik beobachtet.

Aber nicht immer, selbst wenn anfänglich lebhafte Peristaltik bestand, dauert dieselbe bis zum Schluss des Experimentes fort. Nach 5 oder 10 oder 15 Minuten kann sie aufhören, und dann wird ganz unmerklich die anfänglich straff gefüllte Darmstrecke oberhalb der Stenose schlaffer, ebenfalls wieder ohne bemerkbare antiperistaltische Welle. Vielmehr macht es den Eindruck, als ziehe sich einfach die gedehnte Darmstrecke zusammen und entleere, da abwärts das Hinderniss sitzt, den übermässigen Inhalt nach oben — so dass dann im weiteren Verlaufe die ganze Partie

über der Stenose auf eine beträchtliche Entfernung hin gleichmässig
schlaff gefüllt und ruhig daliegt.

Gruppe b. — In dieser Versuchsreihe geschah die Darmunterbindung längere Zeit, d. h. mehrere Stunden vor der Beobachtung.
Es wurde nämlich in der linken Seitenwand, wo man immer sofort
auf den mittleren Dünndarm stösst, ein ganz kleiner Schnitt gemacht, die sich bietende Darmschlinge mit einem Faden umschnürt
und die Wunde wieder geschlossen. Später wurde dann die Beobachtung der eröffneten Bauchhöhle im Kochsalzbade in der gewöhnlichen Weise angestellt. Dieselbe musste immer schon nach
mehreren Stunden vorgenommen werden, weil in einigen Controllversuchen die Kaninchen die Darmunterbindung nicht länger als
12 Stunden überlebten.

Während der Zeit von der Unterbindung bis zum Experiment
wurden die Thiere mehrmals beobachtet und festgestellt, dass nach
etwa 2 Stunden das Abdomen begann, sich auszudehnen. Zu einzelnen Zeiten konnte man durch die Bauchdecken peristaltische
Bewegungen sehen und Gurren hören, einige Zeit danach war dann
wieder Alles ruhig; ebenso verschieden verhielten sich die Bewegungen bei geöffneter Bauchhöhle. Einige Beispiele mögen wieder
die Verhältnisse erläutern.

Bei einem sehr kräftigen Kaninchen wird der Dünndarm um
11 Uhr unterbunden, nach Ausweis der Section 151 Ctm. unterhalb des Pylorus, 123 oberhalb der Klappe. Bei der Eröffnung
um 3 Uhr ist der ganze Darm von der Stenose bis zum Pylorus
hinauf mässig gefüllt, derjenige unterwärts ganz leer. Der ganze
Dünndarm aber sowohl über wie unter der Stenose liegt ganz ruhig
da, ohne die mindeste Bewegung und verharrt so etwa eine halbe
Stunde bis zum Schlusse des Versuches.

Andere Male ist das Bild so. Wenn das Abdomen 3 bis
4 Stunden nach der Unterbindung (die immer etwa in die Mitte
des Dünndarms fällt) eröffnet wird, liegt das Colon und Coecum
ruhig, mehr oder weniger gefüllt, der unter der Stenose befindliche
Dünndarm ebenfalls ganz ruhig, ganz dünn und leer. Oberhalb
ist der Darm auf eine Strecke von 60—100 Ctm. (den postmortalen Messungen zufolge) stark ausgedehnt von Luft und Flüssigkeit, am stärksten und straffsten unmittelbar oberhalb der Ligatur
und dann in abnehmender Intensität nach aufwärts. Duodenum

und Anfang des Jejunum wenig gefüllt und ganz ruhig. In der ausgedehnten Darmpartie dagegen starke Peristaltik und zwar genau in derselben Weise, wie sie Seite 30 geschildert ist, ebenfalls ohne jede Antiperistaltik. Auch hier kann, während der stärksten Anfüllung und Dehnung an der der Füllung entsprechenden Strecke durch mechanische Reize keine locale Einschnürung erzielt werden.

Diese starke Peristaltik ist nun aber, wie schon das vorige Paradigma lehrt, keineswegs ununterbrochen vorhanden; vielmehr beruhigt sie sich allmälig nach 5, 10, 15 Minuten, und nun kann während der folgenden halben Stunde vollständige Ruhe bestehen, bis wieder ein kürzer oder länger währendes peristaltisches Spiel sich wiederholt, welches mit einer immer weiter hinauf reichenden Darmfüllung verbunden ist.

Gruppe c. — Zur Beantwortung einiger Fragen, auf welche ich nachher im Zusammenhange eingehen will, wurden oberhalb der Stenose in unmittelbarer Nähe derselben Injectionen in den Darm gemacht. Einerseits wurden indifferente, d. h. nicht reizende Substanzen genommen, wie einfache Carminlösung, grünes fettes Oleum Hyosyami oder auch Mandelöl, Kohle in Wasser suspendirt; andererseits die stark reizende concentrirte, mit Carmin gefärbte Kochsalzlösung. Ich gebe hier zunächst die Versuchsresultate.

Ganz fein gepulverte Thierkohle in Wasser suspendirt und fettes Oel verhalten sich analog; namentlich ist erstere zu diesen Experimenten sehr brauchbar, weil man den schwarzen Inhalt sehr deutlich durch die Darmwand schimmern sehen und nach der Injection sofort durch unmittelbare Messung bestimmen kann, wie weit sie durch den Druck derselben hinaufgetrieben war. In einer Reihe von Versuchen zeigte sich nun gleichmässig, dass, wenn der Darm oberhalb der Ligatur ruhig blieb (man vergleiche die Gruppe a), die Kohle und das Oel auch nicht im Mindesten höher hinauf gerückt waren, vielmehr sich genau soweit oberhalb der Ligatur fanden, wie sie durch den ursprünglichen Injectionsdruck hinaufbefördert waren. Hatten dagegen in dem unterbundenen Stück die peristaltischen Wellen und früher beschriebenen „Rückstosscontractionen" stattgefunden, so war die Kohle einige wenige Centimeter über die ursprüngliche Injectionshöhe, das Oel aber um mehrere Centimeter, bis zu 20, weiter pyloruswärts gerückt,

trotzdem von irgend welcher Antiperistaltik nichts zu sehen gewesen war.

Etwas anders verhält es sich bei Injectionen von indifferentem
Carmin. Dieses rückt weiter hinauf als Oel und namentlich als
Kohle, und zwar in leeren Darmschlingen bis zu 15—19 Ctm., in
gefüllten aber, namentlich wenn noch Rückstoss-Contractionen über
der Stenose stattgefunden hatten, bis zu 30 Ctm.; aber auch ohne
sichtbare Antiperistaltik.

Und ganz anders steht es bei Injectionen von concentrirter
(gefärbter) Kochsalzlösung. Hier sieht man öfters ganz deutliche
nach aufwärts schreitende antiperistaltische Wellen, wie sie auch
bei der Injection in den normalen Darm auftreten und im vorhergehenden Capitel geschildert sind. Diese können die rothe Koch-
salzflüssigkeit ziemlich rasch aufwärts führen.

Aus den vorstehenden Versuchsreihen ergeben sich für das
Verhalten der Darmbewegungen bei Intestinalstenosen ganz unmittelbar folgende Thatsachen:

1. Die plötzliche Verschliessung des Darmlumens durch Umschnürung erzeugt keineswegs als solche sofort eine lebhafte Peristaltik, weder ober- noch unterhalb der Stenose.

2. War die Darmstrecke, in welcher die Verschliessung stattfindet, vor Eintritt derselben ruhig, so kann die Unbeweglichkeit
unbestimmt lange fortdauern (ganz wie im Normalzustande). War
sie gerade bewegt, so dauert die Bewegung im oberen Theile fort,
kommt im unteren dagegen zur Ruhe, wenn der Inhalt derselben
nach abwärts befördert ist.

3. Aber auch die Bewegungen oberhalb der Verschliessung
sind keineswegs ununterbrochen vorhanden; auch bei ihnen kommen
lange Pausen der Ruhe vor, die freilich im Ganzen etwas kürzer
zu sein scheinen als im Normalzustande.

4. Zweifellos werden diese Bewegungen viel energischer und
lebhafter als diejenigen, welche den gewöhnlichen physiologischen
Darminhalt bei freiem Lumen nach abwärts bewegen. Indessen
muss doch entschieden hervorgehoben werden, dass auch bei ganz
freier Bahn im physiologischen Zustande Bewegungen von ganz
derselben Intensität wie bei Verschliessungen erscheinen können;
ich habe sie im Capitel B. geschildert. Aus diesem Umstande kann

man schliessen, dass vielleicht nicht die Verschliessung als solche die eigentliche und nothwendige Ursache der gesteigerten Peristaltik sei, dass letztere nicht veranlasst werde durch den Widerstand des Hindernisses und durch das Bestreben dieses Hinderniss zu überwinden — wenigstens nicht unmittelbar in dieser Weise veranlasst werde.

In der That muss man sich dies nicht in der Art vorstellen, wie es gewöhnlich geschieht und wie es z. B. Watson[15] mit den Worten ausdrückt: „the bowel strives with all its power, but strives in vain, to overcome the opposing barrier". Nur mittelbar giebt die Verschliessung die Veranlassung zu den verstärkten Bewegungen. Den unmittelbaren Reiz für die Entstehung derselben bildet die stärkere Ausdehnung der Darmwandungen durch den gestauten Inhalt und namentlich durch Gas. Dieses Moment (auf dessen weitere physiologische Einzelheiten ich hier nicht einzugehen habe) ist es auch, welches, wie in Capitel B bemerkt, schon bei ganz freier Passage eine ausserordentlich heftige Peristaltik erzeugt. Dass bei übermässiger und zu lange währender Ausdehnung schliesslich eine Dehnungslähmung der Muskulatur folgt, spricht natürlich nicht im mindesten gegen diese Auffassung.

5. Selbst bei frischen Fällen von Darmverschliessung kann zeitweise eine Contractionsunfähigkeit in der dem Hinderniss zunächst benachbarten Strecke auftreten, bedingt durch Ueberdehnung der Darmwand. Diese Dehnungsparalyse kann mit dem zeitweiligen Nachlass der von oben andrängenden Peristaltik wieder beseitigt werden, indem dann der gestaute Inhalt in der Ruhe etwas nach oben zurückfluthet.

Diese Thatsache scheint mir von therapeutischer Wichtigkeit. Sie liefert eine Erklärung für die praktisch schon lange festgestellte schädliche Wirkung der Purgantien. Indem nämlich dieselben die Peristaltik steigern, führen sie den Inhalt aus den oberen Darmpartien rascher gegen die verlegte Stelle zu, und tragen so zu der schnelleren Entwicklung der Dehnungsparalyse bei.

Wie ist nun der Mechanismus des Kotherbrechens bei Darmverschliessungen aufzufassen? Gegenwärtig gelten darüber nur zwei Meinungen: die Theorie der Antiperistaltik, und die nach v. Swieten aufgestellte Theorie. Weiter könnte man dann für gewisse Substanzen des Darminhaltes auch daran denken, dass sie durch Diffusion in die Höhe gelangten. Und endlich haben viertens unsere Versuche noch eine Art von Bewegung kennen gelehrt, die ich als Rückstoss-Contractionen bezeichnete.

Prüfen wir nun auf Grund der Experimente, wie weit und ob jeder dieser Vorgänge für das Kotherbrechen wirksam ist.

a) Die, um sie kurz so zu nennen, van Swieten'sche Theorie kann natürlich bei der Art, wie ich die Versuche angestellt habe, nicht direct beobachtet oder geprüft werden. Von vornherein ist jedoch an ihrer physikalischen Existenzmöglichkeit und auch an ihrer Fähigkeit, die Erscheinung des Kotherbrechens herbeizuführen, nicht im Mindesten zu zweifeln. Ob ihre Annahme erforderlich ist zur Erklärung des Miserere, darauf werden wir noch einmal zurückkommen.

b) Eine eigentliche Antiperistaltik in dem Sinne, welchen man mit diesem Worte verbindet, dass nämlich eine fortlaufende Contractionswelle von der Verschliessungsstelle pyloruswärts steige und den Inhalt gegen den Magen hinauf befördere, habe ich in meinen Versuchen nicht gesehen. Zur Controle wurden noch die Experimente der Gruppe c angestellt; aber auch hier fand ein antiperistaltischer Transport nicht statt, sobald Substanzen wie Kohle und Oel injicirt wurden; Carmin rückte etwas höher durch Diffusion, aber auch nicht durch antiperistaltische Contractionen. Nur bei Kochsalzinjectionen trat wirkliche Antiperistaltik ein; dieselbe ist aber nicht durch die Darmverschliessung veranlasst, sondern durch den Reiz des Chlornatriums, genau in derselben Weise wie dieses Salz auch bei vollständig durchgängigem Darm Antiperistaltik veranlasst (man vergl. Capitel C). Solche reizenden Substanzen finden sich ja nun aber im gewöhnlichen Darminhalt nicht — und ich gelange demnach zu dem Ergebniss, dass Antiperistaltik, trotzdem ihre Existenz überhaupt (vergl. Capitel C) bewiesen ist, an dem Symptom des Kotherbrechens bei den acuten Darmverschliessungen unbetheiligt ist. Auf Grund meiner bisherigen Experimente würde ich dieselbe nur in einem ganz besonderen Falle beim Menschen für wahrscheinlich halten, nämlich dann, wenn der Kranke reizende Abführmittel, wie Crotonöl, Coloquinthen u. dergl. eingenommen hat.

c) Durch Diffusion können natürlich nicht die festen Bestandtheile des Darminhaltes nach oben gelangen, sondern nur die gelösten und die gasigen. Ueber die letzteren habe ich keine Versuche angestellt. Gelöste Stoffe rücken nach Ausweis der oben mitgetheilten Controlversuche etwas aufwärts, jedoch langsam. Immerhin dürfte ein gewisser kleiner Antheil der Diffusion an dem Kotherbrechen bestehen, insofern sie mit dazu beiträgt, der fauligen Zersetzung angehörige gelöste oder gasige Stoffe unter den Verhältnissen, wie sie bei Verlegung des Darmlumens herrschen, aus den tieferen Strecken in die höheren überzuführen.

d) Es ist zweifellos, dass durch die Rückstosscontractionen etwas Darminhalt nach aufwärts befördert werden muss. Denn jede einzelne derselben muss ja den Inhalt der Stelle, an welcher die Zusammenziehung stattfindet, zum Ausweichen bringen, und da es nach unten nicht geht, so nach oben. Auf diese Weise wird eine Mischung des Inhaltes bewirkt. Doch wird man den so erzeugten Effect immerhin nur gering veranschlagen dürfen, denn bei länger dauernder Verschliessung tritt ja eine Lähmung gerade der untersten tiefsten Strecken ein, und die Rückstosscontraction betrifft immer nur eine kurze Darmstrecke; dass grössere Mengen Darminhalt auf diese Weise nach oben befördert werden könnten, erscheint mir dem ganzen Bilde nach sehr unwahrscheinlich.

Fassen wir zusammen: eine wirksame Antiperistaltik ist nicht zu sehen, die Diffusion und die Rückstosscontractionen können zwar etwas Darminhalt von unten nach oben befördern, aber keine grösseren oder gar massenhafte Mengen desselben — demnach ist zu schliessen, dass das Kotherbrechen hauptsächlich durch den Mechanismus entsteht, wie ihn bereits van Swieten angedeutet hat.

Wenn ich so, nicht auf Ueberlegungen sondern auf directe Beobachtungen gestützt, einen echten Motus antiperistalticus als Ursache des Kotherbrechens bei acuten Darmverschliessungen in Abrede stelle, so liegt es ob, noch einige Einwände hiergegen, einige angebliche aus der Pathologie entnommene Gründe für die Existenz der Antiperistaltik unter einigen ganz bestimmten Verhältnissen zu besprechen. Leichtenstern führt als solche die freilich seltenen Fälle von sog. Ileus paralyticus an, wo im Verlaufe einer diffusen Peritonitis ohne nachweisbare Stenosen des Darmlumens Kotherbrechen beobachtet wird. Meines Erachtens

jedoch lassen diese Fälle eine ganz andere Deutung zu. Ist der
ganze Darm gelähmt, nun so kann von activer Antiperistaltik
überhaupt keine Rede sein, sondern nur die van Swieten'sche
Erklärung in Betracht kommen. Handelt es sich aber nur um
eine Paralyse in den tieferen Abschnitten, so bildet die Kothan-
häufung hier ein Hinderniss für die Entleerung aus den oberen
Abschnitten, und oberhalb desselben können sich dann die Vorgänge entwickeln, welche in der gewöhnlichen Weise zum Kotherbrechen führen. Auch darin ferner, dass bei acuten Incarcera-
tionen das Kotherbrechen zuweilen schon nach wenigen Stunden
sich einstellt, kann ich nicht, wie Leichtenstern, einen wichti-
gen Grund für die Annahme eines echten Motus antiperistalticus
anerkennen. Wenn sich auch noch nicht viel flüssiger oder fester
Inhalt anstauen kann in so kurzer Zeit, so wäre doch immer noch
denkbar, dass es aus besonderen Gründen im speciellen Falle (z. B.
bei starker Gährungsfähigkeit der zufällig im Darm befindlichen
Nahrungsstoffe) rasch zu einer beträchtlichen Gasentwicklung und
damit zur Spannung der Darmstrecke über der Stenose käme —
und damit wäre wieder die Möglichkeit des van Swieten'schen
Mechanismus gegeben.

E. Die Bewegungen des Darms bei acuten Darmentzün-
dungen (acuten Katarrhen).

„Ueber das Verhalten der peristaltischen Bewegungen beim
Durchfall wissen wir, obgleich es durch Versuche an Thieren leicht
zu ermitteln wäre, bis jetzt nichts Bestimmtes" — schrieb Traube[16]
vor fünfzehn Jahren; es ist mir nicht bekannt, dass diese Versuche
inzwischen angestellt wären. Man nimmt gewöhnlich an, dass die
peristaltischen Bewegungen beim Durchfall energischer seien als in
der Norm, und dass sie längere Zeit hindurch anhalten „oder mit
anderen Worten, dass die Zeiträume der Darmruhe kürzer werden
und vielleicht ganz verschwinden" (Traube).
Ich habe eine erhebliche Reihe von Versuchen in dieser Richtung angestellt, am Dünndarm sowohl wie am Dickdarm. Die
Erregung eines mässigen Grades von Entzündung der Schleimhaut,
über grössere Strecken verbreitet, gelang schwerer als ich erwartet
hatte. Als geeignetste Substanz bewährte sich eine concentrirte

Kochsalzlösung. Dieselbe wurde dem gesunden Thiere mehrmals im Verlaufe von 24 Stunden in das Rectum eingespritzt, jedesmal in einer Menge von etwa 5 Ccm., und nach der Injection immer der Anus für 10—20 Minuten zugeklemmt, um die sofortige Wiederentleerung zu verhüten. Am nächsten oder am zweitfolgenden Tage wurde dann die Beobachtung der Darmbewegungen im Salzbade vorgenommen. Indessen ist es mir nie gelungen, selbst nicht bei Injectionen durch einen Gummischlauch, welcher freilich nicht über 10 Ctm. weit in das Rectum hinaufgeschoben werden konnte, eine längere Strecke als 30—60 Ctm. in Entzündung zu versetzen. Diese Entzündung war dann allerdings sehr ausgeprägt, nach dem Anus zu stärker, nach oben zu schwächer, im unteren Abschnitt nicht selten mit Hämorrhagien. Der Schleim, welcher gleich Anfangs die Kothballen bedeckend abging, enthielt enorme Mengen von Cylinderepithelien. Die mikroskopische Untersuchung des erhärteten Darmes ergab eine grosse Anzahl von kleinen Rundzellen (Eiterzellen) auf der freien Oberfläche der Schleimhaut, ebensolche in den Interstitien zwischen den Lieberkühn'schen Drüsen, und auch eine grössere Anzahl davon im submukösen Bindegewebe.

Schwieriger war die Sache bei dem Dünndarm. Anfänglich versuchte ich durch Einführung reizender Substanzen in den Magen mittels der Schlundsonde eine Affection des Dünndarms zu erzielen, und um den menschlichen möglichst entsprechende Zustände zu bekommen, wählte ich zunächst einen in saurer Gährung begriffenen Bodensatz von Bier, welcher enorme Mengen Hefe enthielt — der Erfolg war null. Ebensowenig erzielte ich einen Duodenal- oder Dünndarmkatarrh durch Injection von verdünnter Schwefelsäure oder von concentrirter Kochsalzlösung. Kupfervitriollösung veranlasste entweder (in stärkerer Lösung, wo es auch in den Darm übertrat) sehr rasch den Tod, oder (in schwächerer Lösung) gar keine Wirkungen auf den Darm. Auf diese Weise kam ich also, beim Kaninchen wenigstens, nicht zum Ziel. Darauf verfuhr ich so, dass durch einen ganz kleinen Hautschnitt eine Dünndarmschlinge gefasst und in diese mehrere Cubikcentimeter concentrirter Kochsalzlösung injicirt wurden. So entstand eine Entzündung der Darmschleimhaut, allerdings auch mit dem Uebelstand, dass sie nur auf eine kleine Darmstrecke ausgedehnt war. Indessen kann man doch vielleicht aus den Vorgängen an diesen umschriebenen

Stellen bis zu einem gewissen Grade Rückschlüsse auf das bei ausgebreitetem acutem Katarrh Geschehende machen.

Bei den Untersuchungen über Antiperistaltik war schon die Gelegenheit gegeben, Beobachtungen über die Bewegungen bei Entzündung des Darmes zu machen. Denn da der einzelne Versuch eine bis anderthalb Stunden und noch länger währte, so entwickelte sich in dieser Zeit bereits eine entzündliche Reizung der Schleimhaut. Der Eintritt derselben liess sich sehr deutlich feststellen an der Art der Bewegung.

Während nämlich anfänglich nach der Injection nur die oben beschriebenen mässig lebhaften peri- und antiperistaltischen Contractionen da waren, wurden die Vorgänge 20—30—40 Minuten nach der Injection sehr viel lebendiger. Wenn aus dem Mastdarm die Kothballen ausgetrieben waren, so füllte sich jetzt die entzündete Strecke meist etwas wieder mit Flüssigkeit, offenbar wohl entzündlichem Exsudat; dasselbe gilt natürlich für den Dünndarm. Und gleichzeitig war nun diese Darmstrecke der Sitz ungemein heftiger Contractionsvorgänge, durch welche der Anblick eines ununterbrochenen Wühlens erhalten wurde, welches auch an der ganz leeren Strecke fortdauern konnte. Diese Contractionen boten abwechselnd und nebeneinander bald das Bild von Pendelbewegungen dar, bald von circulären Einschnürungen. Sie konnten bis zum Schluss des Experimentes fortbestehen. Zuweilen aber zeigte sich noch eine merkwürdige Erscheinung: die Strecke befand sich in tonischer Contraction, offenbar sowohl von der Längs- wie von der Ringmusculatur ausgehend, wodurch sie wie ein dünner fester Stift erschien.

Ganz anders war das Verhalten, wenn 24 oder 48 Stunden seit der ersten Salzinjection vergangen waren. Bei der Eröffnung der Bauchhöhle im Kochsalzbade zeigte sich die entzündete und zugleich leere Darmstrecke — ruhig; öfters war während der ganzen, eine Stunde dauernden Beobachtungszeit gar keine Spur von Bewegung an derselben zu bemerken. Dies galt nicht nur für die Fälle, in welchen, wie es einigemal vorkam, durch wiederholte Injectionen eine so hochgradige Entzündung der ganzen Darmwand (und consecutive Peritonitis) eingetreten war, dass diese betreffende Strecke ausgedehnt und die Musculatur gelähmt war, wie die directe mechanische Reizung lehrte. Vielmehr war auch bei den leichteren Graden, welche hinterher die oben angegebenen histologischen Veränderungen darboten und während des Lebens schlaff contrahirt und normal erregbar waren, in der Regel dieselbe Ruhe vorhanden, so dass sich bezüglich der Bewegung kein Unterschied zwischen dem normalen und entzündeten Darm feststellen liess.

Diese Versuche lehren zweierlei:

1. Wenn durch einen acuten entzündlichen Reiz eine Entzündung der Darmschleimhaut, ein Katarrh schnell sich entwickelt, so treten anfänglich dabei sehr starke Contractionen der entzündeten Strecke ein.

2. Nach Ablauf dieser anfänglichen Periode sind, wenn die entzündete Darmpartie leer ist, die Bewegungsvorgänge nicht stärker, wie in normalen Gedärmen.

3. Dieser zuletzt formulirte Satz besagt nur, dass bei bestehendem Katarrh spontane abnorme Bewegungen fehlen. Ganz unabhängig davon ist eine andere Frage: ob eine erhöhte Erregbarkeit des entzündeten Darmes besteht, in der Weise, dass beim Eintritt von Inhalt in denselben die Peristaltik rascher vor sich geht, als normal. In dieser Hinsicht sei Folgendes bemerkt.

Mehrmals sah ich bei dem künstlichen Dickdarmkatarrh nicht die bekannten runden, trockenen, festen Kothballen, sondern breiigen ungeformten Koth ausgestossen werden, wie er normal sich nur im obersten Colon beim Kaninchen findet, d. h. es bestand Durchfall — also wohl ein Beweis dafür, dass die Abwärtsbeförderung durch das Colon hier schneller als in der Norm erfolgte. Ferner: während sonst, in der Norm, der Mastdarm selbst Sunden lang mit zahlreichen trockenen Kothballen vollgestopft ruhig daliegt, habe ich dies bei entzündetem Zustande nie gesehen. Wenn, bei Entzündung nur seines untersten Abschnittes, während der Beobachtungsdauer zufällig aus dem oberen Colon feste Kothballen abwärts bis in die entzündete Partie gekommen waren, so blieben sie hier nicht liegen, sondern wurden bald nach aussen befördert; einmal sah ich hier einen Ballen die ganze unterste Strecke von 15 Ctm. ohne Aufenthalt schnell durcheilen, dann war wieder Ruhe da. Demnach möchte ich die vorstehend aufgeworfene Frage mit Ja beantworten. Der Durchfall bei acuten Katarrhen würde sich sonach nicht, wie Traube vermuthete, aus einer ganz oder fast ununterbrochenen Peristaltik erklären, sondern in der Art, dass, wenn Inhalt in den entzündeten Darmabschnitt hineinkommt, die peristaltische Abwärtsbewegung in diesem schneller als normal geschieht.

F. Einige Bemerkungen über Bildung von Invaginationen.

Da ich bei meinen Experimenten nicht mit Absicht die Vorgänge der Invagination studiren wollte, so sehe ich hier von einer ausführlicheren Besprechung derselben ab und beschränke mich auf die kurze Mittheilung einiger thatsächlichen Beobachtungen, welche ich gelegentlich und nebenbei machen konnte.

Bei der Betrachtung der Gedärme von Kaninchen (im warmen Kochsalzbade), an deren Darmcanal selbst keinerlei Eingriff sonst vorgenommen war, bot sich oft die Gelegenheit, die Bildung und Wiederlösung von Invaginationen zu verfolgen. Dieser Vorgang kam nur dann zur Beobachtung, wenn sehr lebhafte Peristaltik bestand; doch wurden einige Male schon fertige Invaginationen angetroffen, während bei Eröffnung des Abdomen die Gedärme an der betreffenden Strecke ruhig lagen. Die Länge des Intussusceptum war immer nur gering, 0,5—1,0—1,5 Ctm., höchstens einmal 2,0 Ctm.

Die Entstehung der Invagination erfolgt in der Art, dass ein sehr stark sich contrahirendes Darmstück in ein anderes, weniger sich contrahirendes Darmstück oder auch ziemlich ruhig beharrendes sich einschiebt, und zwar in der Richtung von oben nach unten. Die Einschiebung kann sich gleich nach der Enstehung wieder lösen, doch habe ich sie auch bis zu 10 Min. andauern sehen. Im letzteren Falle hört die Contraction des oberen Stückes auf, und es liegt nun ein schlaffes Stück in dem anderen ebensolchen. Am Dünndarm ist sie bei sehr lebhafter Peristaltik eine häufige Erscheinung, am Dickdarm sehr viel seltener, doch kommt sie auch an diesem vor.

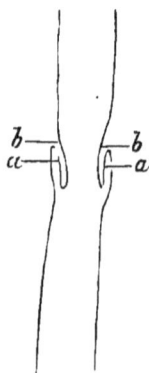

Fig. 1.

Einmal hatte ich Gelegenheit die Lösung einer Invagination am Colon durch die antiperistaltisch vom Anus her aufsteigende gefärbte Kochsalzlösung zu verfolgen. Es rückte die Lösung in der Scheide etwa bis a vor (Fig. 1), während a bis b ungefärbt blieb. Deutlich sichtbar war die in Folge des Salzes eintretende Contraction der äusseren Scheide; ob auch solche im Intussusceptum auftrat, war nicht deutlich zu entscheiden.

Die vorstehenden Beobachtungen beweisen zweierlei: 1) dass solche geringen Invaginationen oft im ganz gesunden Darm vorkommen (auch Leubuscher[17] hatte sie einmal zu sehen Gelegenheit); 2) dass dieselben als „Invaginatio spasmodica" bezeichnet werden müssen; man sieht ja ganz zweifellos diese Art der Entstehung, die spastische Contraction der Ring- und Längsmusculatur unter Augen vor sich.

Es liegt mir zunächst fern, aus diesen wenigen Thatsachen irgend welche Schlüsse für die menschliche Pathologie ziehen zu wollen; dies kann jeder Leser nach eigenem Ermessen thun. Immerhin erschienen mir dieselben schon an sich interessant genug, um sie wenigstens mitzutheilen.

3.

Experimentelle Untersuchungen über die Darm-invaginationen.

Leichtenstern[18] hat in seiner vortrefflichen Studie über die Darminvaginationen wohl so ziemlich alles erschöpft, was sich vom Standpunkte der klinischen und anatomischen Beobachtung über die Entstehung dieses Zustandes ermitteln lässt. Danach kann nicht verkannt werden, dass wir über die Pathogenese der Invagination nur hypothetische Vorstellungen, welche auf complicirten Schlüssen beruhen, aber keine auf unmittelbare Beobachtung gegründeten Anschauungen besitzen. Die hier bestehende Lücke kann nur durch das Experiment ausgefüllt werden.

G. Leubuscher[17] hat auf meine Veranlassung vor einigen Jahren eine bezügliche Versuchsreihe angestellt. Das Ergebniss derselben war wesentlich negativ, führte zu keinem bestimmten Abschluss nach dieser oder jener Richtung. Die Ursache des Misserfolges ist wohl in der von L. befolgten Versuchsmethode zu suchen. Weitere experimentelle Untersuchungen sind mir nicht bekannt geworden. Ich selbst habe dann gelegentlich meiner früheren Darmexperimente nebenbei feststellen können, dass Invaginationen am Kaninchendarm im ganz normalen Zustande unter dem Einflusse einer lebhaften Peristaltik gar nicht selten sich bilden und wieder lösen (man vergleiche Abhandlung 2).

Das Interesse an dem Gegenstande veranlasste mich diese Versuchsreihe von neuem wieder aufzunehmen. Die erlangten Ergebnisse sind im Folgenden enthalten. Die Versuchsanordnung war dieselbe wie bei meinen früheren Darmexperimenten: Kaninchen; Aethernarcose; Eröffnung der Bauchhöhle und Beobachtung des Darmes im erwärmten 0,5 procentigen Kochsalzbade.

1. **Versuchsreihe.** Reizt man den Darm durch einen faradischen Strom von geringer oder mässiger Stärke bei nahestehenden Electroden, so entsteht eine ganz umschriebene ringförmige Einschnürung. Bei bedeutender Stromstärke erfolgt in derselben Weise, wie ich es für die Natronsalze nachgewiesen, eine Contraction, welche eine erhebliche Strecke immer in der Richtung nach aufwärts, d. h. nach dem Magen zu sich ausdehnt, und nur sehr wenig nach abwärts von der Reizungsstelle. Der Darm wird an dieser letzteren selbst und in der nächsten Umgebung durch energische Contraction der Ringmuskulatur zu einem ganz blassen, harten, soliden Strang.

Am oberen Ende (magenwärts), in einer grösseren oder geringeren Entfernung von der Applicationsstelle der Electroden, geht die contrahirte Strecke entweder allmählich in die normale Darmlichtung über, oder sie schneidet scharf ab. Im letzteren Falle bildet sich eine kleine Invagination. Das obere weitere Darmstück schiebt sich ein wenig über das contrahirte untere hin. Dies wäre also eine Art Invaginatio ascendens. Ausdrücklich ist aber folgendes zu betonen: 1) dass das Intussusceptum in diesen Fällen nicht länger als etwa 0,5 Ctm. ist, 2) dass diese Invagination sehr schnell sich wieder löst, oft noch eher als die durch die Reizung bedingte Darmcontraction aufgehört hat, 3) dass selbst bei spontaner lebhafter Peristaltik in dem oberen Darmstück die Invagination sich nicht vergrössert. Dieser letzte Punkt ist entscheidend dafür, dass der in Rede stehende Vorgang nicht die Art und Weise darstellen kann, wie die pathologischen Darmeinschiebungen in der Regel sich entwickeln; denn trotz des unbezweifelbaren Anfanges einer solchen und trotz lebhafter Peristaltik kommt es nie zu einer ausgeprägten längeren Einschiebung. Das Ganze entspricht vielmehr nur dem mechanischen Verhalten, welches man erwarten muss, wenn ein normales Darmstück und ein solches mit stark contrahirter Quer- und Längsmuskulatur unmittelbar aneinander grenzen.

Ueberraschend dagegen gestaltet sich das Bild von der Reizungsstelle abwärts. Zuweilen nach wenigen Secunden, zuweilen erst nach $1/4$—$1/2$ Minute beginnt auch hier eine Invagination sich zu bilden. Diese bleibt aber nicht so minimal wie die im vorigen Absatz beschriebene, sondern bei fortdauernder Reizung wächst sie schnell und sichtlich an, so dass schliesslich nach $1/2$—1—2 Min.

eine lange Darmeinschiebung von 6—8—10 Ctm. Ausdehnung sich
entwickelt hat. Dieselbe ist eine Invaginatio descendens.

Die näheren Einzelheiten bei dem Vorgange der Einschiebung
sind folgende.

Die Applicationsstelle der Electroden bildet gleichsam einen
fixen Punkt. Wie an der oberen Grenze der Contractionsstrecke,
so stülpt sich auch hier zunächst der unmittelbar angrenzende,
normallichtige Darm über die stark contrahirte Stelle ein wenig
nach oben fort, so dass eine minimale absteigende Invagination
von $1/4$—$1/2$ Ctm. Länge entsteht. Ist, am Ende eines Versuches
nach zahlreichen Reizungen, der Darm ermüdet, so hat es gelegentlich hierbei sein Bewenden, es kommt zu nichts weiter. Dasselbe
geschieht auch ausnahmsweise bei noch frischem
Darm, ohne dass ich im Stande wäre eine Erklärung
hierfür zu geben. In der Regel jedoch beobachtet
man folgende Weiterentwicklung. Von unten her
schiebt sich der Darm, wie es scheint wesentlich
in Folge der Thätigkeit der Längsmuskeln, empor.
Man sieht ganz deutlich, wie ein kleines Gefäss nach
dem andern zum oberen Umschlagswinkel empor-
steigt und in demselben verschwindet, wie also das
mittlere (austretende) Rohr des Intussusceptum auf
Kosten des Intussuscipiens wächst. Zur genaueren
Feststellung des Vorganges habe ich folgende Ein-
richtung des Versuches gemacht. An einer Stelle
(Fig. 2 a) wird ein feiner, kurz abgeschnittener
blauer Seidenfaden, durch den serösen Ueberzug
bezw. die angrenzende Muskelschicht gezogen, an
einer tieferen (rectalwärts R) Stelle (b) ein rother.
Die Electroden werden genau entsprechend dem
blauen Faden a aufgesetzt. Bei beginnender Reizung contrahirt sich die Strecke c magenwärts (M).

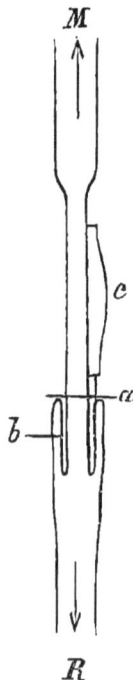

Fig. 2.

Während der ganzen Reizung bleiben die Electroden
unverrückt bei a stehen und bleibt der blaue Faden
immer gerade an dem oberen Umschlagswinkel, am sog. Halse der
Intussusception sichtbar. Unterhalb aber beginnt nun die Invagination sich zu entwickeln. Man sieht, wie der rothe Faden mehr
und mehr gegen den oberen Umschlagswinkel aufwärts rückt, und

endlich verschwindet. Dann wird das ganze Darmstück sofort aus-
geschnitten; und nun zeigt sich, nachdem das Suscipiens der Länge
nach aufgeschnitten, dass der rothe Faden etwa in der Mitte des
mittleren Rohres sitzt. — Zieht man unmittelbar nach geschehener
Einschiebung dieselbe auseinander, so zeigt sich das innerste Rohr
etwas contrahirt, wenn auch nicht so bedeutend, als die Strecke
von der Reizung aufwärts es ist.

Die Invagination geht viel schneller vor sich und wird bedeutender, wenn man eine Darmstrecke benutzt, in welcher mässige,
pendelnde Längscontractionen schon an sich vorhanden sind. Ist
der Darm ganz unbewegt, so entwickelt sie sich langsamer oder
gelegentlich auch gar nicht. Aber auch bei stürmisch abwärts
rollender Peristaltik mit starker ringförmiger Constriction des
Darmrohres ist kein ausgesprochenes Resultat zu erzielen.

Bezüglich der Lösung der Invagination ist folgendes zu bemerken. Hört man mit der Reizung auf, so bleibt die Einschiebung — ist der Darm an sich ruhig — ganz unbeweglich liegen.
Wie lange dies währen kann, habe ich nicht zeitlich genau ermittelt,
da ich gewöhnlich nach einiger Zeit künstlich löste, um bestimmte
andere Fragen zu beantworten. Doch habe ich schon bei meinen
früheren Versuchen festgestellt, dass selbst die kleinen spontanen
Invaginationen bis zu 10 Minuten bestehen können und sich ebenso
spontan lösen (Abhandlung 2). Einmal sah ich, als eine recht
erhebliche Einschiebung künstlich durch die electrische Reizung
hervorgerufen war, dieselbe spontan sich lösen, indem eine stürmische Peristaltik flüssigen Inhalt und Gas gegen die Einschiebung
zu bewegte; die Einzelheiten des Vorganges entgingen der Beobachtung. Andererseits habe ich früher beschrieben, wie die Invagination durch ein antiperistaltisch sich aufwärts bewegendes
reizendes Kochsalzklystier zum Schwinden gebracht wurde. — Des
weiteren prüfte ich die Wirkung electrischer Reizung bezüglich der
Lösung. Reizung oberhalb der Invagination hatte natürlich gar
keinen Nutzen. Wurden die Electroden direct auf das Intussuscipiens gesetzt, so war die Folge eine energische Contraction dieses
selbst, und damit eine noch stärkere Umklammerung des mittleren
und inneren Rohres. Bei Application dagegen eines starken Stro-
mes auf die Strecke unterhalb der Einschiebung wird allmählich

durch aufsteigende Contraction das Intussuscipiens nach abwärts gezogen und so die Lösung herbeigeführt.

2. Versuchsreihe. Eine Darmstrecke von 3—6 Ctm. Länge wird mit der Pincette stark gequetscht, dergestalt, dass selbst bei sehr starken Strömen keine Spur mehr von Contraction in derselben zu erzielen ist. Dieselbe füllt sich allerdings wegen des Zerreissens von Gefässen mit Blut, doch bleibt dasselbe noch eine kurze Zeit flüssig, eine Zeit welche lang genug ist, um die folgenden Versuche anzustellen.

Reizt man unmittelbar oberhalb der gelähmten Strecke (magenwärts), so erfolgt nichts weiter als eine einfache aufsteigende Contraction von der Reizstelle aus. Geschieht die Reizung an der unteren Grenze der gelähmten Strecke, so entwickelt sich in schönster Weise eine Invagination genau ebenso wie am unversehrten Darm. Dieselbe kommt nur auf Kosten des absteigenden Darmstückes zu Stande; die gelähmte Strecke ist gar nicht daran betheiligt; die Electroden sind ganz unverrückt an der ursprünglichen Applicationsstelle stehen geblieben, ebenso wie am normalen Darm an der Marke des blauen Fadens.

Einmal beobachtete ich folgendes Verhalten. Eine Darmstrecke war durch Quetschung gelähmt. Da entwickelte sich spontan eine sehr lebhafte Peristaltik vom Duodenum abwärts. Dieselbe dringt bis in die Nähe der gelähmten Stelle vor, aber nicht bis unmittelbar an die Grenze derselben, sondern macht etwas darüber Halt. Dieses Anhalten wird, wie man deutlich sieht, offenbar dadurch bedingt, dass der Inhalt von oben nach abwärts transportirt wird und dann in der Partie dicht oberhalb der Paralyse staut und dieses Stück stark mechanisch ausdehnt. Die dicht unterhalb der Paralyse, wie in einem anderen Versuch festgestellt werden konnte, bestehende Peristaltik erzeugt ebensowenig eine Invagination.

––––––––

Selbstverständlich bin ich weit davon entfernt zu glauben, dass mit den vorstehenden Versuchsreihen die Entstehungsgeschichte der Darminvagination zu irgend welchem Abschlusse gebracht sei; doch liefern diese Versuche immerhin gewisse Anhaltspunkte. Allerdings stehen ihre Ergebnisse in einem Gegensatz zu den heut im Allgemeinen herrschenden Anschauungen, wenigstens wie der

letzte ausführlich über diesen Gegenstand sich verbreitende Schriftsteller Leichtenstein[19] dieselben wiedergiebt. Zur Orientirung
seien folgende Punkte hier kurz angeführt.

Man unterscheidet bekanntlich bezüglich der Pathogenese zwei
Arten von Einschiebung: die Invaginatio paralytica und die Invaginatio spasmodica. Bei ersterer ist das Massgebende die aus
irgend welcher Ursache entstandene Parese einer begrenzten Darmstrecke; den Entstehungsmodus im Einzelnen stellt man sich etwas
verschieden vor, immer aber kommt es darauf hinaus, dass die
paralysirte Darmstrecke den Ausgangspunkt des ganzen Vorganges
darstellen soll, insofern in diese das oberhalb gelegene stark peristaltische Darmstück sich einstülpen, oder dieses letztere mitsammt
der paralysirten Strecke in den unterhalb der Paralyse gelegenen
Darm eintreten soll. Bei der Invaginatio spasmodica soll eine
durch Tetanus der Ringmuskulatur stark contrahirte Darmstrecke
durch die Peristaltik des oberhalb gelegenen in den unterhalb befindlichen Darm eingetrieben werden. Gegenwärtig herrscht die
Meinung vor, dass die paralytische Form der Darmeinschiebung
die weitaus häufigere, wenn nicht sogar allein vorkommende sei.

Des ferneren besteht die Meinung, dass die sogenannten „entzündlichen" Invaginationen ausnahmslos in der Richtung von oben
nach unten erfolgen, absteigend sind.

Dann wird ein grundsätzlicher Unterschied festgehalten zwischen den soeben erwähnten entzündlichen, allein zu pathologischen
Erscheinungen Veranlassung gebenden, und zwischen den sogenannten agonalen Invaginationen. Für letztere lässt man sowohl die
auf- wie die absteigende Form zu.

Was lässt sich nun aus den experimentellen Beobachtungen
bezüglich dieser verschiedenen Punkte entnehmen?

Um es kurz zusammen zu fassen, so beweisen die Versuche
zunächst unwiderleglich die Existenz der Invaginatio spasmodica.
In allen Fällen, in denen eine Einschiebung überhaupt künstlich
erzeugt werden konnte, gab den Ausgangspunkt für dieselbe die
tetanische Contractur einer begrenzten Darmstrecke ab. Allerdings
ist die Art des Entstehens abweichend von der diesbezüglich
herrschenden Vorstellung. Nicht wird die ganze Länge der contrahirten Strecke zur Invagination benutzt, nicht wird diese ganze
Strecke durch die Peristaltik des aufwärts gelegenen in den unten

befindlichen Darm eingetrieben. Vielmehr liefert ausschliesslich das untere Ende der contrahirten Strecke von der Applications-stelle der Electroden abwärts den fixen Ausgangspunkt. Hier, wo der stark verengte und der normallichtige Darm aneinanderstossen, bildet sich zuerst eine ganz kleine Invagination, indem der normal-lichtige Darm sich schirmförmig über das Ende des contrahirten nach oben überwölbt. Die weitere Ausbildung der Invagination geschieht dann ausschliesslich auf Kosten der abwärts (analwärts) gelegenen Strecke. Soweit ich den Vorgang habe verfolgen können, entsteht eine Contraction der Ringmuskulatur unterhalb der Reiz-stelle — diese Strecke wird zum eintretenden Rohr des Intussus-ceptum. Das austretende Rohr desselben und das Intussuscipiens bilden sich aus dem noch tiefer gelegenen Darm, dessen Längs-muskulatur sich contrahirt und pendelnd sich aufwärts schiebt. Ob die auf den Darm aufgesetzten Electroden es mechanisch ver-hindern, dass das untere Darmende sich über die ganze contrahirte Darmstrecke emporschiebe und diese in ihrer ganzen Länge zum eintretenden Rohr mache, kann ich wegen der Unmöglichkeit, die Versuchsordnung abzuändern, weder bejahen noch verneinen. Das aber steht fest, dass der oberhalb der Contraction gelegene Darm an der Invaginationsbildung gar nicht betheiligt ist.

Für die Annahme einer paralytischen Invagination geben unsere Versuche keine Anhaltspunkte. Allerdings muss zugegeben werden, dass das Versuchsverfahren immer die Fehlerquelle in sich schliesst, dass die paralysirte Darmstrecke mit Blut sich füllte. Aber im Anfange war dasselbe noch flüssig, so dass die Entstehung einer Einstülpung durch die Anwesenheit des Blutes nicht verhindert zu werden brauchte. Dennoch blieb die paralysirte Strecke an der wirklich entstehenden Invagination ganz unbetheiligt, trotzdem in einem Falle wie oben erwähnt spontane lebhafte Peristaltik von oben herunter bis an die betreffende Strecke gelangte. Auch Leubuscher hat bei seinen Versuchen mit Paralysirung des Darmes nur negative Ergebnisse zu verzeichnen. Die Einschie-bungen, welche ich wirklich bei bestehender Paralyse erzielte, sind wie ohne weiteres aus den Versuchen hervorgeht als spasmodische anzusehen, für deren Entstehen das Vorhandensein der paralysirten Strecke ganz gleichgültig ist.

Ich will nicht in Abrede stellen, dass klinisch eine Invaginatio

paralytica vorkommen könne: bei den bisherigen Versuchsanord-
nungen ist sie aber noch nicht experimentell erwiesen, während die
spasmodische Form thatsächlich hervorgerufen werden kann.

Im Hinblick auf dieses Versuchsergebniss ist es interessant,
die statistischen ätiologischen Verhältnisse der beim Menschen vorkommenden Darmeinschiebungen genauer anzusehen.   Leichtenstein[18] giebt folgende Zahlen unter 593 Fällen:

1. Mangel jeder Angabe über das Verhalten des Indi-
   viduums vor der Krankheit . . . . 267 Fälle.
2. „Plötzliche" Entstehung bei gesunden Individuen . 111   „
3. Darmpolypen 30   „
4. Darmkrebs und Darmstricturen   6   „
5. Vorausgehende Diarrhöen 21   „
6. Anderweitige Symptome anomaler Darmfunction . 25   „
7. Ingesta 28   „
8. Contusion des Abdomen   14   „
9. Erschütterung des Körpers 12   „
10. Invagination während der Schwangerschaft oder im
    Wochenbett   7   „
11. Erkältung als Ursache angegeben   6   „
12. Invagination nach verschiedenen acuten und chroni-
    schen Krankheiten, oder nach einer Reihe indiffe-
    renter und ätiologisch zweifelhafter Momente . . . 66   „
                                                 ⎯⎯⎯⎯⎯⎯
                                                 593 Fälle.

Aus dieser Reihe sind für die Beweisführung 456 Fälle auszu-
scheiden, in welchen entweder gar kein ätiologisches Moment angegeben ist, oder die wirklich angeschuldigten Ursachen mindestens
mit demselben Recht auf einen spasmodischen Ursprung bezogen
werden können, wie auf einen paralytischen.   Bei den 111 Fällen
der zweiten Rubrik kann man wohl mit grösster Bestimmtheit eine
Paralyse ausschliessen und mit sehr grosser Wahrscheinlichkeit eine
gesteigerte Peristaltik, einen spasmodischen Ursprung voraussetzen.
Ihnen gegenüber würden nur vielleicht die 26 Fälle der Rubriken
8 und 9 stehen.   Demnach würde auch die klinische Statistik
für das häufigere Vorkommen der spasmodischen Invaginationen
sprechen.

Der Meinung, dass die sogenannten entzündlichen Invaginationen, d. h. die klinisch bedeutungsvollen, ausnahmslos in der

Richtung von oben nach unten erfolgen, reden auch die Ergebnisse
der Versuche das Wort; es ist hierüber nichts weiter zu sagen.

Dagegen kann ich mich nicht der Meinung anschliessen, dass
ein grundsätzlicher Gegensatz bestehe zwischen diesen entzündlichen
und den agonalen Intussusceptionen. Vielmehr bin ich überzeugt,
dass die Pathogenese beider Formen für die Mehrzahl der Fälle
ganz dieselbe ist, nur dass die agonale Form nicht mehr die
Grösse der im Leben entstandenen annehmen kann. Man weiss,
dass unmittelbar nach dem Tode die Peristaltik erheblich gesteigert
ist, dass streckenweise starke ringförmige Contracturen auftreten
können. Gemäss den mitgetheilten Versuchen ist mit diesen ring-
förmigen streckenweisen Contracturen die Möglichkeit für die Bildung sowohl einer kleinen auf- wie einer bedeutenderen absteigenden Invagination gegeben. Erlischt zufällig die Erregbarkeit des
Darmes in diesem Zeitmoment, so trifft man eben die agonalen
(postmortalen) Invaginationen an.

Endlich, wenn man überhaupt solche Bezeichnungen zulassen
will, möchte ich noch eine „physiologische" Form der Invagination
aufstellen. Ich habe, wie a. a. O. erwähnt, nicht zu selten unter
meinen Augen bei der normalen Peristaltik kleine Invaginationen
sich bilden sehen, in derselben Weise wie bei den obigen Versuchen, d. h. den Ausgangspunkt bildete auch hier eine starke
tetanische Contraction einer umschriebenen Strecke. Meines Erachtens dürften auch im normalen Zustande beim Menschen solche
kleinen Invaginationen öfters auftreten; nur dass dieselben, wie
man dies auch beim Thier sieht, sich spontan wieder lösen und
zu keinen weiteren Störungen Veranlassung geben.

4.

Zur chemischen Reizung der glatten Muskeln; zugleich als Beitrag zur Physiologie des Darmes*).

Gelegentlich anderer Untersuchungen über die Bewegungen des Darmes wurde ich durch die überraschenden Erscheinungen, welche die Application eines Kochsalzkrystalles auf die Aussenfläche des Darmes hervorrief, auf die Versuche geführt, deren Ergebnisse nachstehend mitgetheilt sind. Sämmtliche Experimente wurden nach der von Sanders und van Braam-Houckgeest[1] eingeführten Methode angestellt, das Abdomen des lebenden Thieres in einem $\frac{5}{10}$—$\frac{6}{10}$ proc. Kochsalzbade zu öffnen und bei einer gleichmässig auf 38° C. erhaltenen Temperatur zu beobachten. Alle Thiere (wenn nichts anderes ausdrücklich bemerkt ist, Kaninchen) waren durch subcutane Aetherinjectionen betäubt; durch zahlreiche vorgängige Versuche hatte ich mich überzeugt, dass die Peristaltik und Contractilität des Darmes in Aethernarcose dem Anschein nach ganz unverändert ist.

Die Salze, deren Einwirkung geprüft werden sollte, wurden, waren sie fest oder krystallisirt, einfach in Substanz mit einer kleinen Berührungsfläche leicht gegen die äussere Wand des ganz unversehrten im Kochsalzbade befindlichen Darmes angehalten; waren sie pulverförmig, so wurde etwas davon zwischen die Arme einer Pincette genommen und so auf die Darmoberfläche gebracht. Es braucht kaum ausdrücklich bemerkt zu werden, dass vielfältige Prüfungen gelehrt hatten, dass der leichte Reiz der ganz oberfläch-

---

*) Abgedruckt aus dem Archiv für patholog. Anatomie. Bd. LXXXVIII. Heft 1.

4*

lichen und leichten mechanischen Berührung mit der Pincette
keinerlei Erscheinungen seitens des Darmes erzeugt.

„Ueber den Einfluss chemischer Reize auf die glatte Musculatur ist nichts bekannt", bemerkt S. Mayer[4] in seiner kürzlich
erschienenen Abhandlung; seitdem etwa veröffentlichte Untersuchungen sind mir nicht zu Gesicht gekommen. Ich kann also
sofort zum Thatsächlichen übergehen.

Als wichtigstes Ergebniss der Versuche sei vorangestellt, dass
die Wirkung der Kalisalze sich wesentlich von derjenigen der Natronsalze unterscheidet, wenn man die
Aussenfläche des lebenden Darmes mit denselben berührt. Das Entscheidende ist die Gegenwart des Kalium oder
Natrium in der Verbindung; auf den anderen chemischen Bestandtheil kommt es gar nicht an. So verschieden auch Jodkalium
und schwefelsaures Kali einerseits, Chlornatrium und kohlensaures
Natron andererseits in ihrer sonstigen allgemeinen Wirkung auf
den Organismus sich verhalten mögen, bei der örtlichen Application auf den Darm wirken die einen nur als Kalium-, die anderen nur als Natrium-Verbindungen. Und so übereinstimmend
wieder Bromkalium und Bromnatrium bei der allgemeinen Wirkung
durch den Bromcomponenten sich verhalten, örtlich auf dem Darm
macht sich nur der Kalium- oder Natriumcomponent geltend. Die
vergleichenden Versuche erstreckten sich auf folgende Verbindungen: schwefelsaures, salpetersaures, kohlensaures, chlorsaures,
weinsaures, Chlor-, Jod-, Bromkalium einerseits und Natrium
andererseits. Höchstens macht sich ein leichter Unterschied in
dem Stärkegrade der Wirkung zwischen den Salzen einer Reihe
bemerkbar, dergestalt, dass z. B. kohlensaures Natrium etwas
energischer zu wirken scheint als das salpetersaure, und dieses
wieder mehr als Chlornatrium; die Art der Erscheinungen ist
jedoch immer die gleiche.

Wenn man mit einem Kalisalz irgend eine Stelle des Darmes, sei es des Dünn- oder des Dickdarmes (nur das Coecum
ist zunächst ausser Betracht gelassen), berührt, so erfolgt eine
starke Contraction der Musculatur, welche auf die
Stelle der Berührung beschränkt bleibt oder auch den
Darm an der betreffenden Stelle ringförmig umgebend
einschnürt.

Die Berührung mit einem Natronsalz erzeugt eine Contraction, welche nicht auf die Berührungsstelle beschränkt bleibt,
sondern über mehrere Centimeter weit sich erstreckt, und
zwar ausnahmslos immer und nur in der Richtung nach
aufwärts, nach dem Pylorus zu. Diese Thatsache, dass die
Natroncontraction immer nach oberhalb und nie nach unterhalb
von der Berührungsstelle sich ausdehnt, ist beim ätherisirten Kaninchen so zuverlässig regelmässig und auch ebenso, freilich in
geringerer Intensität des Phänomens, bei der Katze, dass dieselbe
vielleicht sogar praktisch verwendet werden könnte. Von vornherein ist nämlich nicht einzusehen, warum nicht auch beim
Menschen dasselbe eintreten sollte. Es ist ja nun der Fall denkbar, dass es dem Operateur wissenswerth ist, wohin in einer vorliegenden Darmschlinge die auf- oder die absteigende Richtung
geht. Die an sich ganz unschädliche Berührung mit einem Kochsalzkrystall könnte vielleicht Aufschluss darüber gewähren.

Die Einzelheiten bei den Vorgängen sind folgende.

Die Kalicontraction beginnt genau an dem Punkte der
Darmwand, welcher von dem Salze berührt wird, verbreitet sich
aber dann meist rings um den Darm. Von dem unmittelbaren
Berührungsort geht sie ein klein wenig auf die nächstangrenzende
Partie nach oben und unten über, doch beträgt die ganze Länge
der contrahirten Strecke nie über 3—5 Mm. Die Contraction ist
sehr energisch, dergestalt, dass die Lichtung des Darmrohres vollständig verschwindet und dasselbe an dieser Stelle wie ein dünner
weisslicher Faden aussieht. Oft wird die zusammengezogene kurze
Strecke vollständig dem Auge entzogen, indem der Darm von
beiden Seiten her pilzförmig über derselben sich aneinanderschiebt.
Ist gerade, wie im Duodenum gewöhnlich, etwas flüssiger Inhalt
im Darme und leichte normale Peristaltik desselben vorhanden,
so kann der Inhalt oberhalb der Constrictionsstelle gestaut werden. Dass von dieser letzteren eine Anregung zur Peristaltik
oder Antiperistaltik ausgegangen wäre, liess sich nicht feststellen.
Mitunter schien mit dem Aufhören der Constriction eine leichte
Peristaltik in absteigender Richtung sowohl ober- wie unterhalb
einzutreten, doch sah ich dies deutlich nur im Duodenum, und
es ist mir wahrscheinlicher, dass hier die Stauung des Inhaltes,
nicht die Constriction als solche die Anregung zur Peristaltik

giebt*). — Die Dauer der Contraction ist gewöhnlich ziemlich be-
trächtlich, 2—3—5 Minuten, am Dickdarm habe ich sie sogar
10 Minuten bestehen sehen.

Interessant sind die Erscheinungen, welche an der obersten
Partie des Colon, dort wo die Ligamenta desselben scharf abge-
grenzt vorhanden sind, auftreten. Bei der Berührung der Längsmusculatur mit einem ganz spitzen Krystall z. B. von Kali nitricum
contrahirt sich nur diese ganz umschrieben örtlich; berührt man
dagegen umgekehrt ein Haustrum zwischen zwei Ligamenta, so contrahirt sich ebenfalls nur ganz local dieses eine berührte Haustrum,
und zwar so stark, dass es fast vollständig verschwindet und die
beiden Längsbänder nebeneinander zu liegen kommen. — Auch an
den grossen Haustris des Coecum erzeugt das Kalisalz eine sehr
energische, aber ganz auf die nächste Umgebung der Berührungsstelle beschränkt bleibende Contraction.

Um die Contraction hervorzurufen, genügt als Dauer der Berührung für das Kalisalz $\frac{1}{2}$—1 Secunde; bei einer so kurzen Zeit
bleibt allerdings öfters auch beim Dünndarm die Constriction so
ausschliesslich auf die Berührungsstelle beschränkt, dass nicht
einmal der ganze Darmumfang von derselben umkreist wird. Das
Zeitintervall, welches vom Moment der Berührung bis zum ersten
Deutlichwerden der Contraction vergeht, wechselt etwas: es beträgt
1—2—4—6, ausnahmsweise (wohl bei ermüdetem Darm) auch bis
8 Secunden. Die Zeitdauer, welche die Wirkung anhält, ist ebenfalls etwas wechselnd, immer aber recht erheblich, und kann gelegentlich 10 Minuten betragen.

Die Natroncontraction gestaltet sich wesentlich anders.
Dieselbe beginnt zuweilen an der unmittelbaren Berührungsstelle,
sehr oft aber nicht, sondern vielmehr 2, 3, 4 Mm. oberhalb, d. h.
pyloruswärts, während die unmittelbar berührte Stelle selbst un-
contrahirt bleibt, was beim Kalisalz nie vorkommt. Daran schliesst
sich dann sofort eine weitere Constriction, welche aufwärts, pyloruswärts laufend den Darm in einer Ausdehnung von 1 oder 2 bis
zu 5—8 Ctm. bis zur Fadendünne verengert. Ist in dieser Strecke
Inhalt, so wird derselbe natürlich ausgetrieben, was sich namentlich
sehr schön an einem doppelt unterbundenen Darmstück darstellt.

*) Vergl. Aufsatz No. 2.

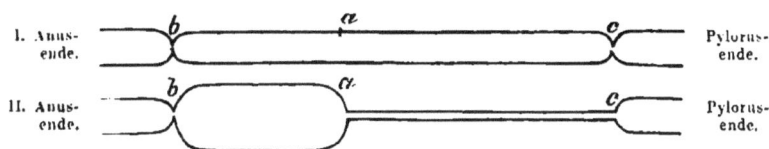

Fig. 3.

Die Zeichnung 1 (Fig. 3) stellt ein Stück Jejunum doppelt
unterbunden (bei b und c) vor der Berührung mit Chlornatrium
dar; a ist die Stelle der Berührung. Ist dieselbe erfolgt, so gewinnt das Darmstück das Aussehen der Zeichnung II (Fig. 3),
wo a—c stark contrahirt, a—b von dem sonst die ganze Schlinge
füllenden Inhalt ausgedehnt ist. — Die aufsteigende Contraction
erfolgt nicht jedesmal ununterbrochen, vielmehr sehr häufig in der
Weise, dass zunächst in Abständen von $\frac{1}{2}$ — 1 Ctm. circuläre
schmale Contractionsringe sich bilden, und dann erst die ununter-
brochene Constriction.

Die Constriction besteht nur 5, 10, 15, 30 Secunden, zuweilen
noch länger; darauf lässt sie nach und es erscheint etwas peristaltisches Wühlen, anscheinend in der Richtung nach abwärts, in
dieser Strecke; darauf kommt wieder eine tonische Constriction
mit nachfolgendem peristaltischen Wühlen; und dasselbe Spiel
wiederholt sich wohl noch ein drittes Mal. In anderen Fällen hat
es bei der einmaligen tonischen Contraction mit dem nachfolgenden peristaltischen Wühlen sein Bewenden. Dieser Unterschied in
der Intensität der Erscheinungen schien mir zum Theil von der
Dauer der Berührungszeit abzuhängen; möglich aber auch, dass
Differenzen in der Erregbarkeit des Darmes die Ursache bilden,
sei es, dass diese von vornherein individuell verschieden oder von
einer etwaigen Ermüdung abhängig ist.

Unterhalb der Berührungsstelle ist in der Regel fast vollständige Ruhe; einige Male schien es, als überschreite die tonische
Contraction dieselbe etwas, aber dann waren es höchstens ein Paar
Millimeter. Ab und zu setzte sich anscheinend die der Contraction
folgende leichte Peristaltik auch ein wenig unterhalb der Berührungsstelle fort, aber nur sehr selten.

Die Berührung des Coecum mit dem Natronsalz hat so gut
wie gar keinen Effect.

Eine ganz kurz dauernde Berührung, $\frac{1}{2}$—1 Secunde, bleibt
bei den Natronsalzen nicht selten ohne jede Wirkung, meist muss
man 2—3 Secunden, gewöhnlich noch länger berühren; erfolgt aber
auf die momentane Berührung ein Effect, so ist derselbe qualitativ
ganz wie bei längerem Appliciren. Das Zeitintervall, welches bis
zum Erscheinen der Contraction vergeht, währt entschieden länger
als bei den Kalisalzen: sie erscheint frühestens nach 2—3 Secunden, mitunter erst nach 10—12. Andererseits ist wieder die Wirkung nie so lange Zeit anhaltend wie bei den Kalisalzen.

Zur Controle wurden einige Versuche an Katzen angestellt,
welche qualitativ im Wesen genau dieselben Erscheinungen wie bei
Kaninchen ergaben; und zwar trat die Uebereinstimmung besonders
am Dickdarm hervor. Ich bemerke hier gleich im voraus, dass
meines Erachtens der nicht qualitative sondern quantitative Unterschied durch die enorm stärkere Entwicklung der Muskellage des
Katzendarmes gegenüber dem Kaninchen bedingt ist. Denn am
Dickdarm, welcher bei der Katze eine etwas dünnere Muskellage
hat als der Dünndarm, war auch die quantitare Uebereinstimmung
mit dem Kaninchendarm eine ausgesprochenere als am Dünndarm.
Also: am Dickdarm auf Kalisalze nur eine entweder ganz ausschliesslich auf den Berührungsort beschränkte oder höchstens eine
die Circumferenz des Darmes an dieser Stelle umkreisende Contraction. Auf Natronsalze eine am Berührungsort selbst oder etwas
oberhalb beginnende Contraction. welche auf 1—1$\frac{1}{2}$ Ctm. hin aufwärts steigt. Oefters schloss sich an die Natroncontraction ein
seltsames rhythmisches oder richtiger intermittirendes Phänomen
folgender Art, dessen Analogon unschwer in der beim Kaninchen
gegebenen Beschreibung wiederzuerkennen ist. Nämlich die erste
Contraction verschwand, jetzt in der Richtung von oben nach unten
nachlassend, nach einigen Secunden; nach wenigen Secunden erschien sie wieder. und zwar nun wieder in der Richtung von unten
nach oben gehend; und so wiederholte sich das Spiel bis 15 Mal,
indem die Contractionen nach immer etwas längeren Pausen auf-
traten und allmählich immer schwächer wurden. — Am Dünndarm
rufen die Kalisalze ebenfalls nur eine locale Contraction hervor;
die Natronsalze zuweilen gar nichts, wenn sie aber wirken, was
namentlich bei den stärksten (z. B. kohlensaures N.) immer der Fall
ist, dann erfolgt auch eine schwache aufsteigende Zusammenziehung.

Es lag nahe, auch andere Substanzen darauf hin zu untersuchen, wie sie auf den lebenden Darm unter den erwähnten
Versuchsverhältnissen einwirkten. Von den in den Kreis der Prüfung gezogenen war es nur eine einzige, welche dieselbe Wirkung wie die Natronsalze, d. h. eine aufsteigende Contraction hervorbrachte, nämlich die Ammoniumverbin-
dungen. Als Repräsentanten derselben prüfte ich insbesondere
das Ammoniumchlorid (Salmiak): die Ammoniakflüssigkeit (Liquor
Ammonii caustici), natürlich im verdünnten Zustande, ist aus leicht
ersichtlichen Gründen bei meiner Versuchsanordnung zum Experi-
mentiren schlecht zu benutzen, doch ist im Wesen ihr Effect derselbe wie beim Salmiak. Da die Erscheinungen bei den Ammonium-
salzen mit denen bei den Natronsalzen übereinstimmen, verzichte
ich auf eine Wiederholung.

Alle anderen untersuchten Substanzen wirken anders, wie die
folgende kurze Uebersicht lehrt.

Der officinelle Alaun (schwefelsaures Aluminium-Kalium) erzeugt eine langsam eintretende, ganz auf den unmittelbaren Berührungsort beschränkt bleibende ziemlich schwache Contraction.

Schwefelsaure Magnesia: die Wirkung nicht ganz constant,
zuweilen eine locale Constriction, noch öfter gar keine Wirkung.

Chlormagnesium: öfter gar nichts Deutliches, andere Male
eine sehr schwache und genau auf die Berührungsstelle beschränkte
Contraction.

Chlorcalcium: wirkt etwas stärker wie Chlormagnesium,
aber auch nur ganz beschränkt.

Schwefelsaures Kupfer, salpetersaures Silber, essig-
saures Blei erzeugen nur eine träge auftretende, aber sehr
lange (viele Minuten) dauernde locale Constriction an der Berührungsstelle.

Zucker und Harnstoff bleiben ohne jede Wirkung.

Zum Schlusse sei auf die Nebeneinanderstellung der schwefelsauren Verbindungen des Kalium, Natrium, Magnesium hingewiesen.
Alle drei wirken bei innerlicher Anwendung in grossen Dosen ab-
führend, und wie überraschend verschieden die Wirkung bei ört-
licher Application aussen auf den Darm!

Im weiteren Verfolg liess ich die anderen Substanzen bei Seite, und beschäftigte mich nur mit den Kalium- und Natriumverbindungen. Die erste Frage war, ob die Contractionen als directe Muskelreizung oder durch irgend welche nervöse Einflüsse vermittelt aufzufassen seien.

Bezüglich der Kalisalze dürfte kaum ein Zweifel bestehen, dass es sich um eine directe Muskelreizung handelt. Die Einzelheiten bei der Contraction, wie sie oben geschildert sind, drängen zu dieser Auffassung, und aus den nachfolgenden Experimenten werden sich noch mehrere Gründe für dieselbe ergeben. Dass auch die Natronverbindungen direct auf die Muskelsubstanz einwirken, einen Muskelreiz bilden (wenn auch einen schwächeren als die Kalisalze), wird aus dem Folgenden ebenfalls noch hervorgehen. Sehr viel schwieriger dagegen ist die Entscheidung, ob bei den merkwürdigen Natronerscheinungen nicht ausserdem nervöse Erregungen in hervorragendem Maasse betheiligt sind. Das ganze Bild derselben, verglichen mit demjenigen der Kalicontraction, führt anscheinend zu dieser Annahme. Folgende weitere Versuchsreihen wurden deshalb angestellt.

Nach vorgängiger Unterbindung der Gefässe und gleichzeitiger Umschnürung der Nerven in einem Stück Mesenterium wird dieses letztere auf eine Strecke von 20, 30, 50 Ctm. hin hart am Darm vollständig durchschnitten, und öfters auch noch gleichzeitig der Darm selbst an den Enden dieser Strecke fest umschnürt. Nachdem die Contraction, welche die Ablösung des Mesenterium veranlasst, längere Zeit vorüber ist, wird nun der Kali- und Natronversuch angestellt — beide gelingen vollständig in gewöhnter Weise. Hiermit ist erwiesen, dass sämmtliche durch das Mesenterium an den Darm tretenden und von ihm kommenden Nervenfasern für die Entstehung auch der Natroncontraction ohne Bedeutung sind.

Nun bleibt aber immer noch die Möglichkeit, dass die in der Darmwand selbst gelegenen nervösen Apparate, insbesondere der Plexus submucosus und myentericus an der Natronwirkung betheiligt sein könnten. Ich bin in der That der Meinung, dass die aufsteigende Natroncontraction nicht als ausschliessliche Muskelreizung anzusehen sei, sondern durch Nerveneinfluss zu Stande komme. Meine Gründe hierfür sind folgende:

a) In erster Linie die oben geschilderte Thatsache, dass die Natroncontraction in der Regel nicht an der unmittelbar berührten Stelle, sondern etwas oberhalb beginnt, ja dass die berührte Partie selbst gelegentlich an der Contraction sich gar nicht betheiligt. Diese Erscheinung, verglichen mit der Kalicontraction, erklärt sich nur durch die Annahme einer nicht direct, sondern indirect auf dem Wege der Nervenreizung erfolgenden Wirkung.

b) Vielleicht kann zu Gunsten der nervösen Erregung das (beim Natron) längere Zeitintervall angeführt werden, welches von dem Moment der Berührung bis zum Beginn der Contraction vergeht. Freilich könnte man diese längere Latenzperiode auch mit einer directen Muskelwirkung des Natron vereinbaren wollen, etwa in der Weise, dass Natron schwächer und darum langsamer die Contraction erzeuge. Doch wäre bei dieser Deutung wieder nicht einzusehen, wie Natron trotz der schwächeren Wirkung doch eine so sehr viel ausgebreitetere Contraction veranlasse.

c) In demselben Sinne wie das soeben unter b Gesagte und aus demselben Grunde lässt sich vielleicht auch die Thatsache verwerthen, dass die momentane Berührung mit Natron öfters wirkungslos bleibt.

d) Für fast beweisend kann folgender Versuch gelten. Das Thier wird durch Nackenstich getödtet und, nachdem die postmortale Peristaltik aufgehört hat, mit den Salzen geprüft: 20 bis 25 bis 30 Min. nach dem Tode erfolgt auf Kali noch eine locale Contraction, auf Natron gar nichts mehr. Wenn man nun auch dies noch dahin deuten kann, dass Natron als schwächerer Muskelreiz beim Absterben des Muskels nicht mehr wirke, während Kali noch dazu im Stande sei, so ist diese Auffassung nicht mehr möglich bei folgender Thatsache. Mehrere Male konnte ich nämlich beobachten, dass Kali bei dem absterbenden Darm locale Contraction erzeugt und Natron ebenfalls noch eine solche, wenn auch schwächere, aber nicht mehr die sonst constante aufsteigende Constriction. Diese Erscheinung dürfte sich nur so erklären lassen, dass die nervösen Apparate des Darmes beim Absterben früher ihre Erregbarkeit einbüssen als die Musculatur und damit fallen natürlich die durch jene vermittelten Erscheinungen fort.

e) Eine grössere Reihe von Versuchen wurde an anderen ebenfalls mit glatten Muskelfasern versehenen Organen angestellt, dem

Magen, der Blase, den Ureteren, selbstverständlich immer unter denselben Bedingungen, im warmen Kochsalzbade.

An der Blase ruft die Berührung mit Natronsalzen sehr lang-sam immer nur eine schwache und local bleibende Einschnürung hervor. Das Kalisalz, namentlich wenn man es gegen den Scheitel der mässig gefüllten Blase hält, erzeugt viel rascher eine viel ener-gischere Contraction, welche selbst die Form der Blase verändern und sogar Urinentleerung veranlassen kann.

Am Magen erzeugen Natron- wie Kalisalze immer nur eine locale Contraction, die bei ersteren schwächer ist und zuweilen ganz ausbleibt. Nie erfolgte eine peristaltisch vorrückende Welle.

Von den Ureteren erwartete ich im Hinblick auf die bekann-ten Angaben Engelmann's[3] bezüglich ihres Gehaltes oder vielmehr streckenweisen Nichtgehaltes an Ganglienzellen (Angaben übrigens, welche von Anderen in Abrede gestellt werden z. B. R. Maier[5]), die entscheidendsten Ergebnisse. Leider fielen dieselben bei der Dünnheit dieser Gebilde beim Kaninchen nicht so klar aus, wie ich gedacht; es war eben sehr schwierig, die Vorgänge an diesen feinen Kanälen unter dem Wasserspiegel genau zu beobachten. Ich kann deshalb nur sagen, dass ich eine sichere aufsteigende Contraction vom Natron nicht gesehen habe. Die Erscheinungen am Magen und Blase lehren immerhin, dass Kali auf die glatten Muskeln energi-scher einwirkt als Natron, und für unsere specielle Frage würde dies dieselbe Bedeutung haben, wie die unter b und c angeführten Momente.

Alles zusammengefasst, glaube ich aus vorstehenden Thatsachen und Erwägungen folgende Schlüsse ableiten zu dürfen, den ersten sicher, den zweiten mit Vorbehalt und nur wahrscheinlich: 1) die Kalisalze rufen bei directer Berührung eine stärkere Contraction der glatten Muskeln hervor als die Natronsalze. 2) Die am Darm bei Berührung mit Natronsalzen eintretende eigenthümliche, aufstei-gende Contraction ist nicht eine directe Muskelwirkung, sondern vermittelt durch die in der Darmwand gelegenen nervösen Apparate.

Nebenbei sei noch darauf hingewiesen, dass der Modus der Ein-wirkung auf die Muskeln nicht durch eine blosse Wasserentziehung erklärt werden kann; die ausserordentlich geringe Wirkung des Chlorcalcium und Chlormagnesium liefert den Beweis dafür.

Die weitere Aufgabe wäre nun, eine Erklärung für die merkwürdige Art der Natronwirkung zu finden. In der That, wenn
man das Phänomen auch vielmals gesehen hat, so überrascht es
doch immer wieder. Ginge wenigstens die Constriction nach abwärts, in der Richtung der normalen Peristaltik; oder doch nach
abwärts und aufwärts zugleich! aber nur nach aufwärts! Ich gestehe, dass ich keine irgendwie begründete und genügende Erklärung
zu geben vermag und auch vor der Hand nicht weiss, wie man
der Frage experimentell oder anatomisch beikommen könnte. Ich
muss mich deshalb zunächst mit dem einfachen Verzeichnen der
Thatsache begnügen.

5.

Ueber die Einwirkung des Morphin auf den Darm*).

Die stuhlanhaltende Wirkung des Opium im physiologischen und bei vielen pathologischen Zuständen ist eine sichere Erfahrungsthatsache; wie diese stopfende Wirkung zu Stande komme, darüber ist nichts bekannt. Naturlich fehlt es nicht an hypothetischen Vorstellungen in dieser Hinsicht. Da dieselben jedoch der Beweise entbehren, so glaube ich eine eingehendere Erörterung in den folgenden Zeilen, welche nur Thatsächliches und daran sich anknüpfende Schlüsse in Kürze bringen sollen, übergehen zu können. Der dafür sich Interessirende kann diese Dinge in verschiedenen Büchern nachlesen. Die einzigen auf Experimente sich gründenden Angaben von O. Nasse[20] und Gscheidlen[21] haben eher, wie Rossbach[22] ganz richtig bemerkt, ziemlich verwirrend gewirkt: indem diese Beobachter mittheilen, dass nach Einspritzung von 0,025 Morphin in eine Vene beim Kaninchen (Nasse) Vermehrung der Peristaltik und Erhöhung der Reizbarkeit des Darmes eintrete. Da ich unter ganz anderen Versuchsbedingungen experimentirt habe, wie Nasse und Gscheidlen, so kommt es mir nicht zu, über ihre Ergebnisse ein Urtheil auszusprechen. Das jedoch erlaube ich mir zu bemerken, dass die Methode von Nasse Fehlerquellen in sich schliesst, welche man durch die von Sanders und v. Braam-Houckgeest eingeführte Art der Darmbeobachtung zum Theil wenigstens vermeiden gelernt hat; und dass ich bei meinen Untersuchungen nach letztgenannter Art die bei anderer Versuchsmethode erhaltenen Ergebnisse Nasse's nicht habe bestätigen können.

---

*) Abgedruckt aus dem Archiv für patholog. Anatomie. Bd. LXXXIX.

Bezüglich der Versuchsmethode ist zunächst die Wahl der Thierart wichtig: Katze und Hund sind nicht zu benutzen, weil deren kurzer Darm allermeist in vollständiger Ruhe verharrt und auch sonst keine Angriffspunkte für das Studium unserer Frage gewährt. Dagegen ist das Kaninchen geeignet; aber nicht, wie man meinen sollte, weil dessen langer Darm öfters Bewegungen darbietet, sondern aus einem ganz anderen Grunde. Diese spontanen Bewegungen nämlich sind einmal auch beim Kaninchen keine allzu häufige Erscheinung, so dass man bei vier, fünf, sechs Exemplaren hintereinander den ganzen Darm in Ruhe antrifft, höchstens einige schwache Bewegungen im Duodenum und obersten Jejunum ausgenommen, und auf diese Weise immer dem Zufall überlassen ist. Dann aber, selbst wenn über grössere Darmstrecken hin eine lebhaftere Peristaltik zieht, ist deren Eintreten und spontanes Aufhören ganz unberechenbar; letzteres erfolgt so unregelmässig, bald ganz plötzlich, bald mehr allmählich, dass man gefährlichen Irrthümern ausgesetzt wäre, wenn man aus dem etwaigen Aufhören dieser Peristaltik Schlüsse hinsichtlich der Opiumwirkung ziehen wollte.

Da nun die natürlichen und spontanen Vorgänge nicht genügen, ist es die Aufgabe, irgendwelche künstliche Verhältnisse zu schaffen, welche ganz regelmässig und gleichbleibend sind, und so die Möglichkeit gewähren, den Modus der Opium- bezw. Morphinwirkung zu studiren. Ich glaube, dass dieser Anforderung die merkwürdige Erscheinung entspricht, welche ich im Aufsatze No. 4 beschrieben habe, und welche darin besteht, dass bei Application eines Natronsalzes an die äussere Oberfläche des Kaninchendarmes eine aufsteigende Constriction erfolgt. A. a. O. legte ich auf Grund der Beobachtungen dar, dass diese aufsteigende Constriction des Darmes bei Natronsalzapplication als Nervenwirkung aufgefasst werden müsste, allerdings ohne mich darüber äussern zu können, auf welche nervösen Apparate des Darmes es dabei ankäme. Die Morphinversuche bringen nebenbei auch, wie es scheint, in diese Frage eine gewisse Aufklärung.

Das Verfahren bei den Versuchen war nun folgendes. Die Kaninchen wurden durch subcutane Aethereinspritzungen betäubt, und dann in das 37—38° C. warme, $^5/_{10}$—$^6/_{10}$ procentige Kochsalzbad gebracht. Nach Eröffnung der Bauchhöhle im Bade wurde

mit einem Natronsalz (aus nachher zu erwähnendem Grunde wurde
meist Chlornatrium genommen) die äussere Darmfläche berührt und
das Vorhandensein der aufsteigenden Darmconstriction festgestellt.
War dies geschehen, so wurde zur Morphineinführung geschritten.

Ich nahm zu den Versuchen stets Morphin. Es steht fest,
dass Morphin ebenso wie Opium stopfend wirkt; und wenn in der
Praxis für die Darmwirkung in der Regel nicht Morphin, sondern
Opium gewählt wird, so hat dies seinen Grund bekanntlich in
ganz anderen Verhältnissen, als in einem etwa vorhandenen prin-
cipiellen Unterschied in der Darmwirkung des Morphin und des
Opium. Das (salzsaure) Morphin wurde immer unter die Haut
gespritzt, nicht in den Darm selbst, weil bei dem ersteren Verfahren vermuthlich oder möglicherweise eintretende directe locale
Einwirkungen auf Darmnerven eher auszuschliessen waren. Eine
solche örtliche Einwirkung kann ja nach Analogie der bei subcu-
tanen Injectionen an den peripherischen Nerven festgestellten Erscheinungen angenommen werden.

Bei der Einfachheit der Versuche erscheint es überflüssig, die
Protocolle derselben ausführlich im Einzelnen zu geben. Ich werde
deshalb nur die Ergebnisse kurz zusammenfassen. Vorweg sei jedoch
noch Folgendes ausdrücklich betont.

Es ist eine jedem Experimentator bekannte Thatsache, dass
Kaninchen (wie Hunde und Katzen) von Morphin sehr viel schwächer beeinflusst werden als der Mensch: man muss unvergleichlich
grössere Gaben nehmen. Aber nicht nur das. Bei meinen zahlreichen bezüglichen Versuchen glaube ich mich auf das Entschiedenste davon überzeugt zu haben, dass bei den Kaninchen auch
eine individuell ungemein wechselnde Empfänglichkeit für das Gift
besteht. Während bei einzelnen Thieren schon auf 0,03—0,04 Gr.
Morphin eine Verlangsamung der Athmung erfolgt, ist bei anderen
selbst nach 0,1 Gr. noch keine Rede davon. Ganz ebenso wechselnd
erschien die Wirkung auf den Darm: während eine Reihe von
Thieren die alsbald zu schildernden Erscheinungen am Darm in
der ausgeprägtesten Weise darbot, wurden sie bei anderen genau
ebenso behandelten und unter denselben Verhältnissen beobachteten
vermisst. — Ich sehe für die Deutung dieses wechselnden Verhaltens
keine andere Annahme als eben die einer verschiedenen indi-
viduellen Empfänglichkeit.

Die erste Versuchsreihe ergab nun Folgendes.

Nachdem bei dem ätherisirten Thier das Vorhandensein der aufsteigenden Darmconstriction nach Kochsalzapplication festgestellt ist, werden 0,02 Grm. Morphin subcutan injicirt. Prüft man jetzt wieder mit dem Kochsalzkrystall, so erfolgt keine aufsteigende Constriction, vielmehr bleibt, in den ausgeprägtesten Fällen, die jetzt eintretende Contraction ganz örtlich auf die Berührungsstelle beschränkt. Man bekommt also auf das Natronsalz dieselbe Wirkung wie im Normalzustande bei den Kalisalzen, oder wie das Natronsalz sie giebt wenn der Darm im Absterben begriffen ist. Wenn die Morphindosis nicht ganz angemessen ist, was sich nach dem oben Gesagten kaum je mit Sicherheit vorher bestimmen lässt, dann ist die Wirkung etwas unreiner. Dann sieht es so aus, als ob eine aufsteigende Constriction kommen wollte, indem man den Ansatz zu einer leichten Bewegung über einige Centimeter pyloruswärts sieht; oder es scheint, als ob einige Einschnürungsringe sich bilden wollten; oder auch, in den unausgeprägteren Fällen, tritt wirklich eine momentan darüber hinhuschende Constriction ein — aber die energische wohlausgeprägte Zusammenziehung fehlt eben. Dieses Localbleiben der Wirkung erfolgt, wie erwähnt, gewöhnlich auf 0,02 Morphin, gelegentlich bereits auf 0,01, und andere Male noch auf 0,03 und selbst noch auf 0,04. — Gewöhnlich wurde zu den Prüfungen Chlornatrium benutzt, öfters auch salpetersaures Natrium; das am stärksten wirkende kohlensaure Natrium dagegen rief gewöhnlich auch dann noch, wenn die Kochsalzapplication nur local wirkte, eine aufsteigende Contraction hervor, einige Male jedoch blieb auch die Wirkung des kohlensauren Natrium unter dem Morphineinfluss rein local.

Da die aufsteigende Darmcontraction nach Natronapplication, wie ich in der angeführten Arbeit dargelegt habe, durch Nerventhätigkeit vermittelt und nicht als directe Muskelwirkung anzusehen ist, so kann ihr Ausbleiben unter dem Einfluss des Morphin nur auf zwei Arten erklärt werden: entweder lähmt Morphin die nervösen Apparate, welche die aufsteigende Contraction veranlassen; oder es setzt andere nervöse Apparate in Thätigkeit, welche die Wirkung jener ersteren hemmen. Die ersteren können nur den gangliösen Apparaten in der Darmwand, die letzteren dem Splanchnicus angehören.

Zur Antwort auf diese Fragen möge die folgende Versuchsreihe dienen.

Wenn nach der Injection von 0,01—0,03 Morphin die Kochsalzapplication nur noch eine ganz locale Contraction erzeugte,
dann wurden noch weitere Injectionen von Morphin gemacht, bis
zu 0,1 und noch mehr allmählich steigend. Sobald etwa 0,05
insgesammt einverleibt waren (auch bei diesen grösseren Gaben
ist eine wechselnde Menge bei den einzelnen Thieren bis gerade
zum Eintritt der betreffenden Wirkung erforderlich), zeigte sich
eine überraschende Thatsache. Die kurz vorher (bei der kleineren
Morphindosis) nach Kochsalz ganz locale Contraction wurde jetzt
(nach der gesteigerten Morphingabe) wieder durch eine aufsteigende
Constriction bei Kochsalzberührung ersetzt, ganz wie dieselbe im
Beginn des Experimentes ehe überhaupt Morphin gegeben war bestand. Ja in der Regel steigt die energische Constriction noch
viel weiter empor als im Beginn, und verschiedene Male konnte
ich sogar wahrnehmen, dass sie bis 1 Ctm. auch nach abwärts
gegen die Bauhin'sche Klappe zu ging, was man sonst nie sieht.

Diese Experimente lehren, dass jene Localisirung des Natron-
reizes in der ersten Versuchsreihe, bei den kleineren Morphindosen,
nicht durch eine Lähmung irgendwelcher nervöser Apparate bedingt gewesen sein kann: denn noch grössere Gaben des Giftes
können die Lähmung nicht wieder aufheben, müssten sie im Gegentheil noch steigern. Vielmehr geht aus den neben einander gestellten Resultaten der ersten und zweiten Versuchsreihe meines
Erachtens Folgendes hervor: das Localbleiben der Natronwirkung
bei den kleineren Morphingaben wird bedingt durch eine Erregung
von Nervenfasern, welche die Wirkung der die aufsteigende Constriction vermittelnden nervösen Apparate unterdrücken, hemmen.
Grössere Morphingaben lähmen diese hemmenden Nerven, und nun
erscheint die aufsteigende Natronconstriction in noch bedeutenderer
Intensität als ganz im Beginn.

Im Anschlusse an das Vorstehende sind noch folgende Beobachtungen von Interesse, wenn auch nicht beweisend. Eingangs
erwähnte ich, dass die directe Besichtigung der Gedärme, ob ruhig
oder bewegt, nicht zur Entscheidung über etwaige Morphinwirkung
benutzt werden dürfe, weil dieses Verhalten schon im Normalzustande ausserordentlich wechselnd ist [man vergleiche die Arbeit

von Braam-Houckgeest a. a. O. und von mir*)]. Selbst den
Umstand, dass im Beginn die Gedärme bewegt sind und sich dann
nach Morphininjection beruhigen, kann man für den einzelnen
Fall nur mit grösster Vorsicht oder richtiger gar nicht benutzen,
weil eine spontane Beruhigung oft genug eintritt. Wenn man aber,
wie es jetzt bei mir der Fall, etwa 150 Kaninchen unter den in
Rede stehenden Verhältnissen gesehen und ein Urtheil darüber gewonnen hat, dass eben neben der spontanen Ruhe der Gedärme
doch auch öfters Bewegungen vorkommen; und wenn man dann
weiter sieht, dass, so oft die oben geschilderte Hemmung der Natronwirkung durch Morphin hervorgerufen war, dann auch jedesmal
die Gedärme unbewegt dalagen**) — so ist es naheliegend, diese
regelmässige Ruhe ebenfalls als eine künstliche, und zwar dem
Vorstehenden zufolge durch hemmende Einflüsse bedingte anzusehen.
Diese Auffassung wird noch weiter durch folgende Thatsache ge-
stüzt. Wenn die kleineren, die Hemmungsnerven erregenden Morphingaben überschritten sind und bei den grösseren die aufsteigende
Natronconstriction wieder erschienen ist, dann treten auch öfters
wieder spontane und zuweilen sogar sehr lebhafte peristaltische
Bewegungen auf.

In einer weiteren Versuchsreihe steigerte ich die Morphingaben
immer mehr, um zu erfahren, ob etwa durch sehr grosse Dosen
schliesslich eine endgültige Lähmung aller nervösen Apparate des
Darmes, auch der motorischen, zu erzielen sei. War dies der Fall,
so musste die secundäre — man wird ohne weiteres nach Obigem
verstehen, was damit gesagt sein soll — Natronconstriction wieder
verschwinden, und schliesslich nur noch die locale direct durch
Muskelreizung hervorgerufene Contraction durch Natron erzeugt
werden. Vereinzelte Male war dies in der That durch sehr grosse
Morphingaben zu erreichen; gewöhnlich aber nicht, vielmehr trat
meist der Tod ein, d. h. Stillstand der Athmung und Herzcon-
tractionen, während Natron immer noch aufsteigende Constriction

---

*) Vergl. Aufsatz No. 2.
**) Nebenbei bemerkt, bezieht sich diese Ruhe überwiegend auf den
Dünndarm; am Dickdarm kommen zuweilen selbst unter Morphin pendelnde
Bewegungen und locale Einschnürungen vor.

veranlasste. Es kann deshalb aus diesen Versuchen, weil sehr in-
constant, kein weiterer Schluss abgeleitet werden. —

Nach der gegenwärtig wohl allgemein angenommenen Anschauung sind die Splanchnici die Hemmungsnerven für den Darm,
wenn auch die Meinungen über die Art der Hemmungswirkung
noch auseinander gehen. Das oben Gesagte bezüglich der Morphinwirkung bezieht sich also auf die Splanchnici. Es wäre nun
weitere Aufgabe gewesen, diese Nerven zu durchschneiden und
danach den Effect des Morphins zu prüfen. Ich führte dieselbe
nicht aus, einfach weil ich bei der benutzten Versuchsanordnung
im Wasserbade die Nerven nicht durchschneiden konnte; und das
Thier aus dem Bade herauszuheben bezw. vor Einbringung in dasselbe bei eröffneter Bauchhöhle lange herum zu manipuliren, hielt
ich wegen der dadurch auf die Gedärme einwirkenden schädigen-
den Einflüsse für unerlaubt. Indessen glaube ich doch auf einem
anderen Wege in dieser Richtung vorwärts gekommen zu sein. Wie
ich nämlich früher gezeigt, tritt die aufsteigende Natronconstriction
ebenso energisch wie am unversehrten Darm für kurze Zeit auch
an einer doppelt unterbundenen Darmschlinge ein, wenn man das
ganze zu derselben gehörige Mesenterium mit allen Nerven und
Gefässen durchtrennt. Von dieser Beobachtung ausgehend wurde
folgende Versuchsreihe angestellt.

Bei dem ätherisirten Thier wird zuerst das Vorhandensein der
aufsteigenden Natronconstriction festgestellt, dann nach geschehener
Morphineinspritzung die jetzt rein locale Contraction auf Natron-
salzberührung. Darauf wird eine Darmstrecke, welche die rein
locale Natronwirkung ganz ausgeprägt darbietet, doppelt unterbunden und ihr ganzes Mesenterium abgetrennt. Jetzt erzeugt in
dieser isolirten und aller ihrer durch das Mesenterium ab- und
zutretenden Nerven beraubten Darmschlinge die Natronberührung
wieder eine kräftige aufsteigende Constriction, während sie im
ganzen übrigen Darm immer noch nur die durch Morphin bedingte
ganz locale Contraction hervorruft.

Durch diese Versuche dürfte es erwiesen sein, dass die hemmende
Einwirkung des Morphins hauptsächlich durch die Stämme des
Splanchnicus zugeführt wird. Ob daneben noch eine, immerhin
verhältnissmässig schwächere Einwirkung auf die in der Darmwand
selbst gelegenen Endapparate der Splanchnici besteht, ist hiermit

nicht ausgeschlossen; ich halte es sogar für wahrscheinlich, kann es indessen nicht beweisen.

Vorstehende Zeilen enthalten das Thatsächliche der Versuche. Denselben zufolge würde die stuhlanhaltende Wirkung des Morphin darauf beruhen, dass dasselbe die Hemmungsnerven des Darmes erregt. Es braucht wohl kaum besonders betont zu werden, dass daneben sehr wohl auch noch andere Wirkungen des Morphin auf den Darm bestehen können: sehr wahrscheinlich sogar ist es, dass die (namentlich pathologisch erhöhte) Erregbarkeit sensibler Nerven vermindert wird, möglich vielleicht auch, dass eine Secretionsbeschränkung unter dem Einflusse des Alkaloids eintritt.

Zum Schlusse hebe ich noch die sich von selbst aufdrängende Parallele zwischen dieser Seite der Morphinwirkung und der entsprechenden der Digitalis hervor: Morphin wirkt ebenso auf den Hemmungsnerven des Darmes, den Splanchnicus, wie Digitalis auf den Hemmungsnerven des Herzens, den Vagus — beide erregen den betr. Hemmungsnerven in kleineren, und lähmen ihn in grossen Gaben.

Klinisches und Anatomisches.

6.

Mikroskopische Untersuchungen der Darm-
entleerungen*).

(Hierzu Tafel I. Figur 1 und 2.)

Lassen sich aus der Beschaffenheit der Darmentleerungen
Schlüsse ziehen bezüglich der Natur eines im Darmkanal bestehenden Krankheitsvorganges? kann man aus derselben mit Wahrscheinlichkeit oder einiger Sicherheit den Sitz der Erkrankung, ob
im Mastdarm, im Grimmdarm, im Dünndarm, erschliessen? Diese
beiden Fragen bildeten den Ausgangspunkt, beziehungsweise die
Veranlassung für die vorliegenden Untersuchungen. Die erste von
ihnen ist bekanntlich schon vielfältig bearbeitet und beantwortet,
die vorliegende einschlägige Literatur beschäftigt sich fast ausschliesslich mit ihr; die täglich gebrauchten Ausdrücke: „Cholera-,
Dysenterie-, Typhusstuhl" legen Zeugniss dafür ab. Die zweite
dagegen ist, wenigstens systematisch, meines Wissens kaum oder
nur in sehr spärlicher Weise in Angriff genommen.

Die gewiss nicht unberechtigte Forderung, dass wir die am
häufigsten, ja alltäglich vorkommenden Krankheitsvorgänge am
besten kennen sollten nach allen Richtungen hin, bestimmte mich,
in erster Linie meine Untersuchungen auf die Darmkatarrhe zu
richten; doch wurden daneben alle übrigen während der Zeit mir
vorkommenden Processe berücksichtigt, Abdominaltyphus, tuberculöse Darmleiden, einfache Geschwürsprocesse u. s. w.

Das Endziel, welches ich im Auge hatte, war vor allem ein
praktisches: womöglich Anhaltspunkte für die Beantwortung diagno-

---

*) Abgedruckt aus der Zeitschrift für klin. Medicin. Bd. III.

stischer Fragen am Krankenbett zu erlangen; diese Absicht wesentlich leitete den Gang der Untersuchungen. Vielleicht haben sich
dabei auch einige wissenschaftlich nicht uninteressante Ergebnisse
eingestellt. Durchaus auch für diesen Fall zutreffend ist die jüngst
von Frerichs[23] gethane Aeusserung: „Die einfache Beschreibung
der krankhaften Processe bedarf noch überall der Ergänzung".

Wenn es zunächst darauf ankam, Thatsachen zu gewinnen von
unmittelbarer Bedeutung für das Krankenbett, so mussten die Untersuchungsverfahren möglichst einfach und jederzeit leicht anzuwen-
den sein. Es kann nun wohl nicht bezweifelt werden, dass die
makro- und mikroskopische Untersuchung der Darmentleerungen
für den handelnden Arzt sehr viel leichter auszuführen ist, als die
chemische. Deshalb habe ich mich bei den Untersuchungen zunächst auf erstere beschränkt, und letztere nur in einzelnen Fällen
zur Controllirung und als mikrochemische Reaction herangezogen.

Aber auch abgesehen von der umständlicheren Ausführbarkeit
ist die chemische Untersuchung der Darmdejectionen für praktische
Zwecke nicht so ergiebig wie die makro- und mikroskopische.
Nur weniges für die Diagnostik der Darmkrankheiten Wichtige giebt es, was uns die chemische Analyse sicherer nachweist
als das Mikroskop. Ganz anders freilich steht es mit der Bedeutung der Analyse für andere Fragen, die in das Gebiet der reinen
Physiologie zunächst gehören, Resorptionsvorgänge, Haushalts-
bilanz des Organismus u. s. w.; diese Fragen kamen aber hier nicht
in erster Linie in Betracht.

Um sichergegründete Ergebnisse zu erzielen, habe ich mich
nicht blos darauf beschränkt, recht viele Darmentleerungen zu
untersuchen — mehr als 800 Stühle, 700 darunter von Erwachsenen, sind mikroskopirt —, sondern ich habe eine systematische
Prüfung durchgeführt, wie sie meines Wissens in ähnlich ausgedehnter Weise seit den sorgfältigen Forschungen Lambl's[24 u. 25]
auf diesem Gebiet nicht wieder vorgenommen ist. Von vielen
Kranken wurden die Entleerungen täglich oder so oft sie kamen
makro- und mikroskopisch bis zum Tode untersucht, öfters monatelang; dann wurde der genaue Befund grob anatomisch erhoben,
dann der Darminhalt frisch mikroskopirt, und endlich der Darm
in seinen verschiedenen Abschnitten genau histologisch untersucht.
Jeder einzelne Fall wurde so analysirt, und aus der Gesammtheit

der Fälle und der Vergleichung derselben die Schlüsse gezogen, welche ich im Laufe dieser Abhandlung vorlegen will.

Da eine erschöpfende monographische Darstellung des Gegenstandes hier nicht beabsichtigt ist, so werde ich nur diejenigen Punkte berühren, bei welchen ich glaube neue Thatsachen anführen zu können, bezw. bei welchen ich auf Grund eigener Untersuchungen von bestehenden Ansichten abweiche; dagegen sollen diejenigen, wo ich Bekanntes einfach bestätigen kann, nur gelegentlich erwähnt werden. Ebenso werde ich die Processe, welche mir während des Laufes der Untersuchungen zufällig nicht 'vorgekommen sind (epidemische Dysenterie und Cholera) nicht in die Besprechung ziehen.

Es ist mir beim Durchlesen der Literatur aufgefallen, dass gerade in dem vorliegenden Gebiet mancherlei irrige Angaben sich fortschleppen. Freilich gehören diese Untersuchungen nicht zu den angenehmsten.

Das makroskopische und mikroskopische Verhalten der Darmentleerungen im Allgemeinen.

1. Die Consistenz.

Herkömmlich unterscheidet man feste, breiige und dünne Entleerungen. Die erstgenannten betrachtet man in der Regel als normal (von der Häufigkeit der Entleerung zunächst abgesehen), die letztgenannten als pathologisch. Die breiigen werden in den Darstellungen meist mit Stillschweigen übergangen; höchstens wenn sie schmierig-breiig und ganz ungeformt sind, nimmt man eine krankhafte Veränderung an, sind sie noch geformt, so misst die alltägliche klinische Praxis der breiigen Consistenz keine weitere Bedeutung bei.

Die breiige Beschaffenheit auch eines noch geformten Stuhles, welcher dann die verschiedenen Festigkeitsgrade der Butter zeigt, hinab bis zu demjenigen der auf dem Teller fast zerfliessenden Butter des Hochsommers, kann ganz verschiedene Ursachen haben; nicht blos von ihrem Reichthum an Wasser oder „in einigen Fällen" von unverdautem Fett hängt, wie Valentiner[26] meint, die Consistenz der Faeces ab. Auch ohne mikroskopische Besichtigung gelingt es bis zu einem gewissen Punkte diese Ursachen zu ermitteln:

a) Klinisch am wichtigsten ist die Art der breiigen Consistenz, welche durch eine ganz innige Mischung von Schleim mit Koth bedingt ist. Mit blossem Auge ist in diesen Fällen zuweilen gar nichts von Schleim zu erkennen, erst das Mikroskop enthüllt die Gegenwart desselben; auf die genaueren Verhältnisse kommen wir unten zurück. Doch kann man schon den Schleim vermuthen, wenn beim Zerdrücken einer Kothprobe mit dem Deckglase dieselbe ganz gleichmässig sich zertheilt, an den Rändern beim Nachlassen des Druckes keine Einrisse bekommt, vielmehr zäh-klebrig haftet. Ausdrücklich sei bemerkt, dass bei dieser innigen, oft erst mikroskopisch festzustellenden Mischung von Schleim und Koth die Consistenz des Stuhles je nach der Menge des ersteren schwanken kann: schmierig-breiig bis zu der ziemlich festen Beschaffenheit einer wohlgeformten Kothsäule, welche man von vornherein für normal halten, welcher man es makroskopisch gar nicht ansehen würde, dass sie viel Schleim enthält.

b) Die reichliche Anwesenheit von Fett kann den Stuhl weicher als normal machen; auch in diesem Falle bleibt ihm sehr oft die Formung gewahrt, er wird eben nur weicher. Er zerdrückt sich ebenso gleichmässig wie der unter a); ob Fett oder innige Mengung mit Schleim die weichere Consistenz verschulden, lehrt erst das Mikroskop.

c) Anders verhält es sich, wenn grösserer Wassergehalt den Stuhl breiig macht. Dann zerdrückt er sich unter dem Deckglase nicht gleichmässig zäh, sondern läuft beim Nachlassen des Druckes in vielen kleinen Streifen wieder zusammen. Dass grösserer Flüssigkeitsgehalt die breiige Consistenz bedingt, kann dann angenommen werden, wenn die soeben genannte physikalische Eigenthümlichkeit besteht, und die unter a), b), d) genannten Ursachen durch das Mikroskop ausgeschlossen werden können.

d) Reichlicher beigemengte bestimmte Pflanzenbestandtheile machen den Stuhl öfters breiig, namentlich junge Parenchymzellen von verschiedenen fleischigen Gemüsen (z. B. Kohlsorten) und das Fleisch von Obst (Birnen, Aepfel, Zwetschgen u. dgl.). Das blosse Auge erkennt dann schon die Frucht- und Gemüsepartikel, welche gelegentlich an Schleimpartikel erinnern, aber fast stets eckiger, kantiger erscheinen, auch bedeutenderen Umfang darbieten können. Von klümpchenförmig geballtem Schleim unterscheiden sie sich auch sofort, wenn man sie auf dem Objectglas mit dem Deckglas zerquetscht; sie zerdrücken sich nie gleichmässig, sondern immer feinkörnig, „krisselig". Ein Blick durch das Mikroskop liefert die sichere Entscheidung.

Grössere Mengen Obst oder der genannten Gemüse können diese Beschaffenheit des Stuhles bei ganz normalem Darm veranlassen. Abgesehen von der mechanischen Beimengung der Obststückchen mögen dieselben auch vermöge der in ihnen enthaltenen Salze einen grösseren Wassergehalt des Stuhles bedingen und so zu dessen breiiger Consistenz beitragen.

Es ist selbstverständlich, dass gelegentlich mehrere der genannten Momente zusammen den Stuhl breiig machen können.

In klinischer Beziehung sei hier bereits bemerkt, dass ein weichbreiiger Stuhl, welcher nicht durch Abführmittel oder die Diät veranlasst ist (viel Fett, Obst, junge Gemüse), auch wenn er täglich nur einmal erfolgt, immer einen pathologischen Zustand annehmen lässt. Welchen? darauf werden wir später zurückkommen.

Der äusseren Beschreibung der flüssigen Entleerungen, wie dieselbe überall gegeben ist, wüsste ich nichts Wesentliches hinzuzufügen. Nur eine Bemerkung. Bamberger[27] giebt an, dass eine wässerige Beschaffenheit des Stuhles „nach übermässigem Genuss von Flüssigkeiten, flüssigen Nahrungsmitteln" auftreten könne; Leichtenstern[18] fügt allerdings hinzu, „wenn die Resorptionsfähigkeit hinter den aufgenommenen Flüssigkeitsquantitäten zurückbleibt". Die Angabe dürfte nicht richtig sein; die selbst übermässige Einfuhr einer an sich indifferenten Flüssigkeit erzeugt bei gesundem Magendarmkanal keine flüssigen Entleerungen. Wenn zuweilen Diabetes-mellitus-Kranke dünne Entleerungen haben, so beweist dies nichts, weil bei ihnen mancherlei andere Momente, von der Flüssigkeitszufuhr abgesehen, Darmleiden und damit Durchfall erzeugen können. Bei keinem von fünf an Diabetes insipidus Erkrankten, welche mir in letzter Zeit vorgekommen, bestanden wässerige Entleerungen, vielmehr entweder normale oder sogar träge, trotzdem die aufgenommenen Wassermengen enorm waren. Es ist mir auch nicht bekannt, dass nach einem fröhlichen Studentengelage, wenn das Bier gut war, selbst nach Einführung von 6—10 Litern wässerige Entleerungen aufträten. Der normale

Magendarm resorbirt die gewaltige Flüssigkeitsmenge sehr schnell
und entledigt sich ihrer durch die Nieren. Und wenn zuweilen
nach dem reichlichen Trinken kalten Wassers dünnere Stühle erfolgen, so ist hier nicht die Flüssigkeit als solche schuld, sondern
der die Peristaltik vom Magen aus anregende Kältereiz.

An die äussere Beschreibung der festen Kothmassen mag
ebenfalls nur eine kurze Notiz geknüpft werden. Die Besichtigung
ergiebt, dass die ganz normale Kothsäule an der Oberfläche nicht
gleichmässig ist, sondern eine Menge von Einschnitten erkennen
lässt; sie ist nämlich aus einzelnen Ballen zusammengesetzt, welche,
wenn sie einzeln entleert werden, die Bezeichnung Scybala bekommen (man vergleiche bezüglich dieses Ausdrucks die literar-histori-
schen Angaben von Woodward[28] S. 353). Bei trägem Stuhlgang
werden oft einzelne Ballen entleert: sind dieselben genügend klein,
etwa haselnuss- bis wallnussgross, so bemerkt man an ihnen in
der Regel ein oder zwei Einschnitte, Rinnen. Es ist wohl zweifellos, dass diese Ballen in den sog. Haustris Coli sich gebildet
haben und dass der Einschnitt an ihnen durch die Vorsprünge erzeugt wird, welche die Taeniae Coli bilden.

Die Berücksichtigung dieser Thatsache ist zuweilen in diagnostischer Beziehung nicht ganz unwichtig. Bekanntlich findet sich in
den Lehrbüchern die Angabe, so bei Leube[29], Bamberger, dass
bei Darmstenosen, namentlich den durch Carcinom bedingten, zuweilen kleine, dem Schafkoth ähnliche Kügelchen und Knollen
abgehen. Solche kleine, zum Theil plattgedrückte und mit Rinne
versehene Kothbrocken, von einfacher Obstipation bedingt, habe
ich unter Verhältnissen beobachtet, wo man mit ihrer Hülfe leicht
zu einer falschen Diagnose gelangen konnte. So z. B. in einem
Falle bei einer alten Frau, welche hochgradig kachektisch war, an
hartnäckiger Obstipation litt (nur durch Clysmata wurden von Zeit
zu Zeit die erwähnten Fäcalballen in sehr spärlicher Menge, niemals aber grössere Kothballen entleert) und über Schmerzen im
Leibe klagte. Die objective Untersuchung ergab nichts. Begreif-
licherweise konnte man hier an ein Carcinom des Darms denken.
Die Section ergab aber ein Carcinom des Magens, im Darm keine
Spur von Stenose. Im Gegentheil war das Coecum und das Colon
bis nahe an das S romanum enorm ausgedehnt und mit weichbreiigen Kothmassen erfüllt. Die Darmwand hochgradig atrophisch,

stellenweise papierdünn; die mikroskopische Untersuchung ergab fast vollständigen Schwund der Darmmusculatur. Die weiteren histologischen Einzelheiten des Falles gehören nicht hierher. Also Erlahmung der Peristaltik wegen Schwund der Musculatur im Colon; im untersten Ende desselben hatten sich die kleinen schafkothähnlichen Kothballen gebildet. Einen ganz analogen Fall, auch schafkothähnliche mit Rinne versehene Bröckelchen, sah ich bei einem anderen Kranken mit Magencarcinom, wo die histologische Durchsuchung des Darms auch nur die Veränderungen des chronischen Katarrhs, keine Spur von Stenose ergab. Auch Leichtenstern hat bereits bemerkt, dass es irrig sei, aus dieser Kothform auf Rectum- oder Colonstenose irgend wie sicher schliessen zu wollen.

Ich kann mich demnach nicht der Meinung von Stephen Mackenzie[30] anschliessen, dass die Entleerung „kleiner, klumpiger, abgeplatteter oder sonst verunstalteter Fäces, wenn Koth von normaler Form und Grösse niemals abgeht, ein sehr werthvolles Zeichen für die Darmstrictur sei". Dass ein solches Verhalten auf pathologische Zustände überhaupt hinweisen mag, gebe ich zu; aber dass dies nicht immer Stricturen zu sein brauchen, lehren Beobachtungen wie meine angeführten.

Uebrigens ist, nebenbei bemerkt, neuerdings auch wieder einmal von Sawyer[31] und von Walters[32] das umgekehrte Verhalten betont worden, dass selbst beim Sitz einer Strictur in der Flexura sigmoidea die gelegentliche Entleerung normal geformter Kothmassen vorkommen könne.

2. Die Reaction.

Ungefähr 600 Stühle habe ich auf ihre Reaction geprüft; das Ergebniss ist ein für die Praxis wenig bedeutungsvolles. Die chemische Reaction (das Verhalten gegen Lackmuspapier) ist sehr wechselnd. Wenn auch im Grossen und Ganzen bei bestimmten Krankheitsprocessen eine gewisse Gleichförmigkeit besteht, so kann man doch im einzelnen Falle aus der Reaction keine bestimmten diagnostischen Schlüsse ziehen, wegen des Wechsels im einzelnen Falle.

Nur im Allgemeinen mag deshalb angeführt werden, dass die Stühle meist alkalisch, seltener sauer oder neutral reagiren. So

habe ich sie in der überwiegenden Mehrzahl bei gewöhnlicher gemischter Kost gefunden, während Frerichs[33] die saure Reaction
als die häufigere angiebt. Entschieden irrig ist es, wenn z. B.
Kletzinsky[34] (l. c. Tab. VIII) als Normalreaction einfach angiebt „sauer“.

Im Besonderen sei der Abdominaltyphus erwähnt. In
allen Abhandlungen über diese Krankheit, wenigstens soweit meine
Literaturkenntniss geht, ist die alkalische Reaction der sog. Typhusstühle hervorgehoben. Im Allgemeinen kann ich dieser Angabe beistimmen. Indessen habe ich bei denselben Typhuskranken,
deren Entleerungen für gewöhnlich alkalisch waren, die Reaction
gelegentlich nicht nur neutral, nicht nur amphoter, sondern sogar
sauer gefunden, und nicht nur im Beginn des Typhus, sondern auch
in der zweiten bezw. dritten Woche. Abgesehen von einem Male,
wo ein Kranker eine Darmblutung gehabt und die Entleerung noch
blutig gefärbt war, zeigten diese Stühle in ihrem makro- und mikroskopischen Verhalten nichts von dem sonst beim Abdominaltyphus
bestehenden Abweichendes.

Man könnte ja, gestützt auf die angeblich stets alkalische
Reaction der Typhusstühle, auf den Gedanken kommen, folgenden
diagnostischen Satz zu bilden: wenn in einem vorliegenden etwas
zweifelhaften Fall der Stuhl sauer ist, so spricht dies gegen Abdominaltyphus. Das Vorstehende würde das Unzuverlässige eines
solchen Schlusses ergeben. Ebenso wie Herpes labialis sehr selten
ist beim Ileotyphus, aber doch ausnahmsweise dabei vorkommt, so
gilt dasselbe auch von der sauren Reaction des Stuhles.

Bei den acuten Enterokatarrhen der Kinder ist ja, wie
allgemein angegeben wird, die Reaction meist sauer. Doch stimme
ich nach meinen Beobachtungen Widerhofer[35], um nur einen
Autor der Letztzeit anzuführen, nicht nur darin bei, dass bei der
Enteritis follicularis und der sog. Cholera infantum die Reaction
wechselnd sei, sondern möchte dies von allen Arten des Darmkatarrhs im kindlichen Alter behaupten. Dass ein solcher Wechsel
der Reaction selbst im einzelnen Falle vorkommt, wird aus der
Fülle der hierfür in Betracht kommenden Momente erklärlich. Es
bestimmen ja nicht blos die Natur des speciell vorliegenden Krankheitsprocesses, die dabei erscheinenden pathologischen Producte die
Reaction, sondern vor Allem die Nahrung und zwar nicht nur ihre

Beschaffenheit überhaupt, sondern auch die Art der Zersetzung derselben und die daraus hervorgehenden Producte, ferner ob genügend Basen vorhanden sind, um etwa gebildete Säuren zu binden u. s. w. — Ich wiederhole:

In dem, normal meist neutralen oder alkalischen, Stuhl ist nur bei wenigen pathologischen Processen eine Reaction in bestimmter Richtung vorherrschend, z. B. bei Ileotyphus meist alkalisch, bei Diarrhoea infantum öfters sauer. Doch kommen auch hier so viele Abweichungen vor selbst im Verlauf desselben Falles, dass man wenigstens für die Diagnose die Reaction der Entleerungen als fast bedeutungslos ansehen kann.

3. Die Farbe.

Wie die Stühle normal, bei wechselnder Kost, bei bestimmten Krankheitszuständen, nach Einführung gewisser Arzneistoffe gefärbt sind, ist so oft erörtert worden, dass ich hierauf nicht zurückkomme, sondern nur der Gallenpigmentreaction gedenken will.

Diese, nach Gmelin mit rauchender Salpetersäure ausgeführt, im normalen Stuhl bekanntlich stets fehlend, kommt pathologisch sehr oft vor, wie bereits Pettenkofer vor vielen Jahren zeigte. Dass die grünen oder grünlich-gelben Stühle bei der acuten Enteritis im Kindesalter meist die prachtvollste Gallenpigmentreaction geben, ist alltäglich festzustellen.

Mir kommt es hier auf die Betonung folgender Verhältnisse an, welche weniger allgemein bekannt bezw. nicht beschrieben sind.

Der Schleim, welchen der dünnflüssige und breiige Stuhl enthält und welcher den festen Stuhl oft überzieht, ist für gewöhnlich entweder ganz hellglasig oder durch beigemengte Fäcalmassen schmutzig braungelb gefärbt; er giebt nicht die mindeste Gallenpigmentreaction. Oefters dagegen findet man Schleimfetzen von intensiv hell- oder orangegelber Farbe, welche „zahllose Sphärobacterien enthalten. Man könnte meinen, dass hier chromogene Bacterien vorlägen (vergl. Cohn[51] und Schroeter[52]). Indessen handelt es sich hier nur um intensiv färbenden Gallenfarbstoff, man erhält mit der Gmelin'schen Probe die schönste Reaction. — Ferner giebt es im Stuhl eigenthümliche rundliche Gebilde aus Schleim bestehend (vergl. später), welche ebenfalls Gallenpigmentreaction liefern. Bemerkenswerth ist, dass in derartigen Fällen

der übrige Stuhl zuweilen gar keine Gallenpigmentreaction darbietet. auch an anderen in demselben Stuhl vorkommenden Schleim-
partien kann dieselbe fehlen.

Des weiteren kommen mitunter Fetttropfen und Cylinderepithelien vor, die gelb gefärbt sind und Gallenpigmentreaction
geben. 'Wenn Szydlowski[40] angiebt, dass weder der Schleim
noch die Epithelien gelb gefärbt seien, so ist dies als Regel richtig; aber oftmals habe ich mich, namentlich beim Schleim, vom
Gegentheil überzeugt, d. h. die schönste Gelbpigmentirung und
Gallenfarbstoffreaction gesehen. — Von den gelben Kalksalzen ist
dies oben bereits angeführt.

Endlich habe ich zuweilen in derselben Dejection festere und
weichbreiige, fast flüssige Partien neben einander gefunden, von
welchen die letzteren den ausgesprochenen Farbenwechsel (grün,
violett, blau u. s. w.) bei Zusatz von rauchender Salpetersäure
gaben, die ersteren nur eine schmutzig braunrothe Färbung.

Auf die diagnostischen Beziehungen dieser verschiedenen Verhältnisse soll später eingegangen werden.

4. Die mikroskopisch in den Stühlen erkennbaren Salze
und Krystalle.

a) Tripelphosphate. Nachdem schon Remak[36] den ursprünglichen Standpunkt Schönlein's bezüglich des Vorkommens
und der diagnostischen Bedeutung dieser Krystalle aufgegeben, ist
die Ansicht von der vollständigen pathologischen Bedeutungslosig-
keit derselben immer allgemeiner geworden. Doch lassen sich
leichte Nachwirkungen der Schönlein'schen Ansicht immer noch
in einer gewissen Zurückhaltung bemerken, mit welcher verschiedene
Beobachter von der phosphorsauren Ammoniakmagnesia im Stuhle
sprechen. So meint Lehmann[37], welcher das Vorkommen auch
in normalen Dejectionen betont: „indessen darf nicht in Abrede
gestellt werden, dass in gewissen Darmkrankheiten (Typhus, Cholera und manchen Dysenterien) solche Tripelphosphatkrystalle in
ausserordentlich grosser Menge durch das Mikroskop in den Stuhl-
gängen gefunden werden." Auch Frerichs sprach schon früher
eine ähnliche Meinung aus, desgleichen später Bamberger u. A.
Alle Untersucher der letzten 20 Jahre (ich nenne unter den vielen
nur noch Lambl[24], Hoefle[35] und Wehsarg[39]) bemerken die An-

wesenheit der phosphorsauren Ammoniakmagnesia auch im normalen Stuhl, doch schildert das Thatsächliche am richtigsten
Szydlowski[40]. Dieser giebt an, und ich kann nach meinen Erfahrungen alldem vollständig zustimmen, dass die Tripelphosphate
in jedem Stuhl vorkommen können, dass sie in den typhösen
Dejectionen keine bemerkenswerth grössere Häufigkeit oder Menge
zeigen, dass sie im Gegentheil in Stühlen Gesunder zuweilen viel
reichlicher auftreten, dass sie in typhösen wie normalen Dejectionen
öfters ganz fehlen, dass sie endlich von der Reaction unabhängig,
in sauren und neutralen wie in alkalischen Dejectionen erscheinen
können.

Demnach kann auch nicht im entferntesten von irgend welcher
pathologischen oder diagnostischen Verwerthung der Tripelphosphate
die Rede sein. Nur zur Vervollständigung des beschreibenden Theiles
noch Folgendes.

Die phosphorsaure Ammoniakmagnesia erscheint mikroskopisch
in verschiedenen Gestalten. Einmal in wohlausgebildeten Sarg-
deckelkrystallen, bald so klein, dass sie mit den Briefcouverts des
oxalsauren Kalkes verwechselt werden können, bald zu enormer
Grösse ansteigend, mit allen Zwischengrössen daneben. Diesen
gutentwickelten Krystallen begegnet man am häufigsten in flüssigen Stühlen, und in dem Schleim, welcher neben breiigen oder
auch festen Stühlen sich findet. — Dann erscheint das Doppelsalz
gelegentlich in prachtvollen Fiederformen, wie sie beim raschen
Auskrystallisiren aufzutreten pflegen; diese Form habe ich nur
selten getroffen. — Drittens findet man neben gut ausgebildeten
Sargdeckeln viele solche mit Rissen, Sprüngen und theilweisen
Absprengungen versehen. — Viertens habe ich einige Male eine
sehr auffällige Form gesehen. Hier waren meist die länglichen
Krystalle in so ungeheuren Massen scheitartig dicht aneinander
gelagert, dass sie ein oder zwei mikroskopische Gesichtsfelder vollständig erfüllten; diese Haufen waren dann auch schon mit blossem
Auge als kleine weisse Pünktchen auf dem Objectträger zu erkennen. — Endlich muss ich eine Erscheinungsform besonders hervorheben. In den festen oder breiigen Stühlen sieht man oft nur
ganz vereinzelte oder auch gar keine Sargdeckelkrystalle, dagegen
in grösseren oder geringeren Mengen, zuweilen zerstreut, gewöhnlich aber in Haufen zusammen liegend, ganz verschiedenartig be-

grenzte glänzende Krystallsplitter, drei-, vier-, vieleckig, öfters ganz
unregelmässig geformt. Diese Splitter rühren sämmtlich von zertrümmerten, zerfallenen Sargdeckeln her. Den Beweis hierfür
liefert einmal die Möglichkeit öfters sämmtliche Uebergangsstadien
von den wohlausgebildeten Krystallen bis zu den kleinsten Splittern
nebeneinanderliegend zu verfolgen; zweitens die chemische Reaction.
Wenn man solche Haufen aus Stühlen, in denen sie reichlich vorkommen, durch Auswaschen isolirt, sie in verdünnter Essigsäure
oder Salzsäure löst und dann Ammoniaklösung hinzufügt, so scheiden sich die charakteristischen fiederförmigen oder auch die Sarg-
deckelformen der phosphorsauren Ammoniak-Magnesia aus.

Die verschiedenen vorstehend genannten Formen des
Salzes werden durch Galle nicht pigmentirt. Von einem
gelb oder bräunlich gefärbten Krystallsplitter kann man in der
Regel ohne weiteres sagen, dass es keine phosphorsaure Ammoniak-
Magnesia sei. Erst als ich beinahe 700 Stühle untersucht, fand
ich ein einziges Mal zu meiner grössten Ueberraschung in einem
Typhusstuhl, der prächtige Gallenpigmentreaction gab, im Schleim
eingebettet durch Gallenfarbstoff gelb gefärbte Tripelphosphatkrystalle.

b) Neutraler phosphorsaurer Kalk ist recht häufig in
normalen festen, wie in den bei verschiedenen pathologischen Zuständen vorkommenden Stühlen zu treffen. Er ist daran zu erkennen, dass er in grösseren oder kleineren drusenartig gruppirten
Haufen liegt, welche aus plumpen, unzierlich begrenzten Keilen bestehen, die sämmtlich mit den Spitzen zusammen liegen.

Auch dieses Salz hat natürlich keine pathologische Bedeutung.
Ich habe es ebenso wie das vorige ungefärbt durch Gallenpigment
gefunden.

c) Gelbe Kalksalze. In den Dejectionen finden sich ungemein oft gelb pigmentirte Salze. Die Basis derselben ist Kalk;
das Pigment Gallenfarbstoff. Beweis:

Die durch Auswaschen isolirten Salze lösen sich in Salzsäure
schnell unter Zurücklassung des Pigments; in Essigsäure langsam
aber vollständig, ebenfalls unter Zurücklassung des Pigments. In
rauchender Salpetersäure rapide Lösung; an Stelle des gelben
Pigments tritt prachtvolles Grün, Blau, Violett auf. In kausti-
schen Alkalien und Ammoniak sind die gelben Körper unlöslich,

in Wasser fast unlöslich. In der essigsauren Lösung der mit destillirtem Wasser ausgewaschenen gelben Körper erzeugt oxalsaures Ammoniak einen ausgesprochenen Niederschlag von oxalsaurem Kalk. Letztes Waschwasser kalkfrei, ebenso die Essigsäure. Welches die Säure dieses Salzes sei, ob eine Fettsäure, Buttersäure oder Milchsäure, oder etwa Kohlensäure, habe ich nicht festgestellt.

Diese gelben Kalksalze kommen in den meisten normalen und oft auch in pathologischen Stühlen vor, neben Tripelphosphaten und neben neutralem phosphorsaurem Kalk; bald überwiegt an Menge dieses Salz, bald jenes. Niemals habe ich das gelbe Kalksalz in Krystallen gesehen, immer nur in plumpen, unregelmässigen, theils eckigen, theils abgerundeten Begrenzungen. Oefters trifft man es auch in ganz ausgeprägt elliptischen, ovalen oder fast kreisrunden Gestalten; diese kugeligen Gebilde sind gelegentlich durch mehrere Risse zerklüftet, und die einzelnen Bruchstücke hängen noch mehr oder weniger zusammen.

Die Menge auch dieses Salzes kann wie bei den Tripelphosphaten so gross werden, dass kleine mit blossem Auge im Stuhl sichtbare braune Pünktchen entstehen. — Die Farbe ist je nach dem Gallengehalt verschieden, von einer eben bemerkbaren maisgelben bis zu einem gesättigten tief goldgelben Ton gehend.

Oxalsauren Kalk habe ich mit Sicherheit nur ein einziges Mal feststellen können. Die wohlcharakterisirten kleinen Briefcouvertkrystalle fanden sich in ziemlich reichlicher Menge in einem Stuhl, der viele Pflanzenparenchymzellen, von jungem Gemüse herrührend, enthielt, und auf diesen oder in ihrer unmittelbaren Nähe lagen die Krystalle, welche wohl aus dem Gemüse stammten. Man muss sich hüten, ganz kleine Tripelphosphatkrystalle für oxalsauren Kalk zu nehmen. Ebenso habe ich schwefelsauren Kalk in Krystallform nicht gefunden. Man begegnet allerdings sehr häufig Spiessen und Nadeln, welche mit den Formen des rasch auskrystallisirten Gypses zuweilen eine täuschende Aehnlichkeit zeigen, doch ergeben sich dieselben bei der Untersuchung regelmässig als lange Fettnadeln. Dagegen erhält man, begreiflicher Weise, oft die schönsten Gypsnadeln und Plättchen, wenn man zu der Fäcalmasse Schwefelsäure hinzusetzt; am besten gelang dies stets, wenn ich, zum Zweck der Cellulose- oder Amyloidreaction, Schwefelsäure und Jod-Jodkaliumlösung zugleich hinzufügte.

d) Cholesterin wird bekanntlich als Bestandtheil der normalen Fäces angesehen. So, um nur einige Angaben aus der jüngsten Literatur zu nennen, meint Foster[2], dass es zuweilen vorkomme, Maly[41], dass es stets vorzukommen scheine, Hoppe-Seyler[42], dass es regelmässig zu finden sei.

Chemisch mag der Nachweis des Cholesterins oft oder regelmässig gelingen, mikroskopisch jedenfalls sehr selten. Auf zwei Fehlerquellen muss hier hingewiesen werden. Es ist richtig, dass man in den meisten normalen Stühlen weisse glänzende Platten sieht, die auf den ersten Blick eine täuschende Aehnlichkeit mit Cholesterintafeln zeigen können. Dies sind aber entweder Trümmer von Tripelphosphatkrystallen, wie ich sie oben schilderte, oder häufiger noch Bruchstücke von Pflanzencuticula. Einmal nämlich zeigen diese fraglichen Platten nicht das schöne rhombische Gefüge des Cholesterins, sondern gewöhnlich eine mehr krummlinige Begrenzung; dann kann man die verschiedensten Uebergangsbildungen aus grösseren Bruchstücken der Pflanzencuticula verfolgen; endlich lösen sich die Platten nicht in Aether. Szydlowski giebt an, Cholesterin niemals, weder in physiologischen noch in pathologischen Stühlen gesehen zu haben. Birnbaum[43] beschreibt sie als wiederholten Befund in Stühlen desselben Kranken mit Herzklappenfehler. Ich selbst habe sie nur zweimal in ganz vereinzelten Exemplaren gefunden, und dann noch einmal reichlich, hier aber unter ganz besonderen Verhältnissen.

Der Kranke, an einem Carcinoma Cardiae leidend, wurde wegen äusserst behinderten Schlingens mit Klystieren von Sanders-Ezn's Pepton, Wein und Eigelb ernährt. Der viele Stunden danach entleerte Stuhl besteht stets aus einer grauen trüben, gar nicht gallig tingirten, mit Luftblasen gemischten Flüssigkeit von alkalischer Reaction, in welche einzelne Fetzen und Flocken ebenfalls von grauer Farbe eingebettet sind. Diese Fetzen enthalten Mikrococcen, Fettnadelbüschel und in enormer Menge die schönsten Cholesterinplatten.

Eine besondere diagnostische Bedeutung kann ich nach dem bis jetzt mir vorliegenden Material dem mikroskopische Auftreten des Cholesterins im Stuhl nicht beilegen.

e) Die bekannten spindelförmigen Krystalle, welche von Charcot zuerst im leukämischen Blute, von Leyden als dem Bronchialasthma eigenthümlich, von Boettcher als „Spermakrystalle" beschrieben wurden (jedoch nach Fürbringer im letzteren Fall dem Prostatasecret entstammend), sind im Stuhle meines Wissens ganz kürzlich zuerst von Baeumler[44] namhaft gemacht worden. Dieser fand sie regelmässig in den Entleerungen eines durch Anchylostomum duodenale anämischen Mannes, und früher einmal bei Untersuchung schleimiger Stühle einer an Dickdarmkatarrh leidenden Kranken*).

Bei meinen Untersuchungen sind mir die in Rede stehenden krystallinischen Gebilde, die ja von so bekanntem und so charakteristischem Aussehen sind, dass eine Beschreibung derselben hier unnöthig ist, allerdings nur bei einer geringen Anzahl von Kranken begegnet, aber unter durchaus verschiedenen Bedingungen. Weil ihr Vorhandensein im Stuhl bisher wenig Beachtung gefunden, mögen einige weitere Bemerkungen hier Platz finden.

Ich habe die Krystalle beobachtet z. B. bei einem Typhusreconvalescenten mit bereits wieder festem Stuhl, bei einem anderen Typhösen (Ileotyphus) auf der Höhe der Krankheit, bei einem Phthisiker, welcher täglich einen festen mit spärlichen Schleimfetzen bezogenen Stuhl hatte, bei einem anderen Phthisiker mit täglich 2—4 Stühlen, bei welchem die Section hochgradigen Katarrh des Dünndarms und unbedeutenden des oberen Dickdarms ergab, bei einem rhachitischen Kinde mit festem Stuhl, bei einer Kranken mit hochgradiger dysenterischer Zerstörung des Dickdarms mit blutig-eiterigen Entleerungen, bei einem anderthalbjährigen Kinde mit profusen Entleerungen in Folge chronischen Dünn- und Dickdarmkatarrhs u. s. w. Diese Beispiele werden zur Erläuterung genügen.

Alle Male, wenn der feste Stuhl von einer Schleimlage bedeckt war, lagen die Krystalle mitten im Schleim, ebenso wenn es sich um eine dünne mit Schleimfetzen gemengte Entleerung handelte: nur einmal, bei dem zuletzt erwähnten anderthalbjährigen

*) Nachträglich bemerke ich, dass bereits früher Bizzozero diese Krystalle ebenfalls bei einem Patienten mit Anchylostomum-Anämie gesehen hat.

Kinde, schienen sie mitten in der dünnen Kothflüssigkeit selbst zu
liegen. Ferner liessen sich die Krystalle nur ein- oder zweimal
bei demselben Kranken nachweisen, jedenfalls müssten sie die anderen Male so spärlich gewesen sein, dass sie sich der Wahrnehmung entzogen; nur wieder bei dem anderthalbjährigen Kinde erschienen sie viele Tage nacheinander in grossen Mengen.

Diesen Wahrnehmungen gemäss scheinen die fraglichen, nach
unseren gegenwärtigen Kenntnissen im Organismus weit verbreiteten,
Krystalle im Darm vielleicht einem ähnlichen Verhalten zu unterliegen wie im Lungenauswurf. Trotzdem es richtig ist, dass sie
bei verschiedenen pathologischen Zuständen im Sputum sich finden,
bleibt doch die Angabe Leydens[45] zu Recht bestehen, dass sie
bei den asthmatischen Anfällen viel regelmässiger und in viel
grösserer Menge vorkommen, also hier auch wohl eine bestimmte
Beziehung zu dem Krankheitsprocess haben dürften. Ebenso im
Darm; wenn sie auch unter ganz verschiedenen pathologischen Zuständen (vielleicht sogar normal?) beobachtet werden, so scheint
doch ihr sehr reichliches und fortgesetztes Erscheinen bei einzelnen
Kranken bestimmte Beziehungen zu pathologischen Zuständen an-
zuzeigen. Welcher Art jedoch diese Beziehungen sind, darüber
versuche ich beim Mangel positiver Anhaltspunkte keine Vermuthungen aufzustellen.

Hinsichtlich des Aussehens der Krystalle sei nur noch bemerkt, dass alle möglichen Grössen vorkommen, von eben scharf
erkennbaren (bei Zeiss 4 D) bis zu gewaltigen Exemplaren. Die
Krystallform ist stets unverändert die gleiche, nur bei ganz grossen
Exemplaren sind öfters die ausgezogenen Spitzen abgestumpft. —
Alle Stühle, in welchen sie vorkamen, waren von alkalischer Reaction; dass sie auch in sauren existiren habe ich nicht beobachtet.

5. Bestandtheile aus der eingeführten Nahrung.

Dass im Stuhl die mannigfachsten oft unglaubliche Dinge von
der eingeführten Nahrung herrührend wieder erscheinen können, ist
bekannt. Ich betrachte es nicht als meine Aufgabe, alles dies hier
aufzuzählen; die verschiedensten Lehrbücher geben Aufschluss darüber. Nur einige Substanzen, deren — mikroskopisch nachweis-
bares — Vorhandensein in den Darmdejectionen ein pathologisches und diagnostisches Interesse beanspruchen kann, und über

deren physiologisches oder pathologisches Vorkommen noch nicht genügende Klarheit oder Uebereinstimmung besteht, sollen zur Sprache gebracht werden.

a) Stärke. Kuehne[46], Foster und Andere halten das Vorkommen von dann allerdings stets spärlichen Stärkekörnern für normal, während z. B. Hoppe-Seyler meint, dass die Stärke aus den Fäcalstoffen wohl stets verschwunden sei, und Szydlowski in den Stühlen gesunder Menschen, welche von gemischter Kost leben, nur sehr selten Stärke auffinden konnte.

Als Ergebniss meiner an vielen hundert Stühlen vorgenommenen Prüfungen kann ich folgendes aussagen.

Bei Individuen mit gesunden Verdauungswerkzeugen, welche die gewöhnliche gemischte Kost, namentlich täglich Brot und Semmel in ziemlich erheblicher Menge zu sich nehmen, bei denen regelmässige tägliche oder etwas verlangsamte Darmentleerungen stattfinden, ist es mir niemals gelungen, Stärke in wohlerhaltenen isolirten Körnchen oder Kugeln nachzuweisen; nur unter pathologischen Verhältnissen kommt dies vor. Der Nachweis von gut erhaltenen isolirten Stärkekörnchen muss deshalb immer als ein Symptom pathologischer Zustände angesehen werden.

Aber auch (mikroskopisch) ganz kleine oder etwas grössere, unregelmässig geformte Partikelchen, welche mit Jod sich bläuen und welche wohl als Bruchstücke und Trümmer der Amylumkörner angesehen werden können, sind in normalen Entleerungen bei gemischter Kost gewöhnlich gar nicht oder nur in sehr geringer Menge zu finden; höchstens bei Kindern, welche überwiegend mit stärkereicher Kost genährt werden. Selbst aus den Pflanzenzellen sind die Stärkepartikel bei gesunder Verdauung fast sämmtlich verschwunden, obwohl sie in dieser Form noch am ehesten auch in annähernd normalen Fäces sich finden.

Sobald irgend nennenswerthe Stärkemengen, namentlich wenn das Amylum nur in Form von Brot oder Semmel eingeführt ist, in dem Stuhle nachweisbar sind, besteht auch eine pathologisch veränderte Consistenz desselben, von der breiig-weichen bis zur flüssigen Beschaffenheit. Aber selbst in solchen dünneren Dejectionen fehlt sehr oft, die Einfuhr des Amylum in einer leichter zu bewältigenden Form (Semmel, Mehlsuppen u. s. w.) vorausgesetzt, jede Spur desselben.

Ich glaube folgende Sätze aufstellen zu können:

Im normalen Stuhl kann Amylum spärlich in Pflanzenzellen eingeschlossen vorkommen; bei gemischter Kost ist Stärke in wohlerhaltenen isolirten Körnern niemals, in zertrümmerten Bruchstücken nur ausnahmsweise und dann in ganz vereinzelten Stückchen nachzuweisen. Jedes einigermassen reichlichere Erscheinen in den beiden letzten Formen ist deshalb als pathologisch anzusehen.

Der Vergleich mit dem Auftreten der Muskelreste lehrt, dass die Stärkeverdauung, wenn einmal die Nahrung bis in den Darm gelangt ist, besser oder wenigstens rascher vor sich geht, als die des Fleisches. Ob sie dabei immer in der normalen Richtung erfolgt, mag im Augenblick unerörtert bleiben. Jedenfalls scheint das reichlichere Auftreten von Stärke im Stuhl — immer junge Pflanzenzellen ausgenommen — auf ein heftigeres Leiden oder auf ganz besondere Verhältnisse hinzuweisen; davon später.

Bei Abdominaltyphuskranken, welche bis dahin nur mit Milch, Ei, Bouillon, Wein genährt, mehrere Tage nach der Entfieberung zum ersten Male Semmel erhalten, habe ich in dem durchaus nicht mehr diarrhoischen, sondern schon geformten und nur noch etwas weichen Stuhl Stärke sehr reichlich nachweisen können — ein Fingerzeig für die Therapie, die Ernährung.

b) Muskeln. Frerichs, welcher in aphoristischer Darstellung vortreffliche Bemerkungen über das Verhalten der Fäces giebt, äussert: „Die Muskelfasern kommen beim Fleischgenuss fast constant vor. . . . Ihre Menge ist oft sehr ansehnlich. Das Fleisch wird also wohl niemals vollständig verdaut; der grössere Theil seiner Fasern tritt unbenutzt wieder aus." Diese Angaben sind vollständig richtig insofern, als in jedem Stuhl nach Fleischgenuss einzelne Reste desselben nachzuweisen sind; nicht ganz zutreffend insofern, als im normalen Stuhl bei gemischter Kost, bei mässigem Fleischgenuss doch nur relativ geringe Mengen von Muskelresten existiren. Nur bei übermässiger Fleischzufuhr, wie z. B. bei Diabeteskranken, habe ich auch in sonst anscheinend normalen Entleerungen übermässige Mengen von Muskelresten gesehen.

Die verschiedenen Formen und Gestalten, in welchen die in den mannigfachen Stadien der Verdauung begriffenen Muskelbündel und Fasern im Stuhl auftreten, sind von Szydlowski zutreffend beschrieben, weshalb ich diese Beschreibung hier nicht noch einmal gebe; jedoch irrt derselbe meines Erachtens, wenn er annimmt, dass „die gelb gefärbten Schleimmassen von Ihring, die unregelmässig geformten gelben Platten von Remak und die Pigmentschollen von Zimmermann" immer als Reste von Muskelsubstanz aufzufassen seien. Es ist allerdings durchaus richtig, dass neben ganz wohlerhaltenen Muskelbündeln und Fasern solche sich finden, bei welchen die Streifung theilweise, und oft genug solche, bei welchen sie scheinbar ganz verschwunden ist, Gestalten, welche durch das Verstreichen der Ecken und Kanten mehr rundlich oder oval geworden sind und ein fast völlig homogenes, durch das Gallenpigment mehr oder weniger intensiv gelbes Colorit angenommen haben. Ich möchte aber besonders betonen, dass in der That gelb gefärbte Schleimmassen, welche gelegentlich als Muskelschollen imponiren können, vorkommen (vergl. weiter unten), und dass auch sehr wohl die mehr rundlich geformten, intensiv gelb gefärbten (oben beschriebenen) Kalksalze mit Muskelbruchstücken verwechselt werden können.

Mit guten Instrumenten kann man jedoch immer die musculäre Natur fraglicher Gebilde feststellen. Einmal nämlich behalten Muskelbruchstücke fast immer noch eine mehr eckige Gestaltung, allerdings oft abgestumpft, aber die gradlinige Begrenzung ist doch noch zu erkennen. Dann aber ist es mir stets gelungen, mit einem guten Zeiss'schen Instrument bei 1000 facher Vergrösserung (4 F) selbst am kleinsten fraglichen Theilstückchen noch die Andeutung der Querstreifung nachzuweisen, während die Kalksalze und gelb gefärbter Schleim auch bei dieser Vergrösserung homogen erscheinen, abgesehen von den etwa aufliegenden Bacterien.

Interessant ist es nun, dass bei manchen Darmerkrankungen Muskelbruchstücke und Fasern in übermässiger Menge, in jeder einzelnen Probe des Kothes und in jedem Gesichtsfelde äusserst zahlreich vorhanden, mit den Fäces entleert werden, selbst in Fällen, wo Stärke gar nicht oder nur in verschwindender Menge auftritt — ein Umstand, welcher in der That zeigt, dass in derartigen Fällen und, wie ich jetzt schon bemerken will, überhaupt im Allgemeinen bei Darmleiden das Amylum leichter verdaut wird als das Fleisch. Ungemein häufig fand ich in breiigen oder dünnen Stühlen viel Muskelreste und gar keine Stärke, trotzdem die Kranken Semmel und Brot genossen hatten; gar nicht selten sind dann die Fleischstückchen als braune Punkte bis zur Stecknadelkopfgrösse und noch mehr schon makroskopisch zu erkennen. Nie habe ich umgekehrt, wenn bei Magendarmleiden Semmel und Fleisch zusammen genossen waren, letzteres besser verdaut gefunden als ersteres (von der flüssigen Form des Fleisches, z. B. Leube'sche Lösung, hier abgesehen).

Unter welchen pathologischen Verhältnissen Muskelreste besonders reichlich auftreten, soll später erörtert werden. Nur das sei hier schon bemerkt, dass die allerdings mit vollständiger Reserve ausgesprochene Vermuthung Friedreich's[47] ungegründet ist, welcher eine Beobachtung von Fles citirend wie dieser meint, es dürften aus dem Abgange grosser Mengen unverdauter quergestreifter Muskelfasern vielleicht neue diagnostische Anhaltspunkte für Erkrankungen des Pancreas zu gewinnen sein. Ich habe wohl an 100 Mal reichlich bis zu excessiven Mengen Fleischfasern gefunden, wo von Pancreaserkrankung keine Rede sein konnte und oft auch durch die Section bestimmt ausgeschlossen wurde.

c) Fett in mässiger Menge ist ein nicht zu seltenes Vorkommniss in ganz normalen Entleerungen und bei gesunder Verdauung, und meine ich nicht nur das wohl stets in geringer Menge vorhandene, mit Calcium verseifte, sondern auch das mikroskopisch nachweisbare. Entsprechend der physiologischen Thatsache, dass die Aufnahme von Fett in das Gefässsystem immer eine beschränkte ist, hat dies nichts Auffallendes.

Meiner Erfahrung nach kommt das Fett in Tropfenform seltener vor — bei Kindern mit überwiegender Milchnahrung sieht man dies noch am meisten — als in Nadeln und Büscheln. Die Nadeln sind bald fein und zierlich lang und kurz, bald plump und gross; ebenso verhält es sich mit den Büscheln. Sie zeigen die gewöhnlichen Reactionen des Fettes, namentlich wenn man das Object mit Aether reibt, sind alle Nadeln und Büschel verschwunden, um nach dem Verdampfen des Aethers sich wieder, dies ist das Gewöhnliche, in Tropfen und Tröpfchen abzuscheiden.

Oft sieht man unter dem Mikroskop eine erstaunliche Menge von Fett, welches dann dem Stuhle die weiter oben beschriebene weiche, breiige Consistenz verschaffen kann; das ganze Gesichtsfeld starrt von Fettnadeln. Hier ist es dann gleichmässig durch den ganzen Stuhl vertheilt. Andere Male, bei milchgenährten Kindern oder auch bei überwiegender Milchnahrung, z. B. bei Typhösen, sieht man viel Fett in den Klümpchen geronnener Milch, welche im Stuhle sich finden.

Mehrmals habe ich folgendes Verhalten beobachtet. In dem dünnen Stuhl liegen dicht gesät oder schwimmend obenauf, so dass dadurch ein eigenthümlich gesprenkeltes graues Aussehen entsteht, theils eben sichtbare, theils bis reiskorngrosse und selbst erbsengrosse, rundliche, weissgelbe Punkte. Dieselben bestehen aus unzähligen gröberen und feineren Fettnadeln, untermischt mit Bacterien.

Entleerungen. wie sie mehrfach beschrieben sind, bei denen selbst ansehnliche Klumpen Fett abgingen (Diarrhoea adiposa, Stearrhoea), sind wir bis jetzt nicht begegnet; immerhin wird man die zuletzt geschilderte Form des Fettstuhles mit Rücksicht sowohl auf die Menge wie auf die Form, in welcher das Fett sich findet, schon als pathologisch betrachten und dieselbe vielleicht auch schon als Diarrhoea adiposa bezeichnen können.

Selbst reichlichere Mengen von Fettnadeln finden sich öfters im Stuhle, ohne dass man daraus einen Schluss auf bestimmte Erkrankungen zu ziehen berechtigt ist. Auch die kleinen Klümpchen von Fettnadeln und Bacterien habe ich, was besonders bemerkt sei, ohne Erkrankung des Pancreas beobachtet (Sectionsergebnisse!). Doch will ich nicht unterlassen hinzuzufügen, dass bei Phthisikern, welche diese Art des Stuhles sehr häufig und am ausgedehntesten darboten, die Farbe meist sehr hell, zuweilen fast graugelb war, ohne dass jedoch Icterus bestanden hätte; aller Wahrscheinlichkeit nach war also doch wohl die Gallenmenge im Darm eine ungenügende — davon später.

d) Dass Milch in geronnenen Flocken, welche dann mikroskopisch noch zahllose eingeschlossene Fetttropfen erkennen lassen, dass Stückchen geronnenen Eiweisses sich sehr oft in diarrhoischen Stühlen finden, ist bekannt. Hier möchte ich im Anschluss daran auf eine besondere Art von Gebilden aufmerksam machen, welche zuweilen bei pathologischen Zuständen sich finden. Es sind mehr oder weniger rundliche Körper, die kleinsten wie eine halbe Linse, die grössten etwa doppelt erbsengross. Stets sind sie aussen

gelb, zuweilen nur ganz blass maisgelb, zuweilen tief dunkelgelb;
die etwas grösseren sind aber stets innen milchweiss, nie durchweg gefärbt, vielmehr ist nur die äussere Schicht gelb. Die Färbung rührt, der chemischen Reaction gemäss, von Gallenpigment
her. Die Körper zerdrücken sich zwischen Object- und Deckglas
ganz homogen, leicht, wie weicher weisser Käse oder wie Butter;
sie sind makroskopisch ganz structurlos.

Es treffen für sie alle die Reactionen zu, welche ich weiter
unten bei den gelben Schleimkörnern anführen werde, nur mit
folgenden Unterschieden: sie lösen sich bis auf geringe Reste (Beimengungen) in sehr verdünnter (5 pCt.) Salzsäure. Die durch
Essigsäure in ihrer alkalischen Lösung entstehende Fällung löst
sich im Ueberschuss der Essigsäure: dagegen erzeugt Ferrocyankalium eine Fällung. Danach handelt es sich um ein Albuminat,
und zwar höchstwahrscheinlich um Casein, welches aus der Milchnahrung stammt.

6. Der Schleim.

Das Vorhandensein des Schleimes in den Entleerungen nicht
nur überhaupt, sondern auch die Verhältnisse desselben im Einzelnen (in welcher Form er erscheint, ferner ob gefärbt oder ungefärbt, ferner in welcher Lagerung mit den Fäcalstoffen gemengt
u. s. w.) sind von ganz besonderer Bedeutung für die Diagnose,
wie später gezeigt werden soll. Nicht allerdings für die Erkennt-
niss der Natur der Krankheit, als vielmehr des Sitzes derselben,
ob in höheren oder tieferen Darmabschnitten.

Dass im gesunden Darm, namentlich im Dickdarm stets
Schleimbildung stattfindet, dürfte nicht zu bezweifeln sein. Jedoch
kann man bei Erwachsenen bei ganz normaler Defäcation weder
makro- noch mikroskopisch irgend eine Spur von Schleim nachweisen, wovon ich mich durch oftmalige Untersuchung überzeugt
habe; bei Individuen, welche regelmässig täglich ihre gesunde Entleerung haben, sucht man vergeblich danach. Ob chemisch freilich
etwas Mucin nachzuweisen ist auch im normalen Stuhl, habe ich
nicht geprüft; aber selbst wenn dies so wäre, hätte es für die
praktische Beobachtung am Krankenbett keine Bedeutung.

Daraus folgt, dass jede makro- oder mikroskopisch erkennbare Schleimbeimischung eine Abweichung von dem

durchaus physiologischen Verhalten anzeigt. Damit soll indessen nicht behauptet werden, dass geringe Spuren von Schleim immer auch zugleich auf eine anatomische Läsion der Darmschleimhaut hinweisen. Dieselben können vielmehr einer einfachen physiologischen Hypersecretion ihre Entstehung verdanken, welche durch einen abnorm grossen physiologischen Reiz veranlasst wird und mit dem Verschwinden dieses auch wieder aufhört. Immerhin, wenn auch nicht um pathologische, handelt es sich hier doch schon um solche physiologische Zustände, welche die Aufmerksamkeit des Arztes erfordern, weil ihr längeres Bestehen in pathologische Veränderungen, insbesondere in chronischen Katarrh überführen kann.

Diese auf der Grenze des Physiologischen stehende Schleimbeimengung wird nur durch eine klinische Erscheinungsform dargestellt: eine ganz dünne Schleimschicht oder einzelne Schleimfetzchen, welche ab und zu auf einer festen Kothsäule sich finden. Am ehesten beobachtet man dieselbe bei trägem Stuhl, bei welchem die Kothsäule oder die einzelnen Ballen hart sind, oder bei ungewöhnlichem Umfange derselben. Das längere Verweilen oder das zu grosse Volumen der Ballen wirken hier als Reiz auf die Darmschleimhaut. Immerhin jedoch ist in diesen Fällen die Schleimmenge unbedeutend, nur spurenweise; hat der Stuhl einige Zeit gestanden, so bildet der eingetrocknete Schleim eine dünne Schicht (wie ein Lacküberzug) auf demselben.

Unter allen Umständen sonst ist das Auftreten von Schleim pathologisch. Sein Verhalten in den einzelnen Fällen, die verschiedenen Formen seines Erscheinens sind folgende:

a) Im Anschluss an das unmittelbar Vorstehende sei zunächst erwähnt, dass der Schleim in dickeren Lagen und reichlicher Menge feste und wohlgeformte Kothsäulen oder Ballen überziehen kann: hier sieht derselbe immer hellglasig durchscheinend oder mehr oder weniger getrübt aus, stets grau oder weiss, und wenn er einmal eine schmutzig braungelbe Färbung zu haben scheint, so kann man doch leicht die dieselbe bedingenden Fäcalbestandtheile von dem hellen glasigen Schleim vollständig sondern.

b) Der Schleim ist ganz innig mit den Fäcalmassen gemengt. Dabei können die letzteren wieder eine dreifache Consistenz haben. Entweder nämlich schwimmen grössere oder kleinere, reichlichere oder spärlichere Schleimfetzen in einer wässerigen Kothmasse; überwiegt letztere, so ist der Stuhl insgesammt dünn und leicht beweglich, wenn erstere, so wird er dicker, syrup- bezw. geléeartig. Oder fetziger Schleim ist mit breiigen Kothmassen innig gemengt, dergestalt, dass man jenen erst aus letzteren mit einem Stabe herausheben muss, um ihn zu erkennen. Diese beiden Arten sind bekannt.

Daneben kommt nun aber noch eine dritte Form vor, welche bisher nicht beachtet oder wenigstens nicht beschrieben ist: dies ist die innige Mischung von ganz kleinen, zahlreichen Schleimpartikelchen mit geformten Kothmassen. Oben bereits ist auf dieses Verhalten hingewiesen. Makroskopisch ist hier der Schleim nie zu erkennen, sondern immer erst mikroskopisch; daneben braucht sonst gar kein Schleim in Fetzen im Stuhl vorhanden zu sein. — Ich glaube dieser Art der Mischung von Schleim und Koth eine Bedeutung für die Diagnostik beilegen zu sollen.

c) Einer blossen Erwähnung nur — weil ganz allgemein bekannt — bedarf der Fall, dass der Schleim in ausserordentlich grossen Mengen abgeht, dergestalt, dass die fäculenten Bestandtheile zuletzt ganz verschwinden und der ganze Stuhl aus einer gallertigen Schleimmasse besteht.

In den unter a, b, c angezogenen Fällen kann der Schleim hellglasig durchscheinend sein (wie ein sog. Sputum crudum), oder mehr weniger getrübt und undurchscheinend (wie ein sog. Sputum coctum). Die Trübung wird, abgesehen von etwaigen Fäcalstoffen, durch Rundzellen oder, was besonders zu betonen, zuweilen auch fast ausschliesslich durch Cylinderepithelien hervorgebracht.

d) Der Vollständigkeit halber seien auch die „Schleimcylinder" erwähnt, welche in grösseren oder kleineren Bruchstückchen bei der meist als „tubuläre Diarrhoe" bezeichneten Darmaffection abgehen. Da mir aus eigener Anschauung dieselben nicht bekannt sind, sehe ich von einer weiteren Besprechung ab.

e) Widersprechende Erörterungen haben sich an die sog. „Froschlaich" oder „gekochten Sagokörnern" ähnlichen Gebilde in den Stühlen geknüpft: eine Reihe von Beobachtern meint, dass dieselben Schleimklümpchen aus den ulcerirten Dickdarmfollikeln seien, während Virchow[45] schon vor vielen Jahren deren pflanzlichen Ursprung betonte und noch andere eine Mittelstellung einnehmen, einen Theil der fraglichen Gebilde als Schleim, einen anderen als aus der Nahrung stammend bezeichnen. Lambl ist geneigt, (bei Kindern) ihr Auftreten von verschlucktem Bronchialsecret abzuleiten.

Entleerungen von frischer epidemischer Dysenterie stammend habe ich in letzter Zeit nicht zu untersuchen gehabt, kann also nicht darüber urtheilen; in vielen anderen Stühlen jedoch habe ich sehr oft helle, farblose, glasige Gebilde beobachtet, welche als die vielbesprochenen sagokorn- oder froschlaichähnlichen Körper bezeichnet werden mussten. Auf den ersten Blick sehen sie in der That wie Schleimklümpchen aus, jedesmal indessen überzeugte entweder die Jod-Stärkereaction oder, wenn diese ausblieb, das Mikroskop von ihrer zweifellosen pflanzlichen Natur.

Mit diesem negativen Befund ist ja natürlich nicht der Beweis erbracht, dass solche sagokornähnliche Schleimklümpchen überhaupt nicht vorkämen; immerhin ist es auffallend, dass bei der Untersuchung so vieler hundert Stühle der glasige, helle Schleim, wenn er in ganz kleinen Partien auftrat, stets eine fetzige Gestalt hatte, und alle anscheinend aus Schleim bestehenden froschlaichähnlichen, rundlichen Klümpchen in Wirklichkeit Vegetabilien waren.

f) Nun muss ich aber auf eine Art von runden Körnchen aufmerksam machen, welche in der That aus Schleim bestehen und die meines Wissens bisher noch nicht beschrieben sind. Diese Körperchen sehen freilich nicht hell aus, nicht gekochtem Sago ähnlich, sondern sie sind entschieden gelbbraun, zum Theil mit einem Stich ins Dunkelgrüne. Der Kürze wegen werde ich sie als gelbe Schleimkörner bezeichnen. Sie verhalten sich wie folgt.

Bei der makroskopischen Besichtigung verschiedener Stühle kann man sehr oft kleine, im Durchschnitt mohnkorngrosse Pünktchen unterscheiden von brauner, seltener mehr gelber Farbe. Diese können vierfacher Natur sein: entweder sind es kleinste Fleischstückchen, oder Bruchstücke und Bestandtheile irgend welcher genossener Vegetabilien, oder die oben beschriebenen gelben Kalksalze, oder endlich die in Rede stehenden gelben Schleimkörner.

Die gelben Schleimkörner wechseln in ihrer Menge; zuweilen habe ich sie nur vereinzelt in einem Stuhl getroffen, andere Male in enormer Zahl, so dass der ganze (dann meist breiige oder mehr dünne) Stuhl wie gesprenkelt, mit braunen Mohnkörnchen wie durchsät aussieht. Zuweilen werden sie nur ab und zu bei einem Kranken entleert. doch habe ich sie auch schon bei demselben Kranken regelmässig täglich viele Wochen lang in grossen Mengen beobachtet. — Ihre Grösse hat in der Regel knapp den Umfang eines Mohnkornes, und sie können bis an die Grenze des mit blossem Auge Sichtbaren hinuntergehen, selten erreichen sie die Grösse eines Stecknadelkopfes. — Die Farbe ist immer ein gesättigtes Gelb, bei auffallendem Licht etwas braun, bei durchfallendem (auf dem Objectglase zerdrückt) rein gelb oder mit einem Stich ins Gräuliche. — Die Consistenz ist ganz weich; sie zerdrücken sich stets ganz gleichmässig, nie nehmen sie zwischen Object- und Deckglas ein so feinkrümeliges oder — wie man in Berlin sagt — krisseliges Gefüge an wie die von Vegetabilien herrührenden sogenannten froschlaichähnlichen Klümpchen.

Dass sie wirklich aus Schleim oder wenigstens einer dem Mucin nahe verwandten Substanz bestehen, wird durch folgende Reactionen bewiesen. Niemals geben sie mit Jod allein oder mit Jod-Schwefelsäure Bläuung — um Stärke oder Cellulose, wenn dem physikalischen Verhalten nach überhaupt von letzterer die Rede sein könnte, handelt es sich also nicht. In Wasser ganz unlöslich — also kein Dextrin. In Aether ganz unlöslich, mit Ueberosmiumsäure keine Spur von Färbung — also kein Fett. Mit Wasser und Kalilauge erwärmt, tritt vollständige Lösung ein; Ferrocyankalium bewirkt in dieser Lösung keine Fällung, wohl aber scheidet Essigsäure einen flockigen Niederschlag aus, der im Ueberschuss der Essigsäure unlöslich ist.

Das eigenthümliche unter dem Mikroskop bemerkbare Gefüge und die gelbe Färbung könnten auf den Gedanken bringen, dass es sich vielleicht um Muskelschollen handele, welche ja in der That bisweilen ähnlich aussehen können. Dagegen spricht aber, von allem Anderen abgesehen, entscheidend der Umstand, dass die fraglichen gelben Körner auch in der 3. und 4. Woche in den diarrhoischen Stühlen bei Abdominaltyphus vorkommen können, wenn die Kranken thatsächlich nichts genossen haben als Milch, Ei, Bouillon, Wein, Wasser, ebenso wie derselbe auch entscheidend den pflanzlichen Ursprung der Gebilde widerlegt.

Mit rauchender Salpetersäure erhält man an ihnen die schönste Gallenpigmentreaction, und zwar nicht blos blau und violett, sondern zuerst immer ausgesprochenes Grün; die gelbe Farbe ist dem-

nach durch unverändertes Gallenpigment bedingt. — Bereits oben
ist bemerkt worden, dass zuweilen auch der fetzige Schleim intensiv
gelb gefärbt sein und prächtige Gallenpigmentreaction geben kann.
Oefters bilden die gelben Körner die einzige Erscheinungsweise,
in welcher der Schleim im Stuhl vorkommt, andere Male sieht man
noch ungefärbten glasigen, fetzigen Schleim daneben.

Das mikroskopische Verhalten des Schleimes ist bei
diesen verschiedenen Erscheinungsweisen nicht immer das gleiche.
Der gewöhnliche fetzige Schleim, der sofort als solcher zu erkennen
ist, zeigt auch das bekannte Gefüge, gleichmässige glashelle Flächen
mit anscheinenden Streifen und Fältelungen. In diesen liegen immer
Mikrococcen und bald mehr bald weniger zahlreich Fäcalbestandtheile: Salze und Krystalle, einzelne Muskelschollen u. s. w. Sehr
oft finden sich auch Formelemente, aus der Darmwand selbst
stammend, Rundzellen verschiedener Art und Epithelien; auf diese
werden wir nachher eingehen.

Ganz anders erscheinen die gelben Schleimkörner. Zunächst
haben dieselben, mit dem Deckgläschen zerquetscht, nicht das Bestreben wie der gewöhnliche Schleim sich wieder zusammen zu
begeben, sondern sie drücken sich ganz homogen auseinander und
verharren auch so. Unter dem Mikroskop besteht ein solches
Körnchen aus lauter kleinen, in zahllosen verschiedenen Begrenzungen erscheinenden Schollen, welche durch einzelne Risse getrennt
dicht nebeneinander liegen. Es macht den Eindruck, als ob eine
(gelbe) Eisscholle in lauter kleine, hart neben einander liegen ge-
bliebene Bruchstücke zersprungen wäre.

Mit den stärksten Vergrösserungen (über 1000, Zeiss 4 F) ist
es mir nicht gelungen, irgend eine Andeutung von Structur zu erkennen. Alle diese Schollen sind gelb (durch Gallenpigment).
Niemals habe ich in diesem Schleim Formelemente, Epithelien
oder Rundzellen gesehen.

Die soeben gewonnenen Resultate gaben mir erst die Möglichkeit den Schleim in der oben (S. 96) erwähnten Art, wo er
nämlich innig mit geformtem Koth gemengt ist, zu erkennen. Betrachtet man solchen Koth in ganz dünnen Schichten
mikroskopisch, so sieht man bei starken Vergrösserungen (400—500)
mehr oder weniger zahlreiche, meist nur wenig umfängliche, zuweilen bis zur Grösse von makroskopisch vielleicht eben wahr-

nehmbaren kleinen „Schleimkörnern" ansteigende, Inselchen, welche
— von der Färbung abgesehen — vollständig in ihrem mikroskopischen Verhalten dem Schleim aus dem gelben Schleimkörnchen
gleichen.

In flüssigen Stühlen habe ich öfters — nur mikroskopisch — in erheblicher Menge grosse, sei es rundliche, sei es
unregelmässig begrenzte ganz blasse, hyalin-opake Gebilde (wie
Colloidkugeln) gesehen, ohne jede bemerkbare Structur, welche
zum Theil homogen, zum Theil deutlich zerklüftet erscheinen.
Diese Gebilde bleiben in 10 proc. Essigsäure unverändert, verschwinden dagegen rasch und vollständig in 10 proc. Salzsäure.
Eine Isolirung und chemische Untersuchung war nicht möglich.
Aber dem ganzen optischen Verhalten nach handelt es sich wohl
um Schleimkugeln. Nur die abgestorbenen Monadenleichen im
Stuhl gleichen ihnen optisch einigermassen; doch sind diese viel
schärfer contourirt, viel heller glänzend, nicht so unregelmässig,
und namentlich viel kleiner.

Ueber die klinische Bedeutung dieser verschiedenen Formen
und Mischungsverhältnisse des Schleimes später.

7. Epithelien.

Die Mehrzahl der früheren Untersucher spricht vom Vorkommen
der Epithelien im (pathologischen) Stuhl als etwas Gewöhnlichem;
einzelne Gewährsleute anzuführen ist deshalb überflüssig. Nur einige
Aeusserungen, und zwar gerade aus der jüngsten Zeit, lauten anders. So sagt Woodward, dass Epithelien im Stuhl bei acuten
Diarrhöen nicht häufig seien nach seiner Erfahrung, und Szydlowski gar: trotz der grossen Zahl der von mir untersuchten
Stühle beobachtete ich Cylinderepithel mit Entschiedenheit nur
dreimal.

Die genauesten und zahlreichsten Untersuchungen über das
Verhalten der Epithelien bei pathologischen Zuständen hat Lambl
mitgetheilt; die Angaben der Späteren sind viel spärlicher, und
haben jene von Lambl nicht nur nicht erweitert, sondern sind
weit hinter ihnen zurückgeblieben. Lambl beschreibt Verfettung,
amyloide Degeneration, Erweichung und Verflüssigung, molekularen
Zerfall der Epithelien, ihr Aussehen bei Katarrh, in inerten Darm-
portionen, bei Inanition. Soweit ich indessen entnehmen kann,

beziehen sich die Forschungen Lambl's überwiegend auf das Verhalten in der Leiche, weniger auf die Darmentleerungen selbst.
Insbesondere hat derselbe aus dem Fehlen oder Auftreten der Epithelien in den Stühlen und aus ihrem verschiedenen Verhalten keine
weiteren Schlussfolgerungen und etwaige Verwerthung für die klinische Diagnose gezogen. Ich werde deshalb meine Beobachtungen
in dieser Beziehung mittheilen, wobei ich indessen auf das von
Lambl bereits Festgestellte nicht noch einmal eingehe.

Pflasterepithel, darin stimme ich Szydlowski bei, kommt
sehr selten vor. Es findet sich in den Schleimspuren, welche die
Kothsäule überziehen, und meist nur dann, wenn letztere äusserst
voluminös ist. Man muss also annehmen, dass die Pflasterepi-
thelien rein mechanisch durch die Kothsäule vom Orificium ani abgestreift sind. Nur ganz ausnahmsweise trifft man sie auch einmal
in dem Schleim, welcher mehr breiigem Stuhl beigemengt ist. Eine
weitere pathologische Bedeutung besitzt ihr Auftreten nicht — abgesehen von einem Fall, wo dasselbe diagnostisch äusserst
wichtig werden kann. Unter bestimmten Verhältnissen nämlich
kann den Pflasterzellen ähnliches Epithel im Stuhl die Diagnose
auf Carcinom des Darms begründen.

Cylinderepithelien habe ich hunderte von Malen beobachtet; die oben erwähnte Angabe Szydlowski's ist mir unver-
ständlich. — Zuvörderst einige Worte über ihr Aussehen überhaupt.

Die in den Stühlen vorkommenden Cylinderepithelien sind
weitaus am häufigsten ungefärbt, zuweilen aber gelb pigmentirt
(s. o.), und zwar geben sie in diesen Fällen, unter dem Mikroskop
natürlich, ausgesprochene Gmelin'sche Gallenpigmentreaction.

In seltenen Fällen sind die Epithelien ganz unverändert, ganz
von derselben Grösse und denselben Formen und Gestaltungen, wie
man sie in der Leiche trifft. Ausnahmsweise gelingt es auch noch,
einen wohlerhaltenen Saum zu erkennen. Auch sehr schöne Exemplare von Becherzellen kommen vor.

Meist, auch wenn sehr viele Epithelien in einem Gesichtsfelde
vorhanden sind, liegen dieselben einzeln und getrennt, wirr durch-
einander; in der dichten Aneinanderordnung und Verkittung, wie
man sie im Darminhalt der Leiche sieht oder wie sie als den
Choleradejectionen eigenthümlich von einigen Beobachtern geschildert sind, kommen sie nur sehr selten vor, und dann sind immer

nur wenige Exemplare zusammengekittet. Bedingung für dieses
letztere Verhalten ist dünne, am meisten wässerig-flüssige Beschaffenheit des Stuhles; die Natur des Processes ist dabei gleichgültig, denn ich habe diese noch bestehende Verkittung einzelner
Zellen bei der einfachen Kinderdiarrhoe sowohl wie beim Abdominaltyphus oder den Durchfällen bei Phthisis gefunden.

Der Saum ist, wie erwähnt, meist nicht mehr zu erkennen,
während das Epithel im Uebrigen noch das ursprüngliche Verhalten
zeigen kann, allerdings gewöhnlich nicht die schöne gerade kegel-
förmige Figur, sondern in den wunderlichsten und barocksten Ver-
krümmungen, Verzerrungen, Verunstaltungen; aber dabei doch noch
mit feingranulirtem Protoplasma, zartem hyalinem Aussehen und
wohlerhaltenem Kern.

Ab und zu zeigen die Epithelien, während die ursprüngliche
Form gewahrt sein kann, eine riesenhafte, fast auf das Doppelte
des Normalen gesteigerte Grösse; in diesen Fällen habe ich sie gewöhnlich mit relativ grossen Fetttropfen erfüllt gefunden. Wegen
sonstiger Veränderungen und der Schilderung ihrer histologischen
Einzelheiten verweise ich, um Wiederholungen zu sparen, auf die
Arbeiten von Lambl. Dagegen muss ich bei einer Art von Veränderung noch verweilen.

Diese Veränderung, welche ich als „Verschollung" und in
den weitest vorgeschrittenen Graden „spindelförmige Verschollung" bezeichnen will, ist bei der mikroskopischen Schilderung der
Stühle bisher kaum beschrieben, oder wenigstens nicht genügend
betont mit Rücksicht darauf, dass sie im Allgemeinen, von
der Natur und Form der Erkrankung zunächst ganz abgesehen, die allerhäufigste Veränderung ist, welche die in
den Darmdejectionen vorkommenden Cylinderepithelien darbieten.

Wenn Leube bei Besprechung der enteritischen Entleerungen
von den Veränderungen der darin aufzufindenden Epithelzellen sagt,
dieselben „seien vergrössert, das Protoplasma gekörnt, die Kerne
undeutlich", so ist dies für eine Reihe von Fällen zutreffend, aber
nicht erschöpfend. Dasselbe gilt von der Beschreibung Widerhofer's, die verschiedenen Formen der Kinderdiarrhöen betreffend;
er citirt bezüglich der Epithelien die Worte Leube's und fügt an
einer anderen Stelle noch hinzu „zertrümmerte Epithelien". Unter
den zahlreichen Abbildungen Lambl's[25] entspricht der von mir

gemeinten Verschollung eigentlich nur die Figur 4b und c der
Tafel 16; diese sollen aber Amyloiddegeneration der Epithelien
darstellen, während bei der Verschollung von Amyloidose nicht
die Rede ist.

In Taf. 1. Fig. 1 habe ich eine Reihe von Exemplaren abgebildet, um die verschiedenen Stadien und Uebergangsformen der
Verschollung zu veranschaulichen. Das Gemeinschaftliche ist, dass
die Zellen sich verkleinern, schrumpfen, und dass die normale fein-
granulirte, anscheinend weiche Beschaffenheit verloren geht, dass
das Aussehen homogen, matt glänzend, wächsern wird. Dabei
wird der Kern immer undeutlicher.

In den ausgeprägtesten Formen stellt die Epithelzelle eine
kleine, ganz homogene, mattglänzende, kernlose Spindel dar (a),
welche sich bei der Carminisirung noch durch eine etwas stärkere
Färbung insgesammt vor der Umgebung auszeichnet, in welcher
aber keine Spur mehr von einem Kerne zu entdecken ist. Von
diesem Extrem führen die mannigfachsten Uebergänge zu den wohlerhaltenen, annähernd normal gestalteten Zellen hinüber, und gerade
das Nebeneinandervorkommen dieser allmählichen Uebergangsformen
in einem Gesichtsfelde giebt die bestimmte Gewissheit, dass die
spindelförmigen Schollen in der That veränderte Epithelien sind.

Die Epithelien liegen im schleimigen Antheil des Stuhles —
von dieser Regel giebt es kaum eine Ausnahme; dabei ist es gleich,
ob der Schleim in einer Schicht oder auch nur in Punkten eine
feste Kothsäule überzieht, oder ob er in flüssiger Fäcalmasse
schwimmt, oder ob er ausschliesslich die Dejection bildet, oder ob
er mit schmierigem Koth innig gemengt ist, so dass man gelegentlich anscheinend mitten im schmierig-breiigen Koth Epithelien findet.

Zuweilen bekommt man nur grosse granulirte, ziemlich wohlerhaltene Epithelien in einem Stuhl zu sehen; andere Male nur mehr
oder weniger weit in der Verschollung vorgeschrittene; am häufigsten aber die verschiedensten Uebergangsformen nebeneinander.

Die durchweg wohlerhaltenen grossen Formen kommen fast
nur in den Schleimfetzen vor, die in dünnen Stühlen enthalten
sind, so in den stark wässerigen Dejectionen bei Ileotyphus, bei
acuten Diarrhöen Erwachsener oder der Kinder u. s. w.; die diagnostische Bedeutung dieses Verhaltens wird später zur Sprache kommen.
Dagegen das andere Ende der Reihe, die durchweg mehr oder

weniger verschollten Zellen, finden sich fast immer in den dünnen
Schleimlagen, welche bei Obstipation die festen Scybala überziehen.

Welches ist die Natur dieser Veränderung, der Verschollung? Eine Amyloiddegeneration, um dieses zunächst aus-
zuschliessen, ist es nicht, obwohl das zuweilen wachsartig Glänzende,
Starre der Zellen hieran denken lassen möchte. Niemals habe ich
mit Jod-Schwefelsäure oder Methylviolett die Amyloidreaction er-
halten; selbst nicht an den verschollten Zellen in den Stühlen von
Kranken, welche an Amyloidose des Darms, der Nieren, Leber und
Milz litten. — Das Nächstliegende jedoch ist der Gedanke an einen
Vorgang, welchen neuerdings Weigert[49] genauer beschrieben und
Cohnheim[50] mit dem Namen „Coagulationsnecrose" belegt hat.
Bekanntlich hat Weigert auf Grund seiner Untersuchungen die
Ansicht ausgesprochen, dass die von ihm studirten Veränderungen
der Epithelzellen, bei denen diese ebenfalls zuletzt verschollen und
kernlos werden, durch Einflüsse zu Stande kommen, welche nur
beim Verweilen auf der lebendigen Schleimhaut in Wirksamkeit
treten können. Sie seien das Resultat des Durchspülens der Zellen
mit lymphoider Flüssigkeit. Die weiteren Einzelheiten der Weigert'schen Ausführungen hier zu wiederholen ist unnöthig.

Meines Erachtens jedoch kann man nicht annehmen, dass die
verschollten Epithelien in den Dejectionen auf dieselbe Weise entstehen, wie Weigert es für seine Beobachtungen hingestellt hat.
Denn dann müsste es doch öfters gelingen, dieselben postmortal
auf der Darmschleimhaut nachzuweisen; dies trifft aber nicht zu.
Man findet sie wohl in dem Schleim, welcher die Kothballen im
Darme überzieht, aber nicht unter den Zellenlagen, welche postmortal von der Schleimhaut sich abgelöst haben (wie gewöhnlich)
oder noch auf derselben festsitzen. Vielmehr dürfte die Verschollung die Wirkung sein einer Wasserentziehung aus den Epithelien, einer Art Eintrocknung. Diese Auffassung wird vornehm-
lich dadurch gestützt, dass die ausgeprägtesten und zahlreichsten
Exemplare von verschollten Epithelien in dem Schleim gefunden
werden, welcher die festen Scybala bei Stuhlverstopfung überzieht,
und dass umgekehrt bei sehr raschen und flüssigen Entleerungen
dieselben am ehesten, zuweilen vollständig vermisst werden. Ich
meine, dass die Eintrocknung geschieht, nachdem die Epithelzellen
von der Schleimhaut schon gelöst sind; sie trocknen dann eben

ein, wie aus dem übrigen Dickdarminhalt auch eine Wasserentziehung stattfindet. Als ein Grund dafür, dass diese Verhältnisse,
und nicht entzündliche, katarrhalische Veränderungen der Darmschleimhaut die Verschollung bedingen, möchte auch zu beachten
sein, dass dieselbe gelegentlich am ausgeprägtesten da ist, wo der
Darmkatarrh oder anatomische Anomalien überhaupt am geringsten
sind. Ferner, da bei katarrhalischen Zuständen anderer Schleimhäute, z. B. bei Bronchitis, von einer analogen Veränderung der
Bronchialepithelien nicht die Rede ist, hat der Schluss einige Berechtigung, dass hier der (Dick-) Darmschleimhaut eigenthümliche
Verhältnisse in's Spiel kommen müssen, und ein solches ist eben
die energische Flüssigkeitsresorption aus dem Darminhalt.

Es liegt nahe, einen Vergleich anzustellen zwischen den
Schleimhautsecreten bei der katarrhalischen Entzündung verschiedener Organe, speciell zwischen der Bronchial- und der
Darmschleimhaut. Auf andere Punkte soll gelegentlich noch
eingegangen und hier nur das Verhalten der Epithelien erwähnt
werden.

Alle Beobachter geben übereinstimmend an, und diese Angabe
kann man ja wie Jedermann weiss alltäglich bestätigen, dass bei
Bronchitis cylindrische Bronchialepithelien zu den grossen Seltenheiten im Sputum gehören. Wie kommt es nun, dass in den
Darmdejectionen, in dem denselben beigemischten Schleim — im
Gegensatze zu dem Bronchialsecret — Cylinderepithelien so sehr
häufig erscheinen? Gelegentlich können dieselben so reichlich im
Schleim sein, dass dieser grau, getrübt, undurchscheinend ist, ähnlich einem sog. Sputum coctum, und man meint von vornherein
in der That, dass diese Trübung durch Rundzellen bedingt sei, bis
das Mikroskop zahllose Epithelzellen und von jenen nur sehr wenig
nachweist.

Da das Wesen, der Vorgang der katarrhalischen Entzündung
selbst kein principiell verschiedener sein kann hier wie dort, so
muss man schliessen, dass dem Darm eigenthümliche physiologische
Verhältnisse diesen Unterschied bedingen, und am wahrscheinlich-
sten ist es, dass der grobe Inhalt des Darms hierbei in Betracht
kommt. Wenn in Folge des entzündlichen Vorganges die Epithelien
etwas beeinflusst, ihr Zusammenhang unter einander und mit dem

unterliegenden Gewebe gelockert ist, so werden sie leichter durch
den massiven Darminhalt abgestreift und gelangen dann so in die
Darmdejectionen.

8. Rundzellen.

Während die früheren Beobachter wie bei den pathologischen
Producten anderer Schleimhäute, so auch bei den Darmdejectionen
viel Mühe darauf verwendeten, unterscheidende Merkmale zwischen
Schleim-, Eiter- und weissen Blutzellen aufzufinden, und auch
diagnostische Schlüsse daran knüpften, darf man heute wohl ohne
Bedenken über eine Erörterung dieser Frage hinweggehen. Beim
gegenwärtigen Stande der einschlägigen Kenntnisse ist es wenigstens
für die uns hier beschäftigende Aufgabe erspriesslicher, im Allgemeinen von Rundzellen zu sprechen, ohne zuvörderst die Frage
nach dem Ursprung derselben zu behandeln. Ebenso will ich die
Frage bei Seite lassen, ob ein Theil der hier in Betracht kommenden Gebilde aus den Drüsenzellen stamme, einfach deshalb, weil
mir eine sichere Entscheidung kaum möglich erscheint.

Die Rundzellen liegen stets im schleimigen Antheil der Dejection.

Ihre Grösse ist sehr verschieden. Entweder sind sie kleineren
weissen Blutzellen gleich, oder sie haben die Grösse der Rundzellen, welche gewöhnlich in dem schleimig-eitrigen Bronchialsecret vorkommen, oder sie können darüber hinaus bis zu vollständigen Riesenzellen anwachsen, welche das Doppelte und Dreifache der Mundplattenepithelien erreichen. Ausgesprochene Riesenzellen habe ich unter verschiedenen Verhältnissen im Stuhl beobachtet,
so bei einem Phthisiker mit Darmkatarrh und tuberculösen Ulcerationen, bei einer Patientin mit chronischer Ruhr im eitrig-blutigen
Darmsecret. — Auf eine genauere Schilderung des Aussehens verzichte ich, weil dasselbe für die Diagnose keine bestimmende
Bedeutung besitzt. Ein Protoplasma von ganz weichem oder mehr
derberem Aussehen, einen oder mehrere oder auch gar keinen
erkennbaren Kern, ein ziemlich gleichmässiges glasiges oder fein
granulirtes Aussehen oder eine mehr weniger reichliche Anfüllung
mit Fett habe ich bei den verschiedensten Processen und auch bei
demselben Kranken wechselnd bald so bald so gefunden.

Von grösserer Wichtigkeit dagegen ist die Menge der Rundzellen. Dieselbe ist ausserordentlich wechselnd, und es bestehen hier Verhältnisse, welche nicht ohne Interesse sind.

In vielen Fällen findet man in den Schleimfetzen, welche in dünnen Stühlen schwimmen, mit breiigem Koth innig gemengt sind, eine feste Kothsäule überziehen, oder auch in den grossen Schleimmassen, welche gelegentlich den grössten Theil der Entleerung darstellen, nur äusserst spärlich Rundzellen, und dies nicht nur bei acuten Zuständen, sondern auch bei schon wochenlang bestehenden. Andere Male ist ihre Anzahl eine mässig grosse; sie liegen nicht dicht gedrängt, sondern mehr zerstreut, etwa nur zu kleinen Gruppen vereinigt. Sehr gewöhnlich übersteigt ihre Anzahl nicht die der Epithelien, oft sind letztere sogar überwiegend.

Während man in dem schleimig-eitrigen Sputum eines Bronchitikers einen Tag wie alle anderen die Rundzellen in gleicher erheblicher Menge findet, verhält sich dies nicht so in den Darmausleerungen. Oft genug habe ich hier an einem Tage Rundzellen in mässiger Menge und wenig Epithelien, am anderen Tage bei demselben Kranken das umgekehrte Verhältniss gesehen. Oben bereits habe ich bei den Epithelien betont, wie diese in dem Secret bei Bronchitis ganz gewöhnlich fehlen, bei Enteritis ebenso gewöhnlich vorhanden sind. In umgekehrter Weise ist es mit den Rundeiterzellen: so gewöhnlich ihre massenhafte Reichlichkeit im Sputum bei der Bronchitis, so selten ist dieselbe in den Darmentleerungen bei den einfachen katarrhalischen Zuständen des Darms. Ja auf Grund meiner Beobachtungen möchte ich noch weiter gehen.

Wenn man von der schweren Dysenterie absieht, bei welcher blutig-eitrige und schleimig-eitrige Dejectionen häufig sind, so gehört eine schleimig-eitrige Beimengung in den Stühlen zu den entschiedenen Ausnahmen, ich meine die Beimengung solcher Partien, die weisslich-grau, undurchscheinend und durchweg getrübt sind, und in welchen das Mikroskop zahllose dichtgedrängte Rundzellen nachweist, wie im schleimig-eitrigen Sputum oder im Urin bei Blasenkatarrh. Wieder von der ulcerösen Dysenterie und von anderen die Darmwand tief betheiligenden ulcerösen Processen abgesehen, habe ich eine Entleerung, die ganz oder auch nur zum überwiegenden Theil aus solchen schleimig-eitrigen oder eitrigschleimigen Massen bestände, bei einfachen Katarrhen nie gesehen,

trotzdem ich oft genug Dejectionen untersuchte, die sehr wenig
oder gar keine Fäcalsubstanzen, vielmehr fast ausschliesslich Schleim
enthielten. Dieser Schleim schloss immer nur relativ wenig Rundzellen oder Cylinderepithelien ein. Die Partien, welche wirklich
ein eitrig-schleimiges Aussehen haben, d. h. dichtgedrängt Rundzellen enthalten, kommen — von den erwähnten Processen abgesehen — im Stuhl fast immer nur in kleinen Partien vor, zerstreut
in der übrigen Masse, sei diese nun Fäcalsubstanz oder glasiger
Schleim oder Blut. Ich glaube mich berechtigt, folgenden Satz
aufzustellen:

Beim einfachen Darmkatarrh kommt eitriger, d. h.
an Rundzellen sehr reicher Schleim, wie man ihn z. B.
bei katarrhalischer Bronchitis oder Cystitis sieht, nicht
zur Beobachtung. Das Vorhandensein desselben in den
Dejectionen weist auf ulceröse Processe hin (die Umkehrung des letzten Satzes ist natürlich nicht richtig).

9. Das Blut.

Bezüglich des Vorkommens von Blut, soll heissen von rothen
Blutzellen im Stuhl nur eine kurze Bemerkung. Es gelingt bekanntlich sehr häufig nicht, in den schwärzlichen, theerartigen
Massen, welche bei Hämorrhagien im oberen Theil des Darms entleert werden, rothe Blutzellen zu erkennen, und nur die chemische
oder spektroskopische Untersuchung giebt dann sicheren Aufschluss.
Weniger bekannt scheint es zu sein, wenigstens ist mir keine Angabe in dieser Beziehung aufgestossen, dass ein solcher Mangel von
mikroskopisch nachweisbaren Blutzellen auch in noch rothen Blut-
partien bestehen kann, über deren Natur Niemand auch nur einen
Augenblick im Zweifel ist. So habe ich nicht nur in den flüssigen,
dunklen, blutigen Stühlen Typhöser einige Male vergeblich danach
gesucht, sondern sogar auch einmal in den noch ziemlich rothen,
täglich mehrmals erfolgenden Entleerungen, welche von einer an
chronischer Ruhr leidenden, andere Male nicht unbedeutende Mengen
hellrothen und an Zellen reichen Blutes entleerenden Kranken her-
stammten. Die Stühle reagirten hier immer alkalisch. Derartige
Beobachtungen haben ja keine besondere diagnostische Bedeutung,
insofern der Nachweis des Blutes auch auf andere Art leicht zu

führen ist; immerhin ist es nicht ohne Interesse, dass die Blutzellen so rasch im Darminhalt zu Grunde gehen können.

Dass kleinste Blutspuren, von deren Anwesenheit die makroskopische Besichtigung gar nichts verräth, öfters mikroskopisch im
Schleim erkannt werden können, und dass gelegentlich dieser Punkt
diagnostisch verwerthet werden mag, erfordert nur diese Erwähnung.

10. Thierische Parasiten.

Dass s e h r häufig als gelegentlicher Befund bei den allerverschiedensten Zuständen die Eier von Darmparasiten (Tänien, As-
caris lumbricoides, Oxyuris vermicularis, Trichocephalus dispar) zu
Gesicht kamen, bedarf als selbstverständlich kaum noch einer besonderen Bemerkung. Von anderen Entozoen begegnete ich ziemlich
oft einer Art M o n a d e n, deren Aussehen folgendes ist.

In der Regel trifft man dieselben in ruhendem Zustande,
todt an. Sie bilden dann meist kreisrunde Kugeln, welche die in
Fig. 2 Taf. I. dargestellten Grössen haben (Zeiss 4 D, Vergrösserung von 440). Da zwischen den kleinsten (a) und grössten (b)
Exemplaren alle möglichen Uebergänge vorhanden sind, da alle in
ihrem Aussehen und Verhalten sich gleichen, liegt es näher, verschiedene Species in ihnen zu erblicken. In diesem Zustande ist
gewöhnlich gar keine Differenzirung des Inhalts zu erkennen, man
hat eine gleichmässige, sehr wenig lichtbrechende, scharf contourirte
Kugel vor sich, nur lässt sich noch bei bestimmten Einstellungen
wie ein lichter Hof ringsum wahrnehmen.

Dass diese Gebilde in der That abgestorbene Monaden seien,
deren Protoplasma die kugelige Gestalt nach dem Absterben angenommen, lehrt der Umstand, dass eine Reihe von Malen in demselben Stuhl die ruhenden Kugeln einerseits, andererseits in lebhafter Bewegung begriffene Organismen angetroffen wurden, deren
Körperbeschaffenheit, von der gleich zu schildernden Form abgesehen, derjenigen der Kugeln durchaus glich. Nämlich die sich
bewegenden sind sämmtlich birnenförmig gestaltet und an der dünneren Seite mit einer Spitze versehen (c), die nach Gelbfärbung mit
Jod an einzelnen Exemplaren noch in einen kurzen, ganz dünnen
Faden sich auszieht (d). An den lebenden Exemplaren schwingt
das zugespitzte Ende ausserordentlich rasch hin und her, von einer
Seite zur anderen, während der übrige Körper ruhig liegt; oder

durch die Schwingungen der Spitze wird das ganze Gebilde hin
und her bewegt, im Kreise herumgedreht, auch gegen die etwaige
Strömung der umgebenden Flüssigkeit fortgeführt.

Ausserdem habe ich noch andere Bewegungsvorgänge beobachtet: entweder wird ein einzelner Fortsatz ausgestreckt, oder sie
begrenzen sich wellig (e), oder auch ganz unregelmässig, scharf,
eckig (f), und noch viele andere Gestaltveränderungen (g) treten
hervor. Dazwischen wurden einige Male höchst abenteuerliche Bil-
dungen wahrgenommen: es lagen in einem grossen kugeligen oder
eiförmigen Gebilde, das mitten unter lebhaft sich bewegenden bir-
nenförmigen Exemplaren angetroffen wurde, mehrere glänzende Gebilde von derselben optischen Beschaffenheit wie die abgestorbenen
Kugeln (h).

Niemals ist es mir gelungen, selbst bei 1000 facher Vergrösserung nicht, weder an den ruhenden noch an den sich bewegenden
Exemplaren, Wimpern zu erkennen, oder, von dem kurzen Proto-
plasmaauszuge an dem spitzen Ende abgesehen, eine längere Geissel.

Niederste Organismen, welche wohl der Thierreihe anzurechnen
sind, sind schon in erheblicher Menge in den Stühlen gesehen worden. Mir selbst sind bis jetzt keine anderen begegnet als die vorstehend beschriebenen. Vergleicht man diese mit den vorliegenden
Beschreibungen und Abbildungen, wie sie von Davaine, Lambl[*]),
Ekekrantz[53], Tham[54], Marchand[55], Zunker[56] geliefert sind,
so kann eine vollkommene Uebereinstimmung mit keiner der bislang gezeichneten Gebilde erkannt werden. Am ehesten noch,
wenn man von der „Mundöffnung" absieht, welche ich nie bemerken konnte, gleicht meine Form der von Lambl in seiner Arbeit[25]
auf Taf. 18 Fig. A abgebildeten und als Cercomonas intestinalis beschriebenen. Auch bei Lambl erschien „der Inhalt des
Thieres vollkommen homogen und klar, die Gesammtmasse anscheinend weich, gallertig. . . . Ein Wimpernkranz konnte nicht
gesehen werden, obwohl das Vorhandensein eines solchen, der sich
auch der stärksten Vergrösserung nicht kundgiebt, in Anbetracht

---

*) Nebenbei sei bemerkt, dass auffälliger Weise mehrere Autoren immer
nur die eine Arbeit von Lambl[24] citiren, dagegen die andere nicht[25], trotzdem die letztere viel eingehender ist, und nicht blos die eine, sondern mehrere
Arten von Darmschmarotzern beschreibt.

der ungemein zarten Substanz nicht unmöglich wäre." Zunker giebt an, dass mit dem Absterben der Wimpernsaum unkenntlich wurde. Da nun in meinen Beobachtungen immer schon einige Zeit nach der Entleerung vergangen war, da auch die noch beweglichen Exemplare schon dem Absterben nahe kamen, so wäre es immerhin denkbar, dass auch bei meinen Formen ein Wimpernsaum bestanden und nur unkenntlich geworden wäre. Ich kann das weder behaupten noch widerlegen, sondern nur angeben, dass thatsächlich — unter den angemerkten Verhältnissen — Wimpern nicht zu sehen waren.

Gewöhnlich war die Zahl der Monaden eine mässige, sie lagen nur in einzelnen Exemplaren in einem Gesichtsfeld. Doch habe ich sie auch zu Hunderten dichtgedrängt nebeneinander im Gesichtsfeld gesehen, so dass sie fast wie eine Epithellage sich darstellten; in diesem Falle war eine solche Stelle schon makroskopisch unter dem Deckglase zu bemerken, indem dieselbe wie glasig, durchscheinend, einem Schleimpunkt ähnlich war.

Die Reihe der Krankheitszustände, bei denen die Dejectionen Monaden in grösserer oder geringerer Masse enthielten, ist eine ganz stattliche; acute und chronische selbstständige Enterokatarrhe bei Kindern wie bei Erwachsenen, Durchfälle bei Pneumonikern, Phthisikern, Typhösen, bei Herzklappenfehlern, bei Peritonitis, bei Ulcus ventriculi u. s. w. Auch die Beobachtungen von Zunker, welche in dieser Beziehung die ausführlichsten sind, beziehen sich auf ganz verschiedenartige Processe. Dass ihr reichliches Auftreten mit einer besonderen Beschaffenheit der Stühle — um mich ganz vorsichtig auszudrücken — zusammenfiele, liess sich nicht feststellen; sie kamen vor in wässerigen, in dünnen mit Schleimfetzen untermischten, in geléeartigen d. h. sehr stark und innig mit Schleim durchmengten, in schmierig-breiigen und selbst noch in weichbreiigen Stühlen: lebende Formen allerdings nur in dünnen Dejectionen.

Meinen Beobachtungen nach bin ich geneigt, diese Parasiten als harmlose Bewohner des Darms anzusehen; ihre Körpersubstanz ist so weich, dass sie, selbst bei massenhaftem Auftreten, mechanisch wohl kaum einen Reiz auf die Darmschleimhaut ausüben dürften, auch nicht auf die schon entzündete; jedes Fibrin- oder Caseinflöckchen im Darm scheint mechanisch reizender zu sein.

Und dass sie chemisch einwirkten, dafür spricht wenigstens vor
der Hand keinerlei Grund. Auch der Umstand, dass sie im
diarrhoischen Stuhl besonders reichlich sind, kann sich einfach so
erklären, dass sie bei regerer Peristaltik eher im Stuhl erscheinen
von den oberen Darmabschnitten her, zwingt aber nicht zu dem
Schlusse, dass sie die Diarrhoe veranlassen. Freilich bringt Zunker
einige Beobachtungen bei, denen zufolge die Beseitigung der Monaden einen günstigen Einfluss auf den Verlauf der Diarrhoe ausübte.
Weitere Erfahrungen werden hier die Entscheidung bringen müssen.

Es würden nun noch die in den Entleerungen vorkommenden
niedersten pflanzlichen Organismen, die Bacterien zu
besprechen sein. Aus äusseren Gründen ziehe ich es vor, dieselben
in der Abhandlung No. 7 besonders zu erörtern.

7.

Die normal in den menschlichen Darmentleerungen vorkommenden niedersten (pflanzlichen) Organismen*).

(Hierzu Tafel I. Figur 3—17.)

Bereits vor vielen Jahren wiesen Gros[57] und Frerichs[33] auf das ganz normale Vorkommen niederster pflanzlicher Organismen in den tieferen Abschnitten des Darmes und in den Dejectionen hin. Diese Thatsache wird heute ganz allgemein anerkannt; Niemand bezweifelt, dass bestimmte Bacterienformen des Darminhaltes ohne jede pathologische Bedeutung seien. Bei der Durchsicht der einschlägigen Literatur ergiebt sich jedoch, dass in dieser Hinsicht noch manche Lücken auszufüllen sind. Einen kleinen Beitrag hierzu will ich im Folgenden liefern, indem ich die Ergebnisse kurz zusammenstelle, welche ich aus der mikroskopischen Untersuchung von mehr als 800 Stühlen und aus der Durchmusterung des Darminhaltes einer Reihe von Leichen gewonnen habe.

Kugel- und Stäbchen-Bacterien.

Diese beiden Formen, welche wie häufig sonst so auch im Darminhalt zusammen vorkommen, sollen zusammen besprochen werden. Es sind, um an der Nomenclatur F. Cohn's[58] festzuhalten, die Sphärobacterien (Mikrococcen) und die Mikrobacterien (Bacterium Termo). Um hier nicht die schon vielfach gegebenen Abbildungen noch einmal zu wiederholen, verweise ich auf diejenigen, welche Cohn a. a. O. auf Tafel III. in Figg. 1, 2, 3, 8, 9, 10 geliefert hat.

---

*) Abgedruckt aus der Zeitschrift für klin. Medicin. Bd. III.

Die Kugel- und Stäbchenbacterien finden sich in jedem Stuhl, sei er normal oder pathologisch, in unschätzbaren Mengen, hunderte von Millionen, und ich unterschreibe es vollständig, wenn Woodward[28] sagt, ein erheblicher Theil der normalen Fäcalsubstanz sei gerade durch diese Bacterien gebildet. Man trifft sie in verschiedenen Anordnungsformen. Entweder sie liegen einzeln, in zahllosen Mengen durch das Gesichtsfeld gestreut, oder sie bilden Zooglöahaufen, mitunter von gewaltiger Ausdehnung, so dass ein halbes Gesichtsfeld damit erfüllt ist, gewöhnlich aber in den bekannten kleineren Haufen.

Wie erwähnt kamen ausnahmslos beide Arten nebeneinander vor, gelegentlich jedoch überwiegt die eine. Ich habe nicht gefunden, dass für dieses Ueberwiegen bestimmte Krankheitsprocesse massgebend wären. Vielmehr kann ich nur aussagen, dass mir von grösserer Bedeutung die Consistenz der Stühle erschien: je dünnflüssiger, wässeriger sie waren, um so mehr überwogen die Stäbchenbacterien, während in festen Stühlen die Kugelform vorherrschte. Doch habe ich auch schleimig-flüssige Stühle z. B. bei Kinderdiarrhöen gesehen, in denen die grösste Masse der Schizomyceten durch mächtige Zooglöafelder von runden Mikrococcen dargestellt war.

Die Mikrococcen sowohl wie die Stäbchenbacterien können auch aneinander gereiht sein, so dass lange perlschnurartige oder kurzgegliederte Fäden herauskommen. Auch diese sind viel häufiger in dünnen Entleerungen, vielleicht weil sie besseren Boden für ihre Entwickelung in dem dünnen Menstruum finden. Offenbar hängt es mit der wässerigen Beschaffenheit der Typhusstühle zusammen, dass gerade in ihnen die längeren und gegliederten Fäden viel reichlicher sich finden als in vielen anderen Dejectionen.

Endlich gruppiren sich zuweilen die kugeligen Mikrococcen in sarcine-ähnlicher Anordnung, zwei oder vier Körnchen nebeneinander, oder auch mehr; so habe ich Reihen gesehen, wo 4 bis 5 Paare dicht hintereinander gliedweise aufmarschirt lagen. Ebensowenig wie der fadenförmigen Gliederung vermag ich der sarcineähnlichen meinen Beobachtungen nach eine besondere, physiologische oder pathologische Bedeutung beizulegen.

Alle diese Formen und Gruppirungsarten werden durch Jod stets gelb oder gelbbraun gefärbt.

Bacillus subtilis.

Cohn giebt von dieser Form, deren physiologisches Vorkommen im menschlichen Darminhalt meines Wissens bis jetzt nicht betont ist, zwei Abbildungen, die eine l. c. Fig. 14, die andere[39] Taf. V. Fig. 10, 11, 12. Beide Formen kommen in den Darmdejectionen vor, sowohl die einfachen langen beweglichen Fäden, wie die Fäden mit Sporen, und grössere Sporenhaufen. Ich habe in Fig. 3, Taf. I. eine Abbildung gegeben, welche in a einen Sporenhaufen, in b Fäden von Bacillus subtilis mit Sporen darin zeigt. Nebenbei hebe ich die fast vollkommene morphotische Aehnlichkeit hervor, welche diese Formen mit den Culturen von Bacillus Anthracis darbieten, wie sie Koch[60] l. c. Taf. XI. Fig. 4, 5a, 5b abbildet.

Gerade diese Bacterien fallen bei der Durchmusterung der Fäces sofort in die Augen, und zwar vermöge ihrer Sporen, welche so ausserordentlich glänzend sind und so scharf und dick contourirt, dass man sie vor allen anderen Gebilden bemerkt. Am allerhäufigsten sieht man die Sporen einzeln oder zu wenigen, aber auch nicht zu selten grosse Haufen von ihnen; nicht ganz so oft die Fäden selbst mit den eingeschlossenen Sporen. Bald liegt nur eine Spore in einem Faden, bald ihrer zwei, drei bis zu sechs, zehn.

Der Bacillus subtilis kommt sowohl in dünnen wie festen, pathologischen wie normalen Stühlen vor, ohne Unterschied des vorliegenden Krankheitsprocesses. Im Grossen und Ganzen ist er nicht allzu reichlich, kann auch vollständig fehlen; eine grössere Häufigkeit bei pathologischen Zuständen gegenüber der Norm habe ich eigentlich nicht feststellen können. Demgemäss dürfte auch diese Schizophytenart zu den physiologischen Bestandtheilen des menschlichen Darminhaltes zu rechnen sein.

Die Sporen sowohl, wie die Fäden, werden durch Jod gelb oder braungelb gefärbt.

Saccharomyces.

Frerichs äussert: „Hefepilze sind sehr häufig im Magen und Darmcanal nachweislich; meistens kommen sie nur spärlich vor, mitunter aber in ansehnlicher Menge." Seitdem ist die Angabe vom Vorkommen der Hefe in den Darmdejectionen vielfach bestätigt worden, so namentlich von den neuesten Autoren über diesen Gegenstand, Szydlowski[40] und Woodward. Brefeld[61] betrachtet sogar als „den eigentlichen Bildungs- resp. Entwicklungs- herd, als den Standort" der Hefe den thierischen Leib, d. h. den Darmcanal. Sie findet sich nach ihm „in den Fäces der pflanzen- fressenden Thiere in Menge" vor. Meine Erfahrungen in dieser Beziehung sind folgende.

Hefe gehört zu den Befunden, welche man selten in einem Stuhl vermisst; ob pathologische oder normale Entleerungen, das ist gleichgültig, ebenso welcher pathologische Process vorliegt. Man muss demnach die Hefe als einen physiologischen Bestand- theil des menschlichen Darminhaltes und der Fäces ansehen. Ebenso aber hat Frerichs Recht, wenn er ihr spärliches Vor- kommen bemerkt. In der That sieht man sie in einem Gesichts- feld immer nur in einigen zerstreuten Exemplaren. Nur ausnahms- weise erreichen sie unter pathologischen Verhältnissen eine erheb- liche Anzahl: so habe ich sie namentlich mehrmals in den sauer reagirenden Stühlen bei Kinderdiarrhöen in dichtgedrängten Haufen in überraschender Menge gefunden.

Ihre Form ist selten rund, meist elliptisch; sehr oft ist die bekannte Sprossung zu beobachten. Eine weitere Beschreibung und Abbildungen zu geben, halte ich für überflüssig.

Szydlowski bemerkt richtig, dass die Hefepilze in den Fäces gelblich gefärbt seien, doch ist sein Zusatz „zuweilen" unrichtig. Im Gegentheil möchte ich die gelbliche Färbung als die Regel ansprechen; und nur zuweilen bemerkt man die hellen glänzenden Gebilde, welche die Regel bei der Hefe ausserhalb des Körpers bilden. Ob wie ich glaube die gelbliche Färbung durch Gallen- pigment bedingt sei, welches in den oberen Darmabschnitten auf- genommen, oder durch ein anderes Pigment, vermag ich nicht zu entscheiden. — Jod, um dies ausdrücklich zu bemerken, färbt die Hefe stets dunkelgelb, oder richtiger braungelb, nie blau.

Des Weiteren betone ich ausdrücklich, dass die in den Fäces vorkommenden Hefepilze niemals die Grösse erreichen, welche die grössten Exemplare der Unter-, wie der Oberhefe im Biere besitzen, kaum je sogar nur die Grösse der mittleren Exemplare. Vielmehr findet man fast nur kleine und sehr kleine Zellen. Demgemäss halte ich auch die Bezeichnung „Saccharomyces cerevisiae" für die im Stuhl vorkommende Hefe für unrichtig; sie hat mit der Bierhefe für gewöhnlich direct nicht nur nichts zu schaffen, sondern unterscheidet sich in ihrem ganzen Aussehen auf das Entschiedenste von ihr. Richtige Bierhefe mag ja gelegentlich in den Darm kommen, aber keineswegs ist dies die Regel; vielmehr halte ich es für zutreffend, wie Brefeld meint, dass die Hefe[1] mit den verzehrten Blättern und Früchten, an deren Oberfläche sie haftet, in den Organismus gelangt. Vielleicht ist es angemessener, sie als Saccharomyces ellipsoideus aufzufassen und zu bezeichnen. Indessen muss ich doch hinzufügen, dass ich ein paar Mal, z. B. bei einem an Ileotyphus leidenden Kinde, bei dem an Biergenuss nicht zu denken war, ungefärbte grosse Hefepilze genau vom Aussehen des Saccharomyces cerevisiae gesehen habe.

Durch Jod sich bläuende Organismen.

Ausser den genannten giebt es nun noch mehrere Organismenformen, über deren Vorkommen im menschlichen Darm bis jetzt noch nichts mitgetheilt ist — auffälliger Weise, denn dieselben sind nicht nur recht häufig und oft in grossen Mengen vorhanden, meist nicht nur ziemlich gross und leicht wahrnehmbar, sondern vor Allem auch auf das Schärfste charakterisirt durch ihr Verhalten gegen Jod, welches sie selbst in ganz vereinzelten Exemplaren mit grosser Sicherheit hervortreten und erkennen lässt. Ich vermuthe, dass die eine dieser Bacterienformen bisher mit Hefe (Saccharomyces) verwechselt und als letztere beschrieben ist.

Wie gesagt, giebt es im Darm mehrere verschiedene Arten oder Formen von Organismen, welche sich auf Jodzusatz bläuen. Ich stelle die grösste voran, welche mit Prazmowski's[62] Clostridium butyricum identisch zu sein scheint.

Zunächst eine Beschreibung der Gestalt. Diese ist nicht immer die gleiche. Im Wesentlichen sind es drei Gestaltungen, welche bei dieser grössten Form zur Beobachtung kommen, von denen ich Abbildungen in Taf. I. Fig. 4, 5, 6 gegeben habe. Einmal stellten sich die Organismen in Stäbchenform dar, immerhin ziemlich breit, aber doch überwiegt der Längendurchmesser den Breitendurchmesser erheblich, um das Mehrfache. Die beiden Enden sind immer mehr oder weniger abgerundet, nur ausnahmsweise geht das eine in eine stumpfe Spitze aus. Zweitens ist die Form mehr elliptisch; ganz kreisrunde habe ich eigentlich nie gesehen.

Drittens kann das Bacterium auch eine spindelförmige, citronenförmige, an beiden Enden etwas zugespitzte, ausgezogene Gestalt
zeigen. Zwischen der zweiten und dritten Form kommen Uebergänge vor, dergestalt, dass das Gebilde nur an einer Seite zugespitzt, also etwas birnförmig ist; ebenso auch zwischen der zweiten
und ersten; die ausgeprägten extremen Gestalten jedoch sind sehr
wohl charakterisirt. — In der Regel trifft man in demselben Stuhl
die verschiedenen Formen nebeneinander; doch machte es mir zuweilen den Eindruck, als ob bei demselben Kranken die eine Art
vorherrschte, bald die stäbchenförmige, bald die elliptische, oder
citronenförmige; immerhin will ich auf letzteren Punkt kein besonderes Gewicht legen.

Die Grösse schwankt sehr erheblich; die Gruppen a, c, e in
den Figuren 4, 5, 6 sind bei 440facher, b, d, f bei 1020facher
Vergrösserung gezeichnet. Die elliptischen und spindelförmigen
Exemplare haben etwa die Grösse von kleinen Hefezellen, und
dieser Umstand mag auch zu der Verwechslung beider beige-
tragen haben.

Von Aussehen sind die Clostridien mattglänzend, nur wenig
lichtbrechend; der durch sie bewirkte optische Eindruck möchte
am besten zu vergleichen sein mit demjenigen der bekannten
Charcot-Leyden'schen Blut-, Sputum- u. s. w. Krystalle. Sie
sind deutlich, aber nicht grell begrenzt. Eine Differenzirung des
Inhaltes habe ich nicht beobachten können, nur ganz ausnahmsweise einmal liessen sich in einem Exemplar ein oder zwei runde
kleine Kreise wahrnehmen, von denen ich es unentschieden lassen
muss, ob es Sporen sind oder Vacuolen. Mitunter freilich erscheinen einige der sonst gleichmässig mattglänzenden Clostridien
wie gekörnt; bei anderer Einstellung des Mikroskopes überzeugt
man sich jedoch, dass es sich hier nur um aufliegende Mikrococcen handelt.

Die Anordnung ist eine ungemein wechselnde. Ausnahme
ist, dass ein Clostridium einzeln liegt; häufiger sieht man zwei,
drei oder noch mehr nebeneinander liegen, in der Art, dass sie
eine zusammenhängende Kette liefern; oder sie bilden Haufen von
6, 10, 20, 30 Individuen. Gar nicht selten, bei sehr reichlicher
Menge trifft man auch noch viel grössere Haufen, von 100 und
noch mehr Individuen, zuweilen in einem Gesichtsfelde mehrere

von ihnen, so dass der grösste Theil des Gesichtsfeldes förmlich von ihnen erfüllt ist. Diese grösseren Gruppen sind auch zuweilen so dicht gedrängt, dass das Ganze eine Art Zooglöa darstellt.

Bewegungen, d. h. active, habe ich nie wahrgenommen.

Alle diese verschiedenen Formen zeichnen sich durch eine sehr bemerkenswerthe Eigenschaft aus: sie werden, genau wie Stärke, durch Jod intensiv blau bis dunkelviolett gefärbt (Lugol's Jod-Jodkaliumlösung). Man kann durch diese Reaction selbst ganz vereinzelte Exemplare in einem Gesichtsfeld, welche vorher der Wahrnehmung entgingen, zur Anschauung bringen. Die weiteren Einzelheiten in dieser Beziehung sind folgende.

Gewöhnlich wird das ganze Bacterium blau gefärbt, wie in Fig. 7, die Mehrzahl in Fig. 8, die grösseren Exemplare in Fig. 11 und 12, 14 und 15. Zuweilen bleibt an dem einen Pol eine ungebläute Stelle, welche nur einen gelben Farbenton annimmt, wie bei Taf. I. in Fig. 7 und 8. Oder es können auch beide Pole ungebläut bleiben, und wenn dann die Clostridien kettenförmig aneinander gereiht sind, kommen Bilder heraus, wie das in Fig. 9, wo immer die beiden gelben Spitzen an einander stossen und die Mitte dunkelblau ist. Gelegentlich sieht man auch ein Verhalten, wie das in Fig. 10 dargestellte: neben kleineren, ganz gefärbten Exemplaren liegen Ketten von anderen, bei denen nur ein blaugefärbtes Centrum besteht, während nicht blos die Pole, sondern die ganze Peripherie ungebläut, d. h. durch das Jod nur gelb gefärbt ist. Dieses Verhalten scheint darauf hinzuweisen, dass bei geringerer Aufnahme des färbbaren Stoffes in den Bacterienleib derselbe zuerst im Centrum sich ablagert. — Bemerkenswerth ist ferner noch, dass man zuweilen, jedoch durchaus nicht regelmässig, beobachten kann, wie um eine sich intensiv ganz hell färbende Gruppe noch ein leicht blau gefärbter Hof liegt; es macht den Eindruck, als lägen die stark gefärbten Clostridien eingebettet in einem rings sie umgebenden, durch Jod schwach färbbaren Medium.

Ist die Beschaffenheit der Stühle — von dem Krankheitsprocess zunächst abgesehen — von Bedeutung für das Auftreten der Clostridien?

Die Reaction der Darmentleerung, ob sauer, alkalisch, neutral, beeinflusst ihre Entwickelung nach keiner Richtung hin. Man kann sie ferner bei jeder Consistenz finden, bei der festen wie bei der

breiigen oder flüssigen; doch kann ihre Menge bei den weicheren
Consistenzgraden bedeutender werden, was allerdings nicht von
einem grösseren Flüssigkeitsgehalt, sondern von anderen alsbald
zu nennenden Momenten abhängt, welche in einem weichbreiigen
Stuhl eher bestehen, als in festen. Besondere Aufmerksamkeit
habe ich natürlich darauf verwendet, festzustellen, ob das Vorhandensein bestimmter Nahrungsstoffe das Auftreten der Clostridien
bedinge bezw. ihre Einwirkung begünstige, namentlich welche Beziehungen zum Amylum bestehen. Folgendes sind die thatsächlichen Verhältnisse. Clostridien können in Stühlen vorhanden
sein, in welchen keine Spur von Stärke nachweislich ist, in denen
Jod nicht die mindeste Bläuung erzeugt, abgesehen eben von den
scharf erkennbaren Clostridien selbst. Ebenso können sie auch in
den Dejectionen vorhanden sein, in denen Ueberreste von Pflanzen-
nahrung, speciell Cuticula und Epidermoidalparenchym, ganz vermisst werden. Jedoch sind in diesen beiden Fällen, d. h. in Stühlen,
die gar kein Amylum und gar keine Pflanzentheile enthalten, die
gar kein Amylum und gar keine Pflanzentheile enthalten, die
Clostridien meist nur sehr spärlich, ja fehlen oft vollständig. So
habe ich sie in den Dejectionen der Typhösen, die während der
fieberhaften Periode in meiner Klinik ausschliesslich mit Milch, Ei,
Bouillon, Wein und Wasser ernährt werden, nur ausnahmsweise
angetroffen.

Reichlich dagegen sind die Clostridien, wenn im Stuhl Stärke
und besonders wenn Pflanzenreste vorhanden sind. Sie müssen
nicht immer in solchen Dejectionen gefunden werden, aber sie
werden doch nur selten vermisst. Ebenso wichtig, wie das Amylum in Partikelchen, schien mir die Gegenwart von Pflanzenparenchymzellen und Pflanzenoberhaut zu sein; erstere brauchen
dabei gar keine Stärkereaction zu geben. Je reichlicher diese verschiedenen Pflanzenbestandtheile, desto massenhafter die Anzahl
der Clostridien. Wenn man ein Stückchen Obstparenchym, von
Zwetschgen u. dergl. herrührend, wie solche so häufig im Stuhle
sich finden, mikroskopisch betrachtet, so entdeckt man auf und
neben den Parenchymzellen grosse Haufen Clostridien, gelegentlich
in Zooglöagruppen von hunderten Exemplaren. Nach Jodzusatz
färbt sich dann gelegentlich die ganze Masse unter dem Mikroskop
gelb oder gelbbraun, und nur die Clostridien erscheinen in ganz

prächtiger Bläuung. Ebenso sitzen sie auf den Pflanzenoberhaut-
(Cellulose-) Stückchen.

Die Bläuung der Clostridien steht im Allgemeinen in geradem
Verhältniss zur Menge der im Stuhl vorhandenen Pflanzentheile
bezw. der Stärke. Sie können ganz intensiv blau werden durch
Jod, auch wenn sonst gar keine Stärkereaction eintritt, falls nur
reichlich Pflanzenparenchym vorhanden ist. Fehlt dieses sowohl
wie die Stärke, dann ist die Bläuung nur wenig ausgesprochen,
und es tritt dann auch am ehesten die nur theilweise Färbung
hervor, wie sie in Figuren 9 und 10 dargestellt ist.

Nächst den Mikrococcen und dem Bacterium termo sind die
Clostridien die am reichlichsten im Stuhl auftretende Bacterienform.
Sie sind kein durchaus regelmässiger Befund, wie die Mikrococcen,
auch nicht ganz so häufig, wie die Hefezellen, wenn sie aber da
sind, dann fast immer reichlicher, wie der Saccharomyces.

In klinischer Beziehung ist zu bemerken, dass sie eine
pathologische Bedeutung nicht besitzen; vielmehr stellen sie einen
ganz physiologischen Befund dar, welcher ebensowohl im normalen,
wie im diarrhoischen Stuhl festgestellt werden und welcher bei den
verschiedensten Erkrankungsformen da sein und fehlen kann. Bemerkenswerth ist ferner, dass gelegentlich bei demselben Kranken,
in dessen Dejectionen die Clostridien sonst regelmässig gefunden
werden, dieselben zeitweise auch vermisst werden können.

Bei der postmortalen Untersuchung des Darminhaltes ist der
höchste mundwärts gelegene Abschnitt, in welchem ich die Clostridien bisher auffinden konnte, der untere Ileumabschnitt;
im oberen Ileum und im Jejunum konnte ich sie bis jetzt nie
nachweisen.

Die vorstehend beschriebene Bacterienform habe ich mit dem
Namen bezeichnet, welchen Prazmowski für dieselbe eingeführt
hat: Clostridium butyricum. Vergleicht man die von diesem Untersucher gegebenen Zeichnungen und Beschreibungen mit den meini-
gen, berücksichtigt man ferner die so überraschende Thatsache der
Jodreaction, so kann es kaum einem Zweifel unterliegen, dass es
sich um dieselbe Bacterienart handelt.

Culturversuche, welche ich angestellt habe, sind bis jetzt ohne
Erfolg geblieben; eine Sporenbildung, Wachsthumsvorgänge habe

ich in meinen bisherigen Versuchen nicht beobachtet. Vielleicht liegt der Grund hiervon in meiner eigenen Ungeübtheit in dieser Richtung; doch bin ich im Augenblick, da mich andere Aufgaben beschäftigen und diese ganze Frage nur nebenher, gelegentlich klinisch-pathologischer Untersuchungen, mir aufstiess, nicht im Stande gewesen, die Culturversuche weiter zu verfolgen. Wegen der Frage, ob diese Bacterienform identisch sei mit dem Amylobacter Clostridium und Urocephalum von Trécul[63], Bacillus Amylobacter von van Tieghem[64], verweise ich auf die angeführte Arbeit Prazmowski's.

In den menschlichen Dejectionen kommt öfters noch eine andere, mit Jod sich bläuende Bacterienform vor, deren Besonderheit bei der einfachen Betrachtung des Objectes, ohne Jodzusatz, nie erkannt werden kann. Dieselbe ist — und zwar nach Jodzusatz — abgebildet in den Figuren 16, 17, 11, 12, 13, 14 auf Taf. I. Zunächst nämlich ist sie gar nicht zu unterscheiden von den gewöhnlichen Mikrococcen und kleinen Stäbchenbacterien; setzt man aber Jod hinzu, so bleiben diese letzteren Bacterienformen immer gelb, während die in Rede stehende Art eine blaue oder violette Färbung annimmt, genau wie die Clostridien, und dadurch sich scharf von der Umgebung abhebt und charakteristisch erkennbar wird.

Man kann zwei Formen dieser kleinsten Organismen unterscheiden, eine kugelige und eine stäbchenförmige. Die erstere (Fig. 16, Zeiss 4 D = 440) geht bis an die Grenze des eben sichtbaren hinunter, so dass man in den kleinsten Exemplaren nur noch einen Punkt erkennt. Die Stäbchen sind ebenfalls sehr zierlich und fein (Fig. 15); bei sehr starken Vergrösserungen (1020 Fig. 15) erscheinen sie an den Enden bald mehr stumpf, bald zugespitzt. Betrachtet man die Bilder in Fig. 13, 11 und 12, so macht es den Eindruck, als führten bei den runden Formen verschiedene Uebergangsstufen zu der Grösse der gewöhnlichen Clostridien.

Die allerkleinsten Formen habe ich nie isolirt, sondern immer nur in Zooglöa-Anordnung, wie in Fig. 16 und 17, gesehen. Ich will damit nicht sagen, dass sie nicht isolirt vorkommen; es ist möglich, dass die einzelnen trotz ihrer Bläuung in dem Gewirre des Fäcalbildes der Wahrnehmung wegen ihrer Kleinheit sich entziehen. Auch die Zooglöahaufen machen bei oberflächlicher Besichtigung anfänglich nur den Eindruck eines blauen Hauches, in dem man erst bei genauerem Zusehen die einzelnen Pünktchen erkennt. Diese Bacterienart kommt zuweilen isolirt ohne Clostridien vor; d. h. auf Jodzusatz treten nur ihre Zooglöahaufen im Stuhl hervor; andere Male sind die oben beschriebenen Clostridien daneben vorhanden, und zwar liegen dann getrennt hier die Clostridien, dort die blauen Zooglöahaufen, oder, was häufiger, sie liegen unter einander. Im letzteren Falle liegen wieder unvermittelt feinste blaue Stäbchen neben gewöhnlichen grossen Clostridien (Fig. 14 und 15) oder von den kleinen blauen Pünktchen finden sich alle allmäligen Uebergänge bis zu den grossen Clostridien (Fig. 13, 12, 11).

Diese kleinsten, durch Jod gebläuten Organismen sind viel seltener, als die obigen Clostridienformen; im Uebrigen aber gilt von ihrem Auftreten im Stuhl ganz dasselbe, wie von letzteren (vergl. oben). Am häufigsten habe ich sie auf Pflanzenparenchymstückchen gesehen, doch liegen sie auch zuweilen entfernt von solchen.

Welcher Art sind diese Organismen? Wegen Mangel an eigenen Culturversuchen kann ich mich über ihre Natur nur ganz vermuthungsweise aussprechen. Zunächst liegt der Gedanke nahe, dieselben in Beziehungen zu den grossen Clostridien zu bringen, als Entwickelungsformen dieser letzteren aufzufassen. Hierfür würde anscheinend namentlich der Umstand sprechen, dass man gelegentlich die verschiedensten Uebergangsformen in demselben Haufen neben einander sieht, wie in Fig. 11 und 13. Ferner könnte man in diesem Sinne folgende Beobachtungen deuten: a. Fruchtstücke aus den Fäces, welche die kleinen punktförmigen und stäbchenförmigen fraglichen Bacterien in sehr grosser Menge darboten, während die eigentlichen grossen Clostridienformen sehr spärlich waren, blieben in einem nur mit einem Uhrschälchen bedeckten Gefäss stehen. Nach 2 bis 3 Tagen, als ich wieder nachsah, waren die ganz kleinen Formen verschwunden, dagegen fanden sich jetzt in grosser Menge mittelgrosse Clostridien und in einer sicher anfangs nicht dagewesenen Anzahl auch die gewöhnlichen grossen. b. Zwischen Deck- und Objectglas wurden durch ringsum aufgetragene Glyceringelatine Gemüsestückchen luftdicht eingeschlossen, an denen in sehr grosser Anzahl ausserordentlich schöne Clostridien in überwiegend elliptischer und citronenförmiger Gestalt, meist in

Zooglöa angeordnet, lagen. Dies Präparat blieb etwa $1\frac{1}{2}$ Wochen lang anscheinend ganz unverändert. Nach $2\frac{1}{2}$ Wochen jedoch war mit Sicherheit festzustellen, dass die Zahl der runden Formen ganz auffällig abgenommen hatte, dagegen waren jetzt in grosser Menge die ganz kleinen punkt- und stäbchenförmigen Formen vorhanden, welche sich mit Jod bläuten. Einmal also Verschwinden der kleinen Formen und Entwickelung grosser Clostridien, das andere Mal umgekehrt; das erste Mal war Luftzutritt gewesen, das andere Mal nicht. Es liegt mir fern, aus derartigen vereinzelten Beobachtungen Schlüsse ziehen zu wollen, wo nur methodische sorgfältige Untersuchungsreihen beweisen können; immerhin können sie angemerkt werden.

Es wäre aber auch denkbar, dass die fraglichen kleinen Organismen mit den Clostridien gar nichts zu thun hätten, eine ganz andere Art wären und von ganz anderer physiologischer Bedeutung. So sei darauf hingewiesen, dass kürzlich Hansen[65] einen Fermentorganismus beschrieben hat, Mycoderma Pasteurianum von ihm genannt, ein Essigsäureferment, welches morphologisch von dem gewöhnlichen Mycoderma Aceti nicht zu trennen ist, sich aber scharf von diesem durch seine Reaction unterscheidet, da Mycoderma Aceti durch Jod gelb und Mycod. Pasteurianum blau gefärbt wird. Handelt es sich etwa um diesen Organismus?*) — Des Weiteren sei daran erinnert, dass vor vielen Jahren bereits Virchow[66] eine bläuliche Färbung der mit Jod behandelten „amorphen" Detritusmasse in dem Auswurf bei Lungengangrän erwähnt hat. Bei ihren Untersuchungen über putride Sputa wiesen Leyden und Jaffe[67] eine auf Jod eintretende theils blaue, theils violette Färbung der Mikrococcen und Stäbchenbacterien nach, welche die Hauptmasse der kleinen bekannten weisslichen Pfröpfe in dem putriden Lungenauswurfe bilden. Sie zeigten auch, dass es sich nicht um Körper der Cellulosereihe handelt, da sie (isolirt gewonnen) bei der chemischen Behandlung sich nicht in Zucker überführen liessen. — Die Bestimmung der Art und Bedeutung der besprochenen Organismen muss also noch offen gelassen werden.

---

*) Ich bemerke übrigens, dass mir das Original von Hansen's Arbeit nicht zu Gebote steht und ich nur nach einem Referat mich richte.

Die vorstehend genannten Bacterien- und Pilzformen sind es, welche man als häufig oder regelmässig im Darm bezw. in den Fäces vorkommend betrachten kann. Andere Arten, z. B. Bacillus Ulna, habe ich so selten gefunden, dass ich dieselben nur als zufälligen Befund ansehen kann; und wieder andere Pilzformen, wie z. B. Oïdium albicans, kommen nur ausnahmsweise in pathologischen Zuständen zur Beobachtung und sollen an anderer Stelle besprochen werden. Frerichs erwähnt auch noch „Frustularien" als selteneren Befund im Dickdarm; ich vermag dieselben nicht recht unterzubringen, am ehesten würde ihre Form und Anordnung (der beigefügten Abbildung gemäss) an die stäbchenförmigen Clostridien erinnern, doch unterscheiden sie sich von diesen durch die „drei blassen Kugeln", welche nach Frerichs' Angabe in der Regel in ihrem Inneren liegen.

Bei der Regelmässigkeit bezw. grossen Häufigkeit des Vorkommens wird man kaum annehmen dürfen, dass die Bacterien und Pilze als ein rein zufälliger, ganz bedeutungsloser Befund im unteren Darm (und in den Fäces) bestehen. Dass sie freilich keine pathologische Bedeutung haben, erscheint im Hinblick auf ihre Existenz bei ganz Gesunden, wie bei den verschiedensten pathologischen Zuständen wohl ganz zweifellos; höchstens könnte dies dann einmal der Fall sein, wenn sie in ganz aussergewöhnlich reichlichen Massen aufträten. Dagegen dürfte ihnen eine physiologische Rolle zufallen. Indem ich eine Verfolgung dieser Fragen für weitere Arbeiten mir vorbehalte, beschränke ich mich hier darauf, im Anschluss an bisher bekannte Thatsachen und Meinungen einige Vermuthungen kurz auszusprechen.

Die nie fehlenden Mikrococcen und Bacterium Termo dürften für die Fäulnissvorgänge in Anspruch zu nehmen sein.

Der Saccharomyces (Hefe) ist vielleicht in Beziehung zu bringen zur Umsetzung des Zuckers.

Bacillus subtilis wurde von Cohn mit der Buttersäuregährung in Verbindung gebracht. Brefeld dagegen spricht nicht von Fermentwirkungen dieser Bacterien; Prazmowski sucht direct nachzuweisen, dass der Bacillus subtilis unter keinen Umständen Buttersäuregährung und auch keine andere Gährung erregen könne und citirt die analogen Ergebnisse von Chamberland. Die Bedeutung dieser Form im Darm steht demnach noch aus.

Das Clostridium butyricum von Prazmowski, welches er mit dem Bacillus Amylobacter Trécul's und van Tieghem's identificirt, ist von Prazmowski als das Ferment der Buttersäuregährung nachgewiesen und als identisch mit dem Vibrion butyrique Pasteur's erklärt worden, und van Tieghem ist neuerdings (1879) dieser Ansicht beigetreten.   Da nun Buttersäure schon längst von verschiedenen Untersuchern und neuerdings wieder von Brieger[68] in den normalen menschlichen Fäces nachgewiesen ist, liegt es ausserordentlich nahe, die Clostridien für die Entwickelung derselben verantwortlich zu machen.   van Tieghem hat früher dieses Bacterium als ein specifisches Ferment der Cellulosezersetzungen betrachtet.   Ich sehe mich ausser Stande, die Richtigkeit dieser Anschauung zu besprechen.

Ob endlich die oben zuletzt beschriebenen kleinen, mit Jod sich bläuenden Bacterien ebenfalls an der Buttersäuregährung betheiligt sind oder vielleicht Essigsäuregährung veranlassen, deren Gegenwart in den menschlichen Excrementen Brieger ebenfalls gezeigt hat, oder ob sie noch andere physiologische Functionen haben, muss noch eine offene Frage bleiben.   Vorderhand kam es mir darauf an, die groben thatsächlichen Befunde festzustellen*).

---

*) Man vergleiche übrigens die soeben erschienene Mittheilung von B. Bienstock: Ueber die Bacterien der Fäces. Fortschritte der Medicin, 1883, No. 19.

8.

Acholische Darmentleerungen ohne Icterus.

Das Vorkommen thonartiger Fäcalmassen bei vollständigem Mangel aller Erscheinungen des Icterus, bei normaler Färbung der Haut und des Bulbus und beim Fehlen der Gallenfarbstoff-Reaction im Urin, ist eine Thatsache, deren hier und da gelegentlich in der Literatur Erwähnung geschieht. So berichtet Bamberger[27]: „in zwei Fällen von unvollkommener Verschliessung des Dickdarms beobachtete ich eine eigenthümliche Veränderung der in grösseren Intervallen abgehenden festen Fäcalmassen. Diese waren nämlich zeitweise vollkommen farblos und thonartig, wie bei ausgebildetem Icterus durch Verschliessung der Gallengänge, obwohl kein derartiges Hinderniss vorhanden war. Den Grund dieser Erscheinung anzugeben bin ich nicht im Stande, vielleicht dürfte sie auf einer Verminderung der Gallensecretion oder auf einer momentan durch mechanische Verhältnisse gehinderten Entleerung derselben beruhen". Gerhardt[107] spricht von aschgrauem Stuhl bei einer tuberculösen Nichticterischen; und derartige vereinzelte Angaben lassen sich noch mehr aus der Literatur zusammenbringen. Dass bei der fettigen und amyloiden Degeneration der Leber, bei der cirrhotischen Verkleinerung des Organes wenig gallig gefärbte oder auch ganz farblose Entleerungen vorkommen können, ist eine übereinstimmend angegebene Erscheinung. Doch ist es ja bekannt, dass die gallenfreien Stühle durchaus nicht die Regel bei diesen Zuständen sind, und dass sehr bedeutende Grade der Degeneration vorkommen können, ohne dass eine Verringerung in der galligen Pigmentirung zu bemerken ist.

Die Fassung des Eingangssatzes „thonartige Fäcalmassen" weist schon genügend darauf hin, dass bei den Vorkommnissen, welche ich hier im Auge habe, die Cholera und die Ruhr nicht miteinbegriffen sein sollen. Die reiswasserähnlichen Entleerungen bei jener, die grauweissen, eitrig-schleimigen Secrete bei dieser sind von der folgenden Besprechung ausdrücklich ausgeschlossen.

Im Laufe der letzten Jahre ist mir eine Reihe von Fällen vorgekommen, in denen acholische Stühle ohne Icterus bestanden. Bereits in der Abhandlung No. 6 vom Jahre 1881 habe ich auf dieselben andeutungsweise aufmerksam gemacht. In diesen Zeilen hier soll nun das Ergebniss der Beobachtuugen kurz zusammengefasst werden.

In sämmtlichen betreffenden Fällen fehlte jede Spur einer icterischen Hautfärbung, einer Gallenpigmentreaction im Urin. Die Hautfärbung war je nach den verschiedenen Krankheitsprocessen verschieden: normal, blassroth, wachsbleich. Die Zahl der täglichen Stuhlentleerungen wechselte bei den verschiedenen Fällen, einmal bis mehrmals täglich; die Consistenz war bald fest, bald dünn.

Die gallige Pigmentirung der Entleerungen fehlte vollständig. Dieselben hatten ein hellgraues, thonfarbenes Aussehen, genau so, wie man es bei vollständiger Verschliessung des Ductus choledochus beobachtet. Die Reaction war in der Regel alkalisch, einige Male neutral oder sauer. Die mikroskopische Untersuchung ergab zunächst die gewöhnlichen Bestandtheile jedes Stuhles: massenhafte Bacterien, unbestimmbare Detritusmassen von der Nahrung, Kalksalze, phosphorsaure Ammoniakmagnesia, oft Clostridium butyricum, und je nach der genossenen Nahrung verschiedenartige Pflanzenreste, zuweilen Partikel, die Stärkereaction lieferten, blasse Muskelfasern und kleine Bruchstücke derselben, gelegentlich Eier von Entozoen u. dergl. Allen diesen Stühlen gemeinschaftlich war aber ein Befund: das Vorhandensein ungemein grosser Fettmassen, grösserer Mengen, als sie sonst im Stuhle anzutreffen sind.

Ich habe mich über das Fett in den Stühlen bereits in der Abhandlung No. 6 ausgesprochen, und erlaube mir zur Vermeidung von Wiederholungen auf das dort Gesagte zu verweisen. Es sei deshalb hier nur bemerkt, dass das Fett zum grössten Theil in Gestalt von Nadeln, die in grossen Büscheln angeordnet lagen, zum geringeren Theil in Tropfenform erschien. Gerhardt a. a. O.

berichtet, dass er an nadelförmigen Krystallen und Krystallbüscheln in den grauen Fäces der Icterischen die deutlichen Tyrosinreactionen erhalten habe, und er spricht dieselben deshalb als Tyrosin an. Ich habe leider die Tyrosinreactionen anzustellen verabsäumt. Da jedoch die von mir gemeinten Krystallbüschel bei Behandlung mit Aether verschwanden, so können dieselben kein Tyrosin, wenigstens nicht in ihrer Hauptmasse, sondern müssen Fett gewesen sein.

Dass das Vorhandensein dieser grossen Fettmengen zur blassen Färbung des Stuhles beitragen möge, soll nicht in Abrede gestellt werden. Doch kann es keinem Zweifel unterliegen, dass die Thonfarbe wesentlich auf Rechnung eines Gallemangels zu setzen ist. Denn wie ich mich bei meinen so zahlreichen Fäcaluntersuchungen überzeugt habe, bietet der Stuhl auch bei recht reichlicher Gegenwart von Fett ein gelbes oder braunes Aussehen dar, sobald nur Gallenpigment in ihm vorhanden ist. Vielmehr dürfte das Verhältniss bei unseren Stühlen in Uebereinstimmung mit der üblichen Ansicht so aufzufassen sein, dass die Fäces sehr viel Fett enthalten, weil die Galle fehlt.

Wie ist nun der Mangel an Galle in diesen Stühlen zu erklären? Dass kein längerer Abschluss der Galle durch ein Hinderniss im Ductus choledochus oder in den Ductus hepatici vorlag, wird einfach und zwingend durch den Mangel jeder Spur von icterischer Verfärbung der Haut und Conjunctiva, durch die gänzliche Abwesenheit der Gallenpigmentreaction im Urin erwiesen. Zu einem Verständniss verhelfen aber auch die klinischen Verhältnisse mit Rücksicht auf die Natur der Krankheitsprocesse nicht. Einmal fand ich diese thonfarbenen Stühle in ausgesprochenster Weise bei einer Leukämischen, welche eine äusserste Blässe der Hautdecken darbot. Ich glaubte schon, die Anämie als solche wäre schuld, indem zu wenig Gallenpigment überhaupt gebildet würde; aber nach etwa 8 Tagen wurden die Excremente wieder gallig gefärbt, trotzdem die Blässe der Patientin dieselbe blieb. Und in vielen anderen Fällen mit hochgradigster Blässe der Haut waren die Stühle dennoch dunkelbraun gefärbt. Am relativ häufigsten fand sich die Thonfarbe bei Phthisischen. Es wäre möglich gewesen, dass vielleicht hier eine bedeutende fettige oder amyloide Degeneration der Leber eine mangelhafte Gallenbildung verschuldete. Aber auch hier verschwand die Thonfärbung immer nach einiger Zeit; und in ein Paar Fällen erwies die Nekropsie gar keine oder nur eine sehr unbedeutende Fettentartung der Leber. Einmal kamen die thonfarbenen Stühle vor bei einem jungen Menschen mit Magen- und Darmkrebs, mehrmals bei Darmcatarrhen, und es ist bekannt, dass sie bei Kindern mit Durchfall (ohne Icterus) keine Seltenheit sind. Wie man sieht, ist ein gemeinsames ätiologisches Moment aus der Natur der Krankheitsprocesse nicht zu ermitteln. Ebensowenig sprechen die Einzelheiten der Beobachtungen für die Annahme, dass etwa die Qualität der Nahrung die Acholie der Entleerungen bedingt habe.

Anhaltspunkte für eine Auffassung scheinen sich jedoch aus einem anderen Verhältnisse zu ergeben. Niemals nämlich war die Entfärbung eine dauernde, über Wochen oder etwa bis zum Tode anhaltende. Immer verschwand dieselbe wieder; entweder nach mehreren Tagen (bis zu einer Woche), oder nach zwei bis drei Tagen. Es kam vor, dass derselbe Kranke an einem Tage einen galligen und einen farblosen Stuhl hatte, ja ich habe gesehen, dass die eine Partie desselben Stuhles thonfarben, die andere braun war. Dieses Verhältniss scheint die Vermuthung nahezulegen, dass es sich weniger um eine mangelnde Bildung, als vielmehr um eine vorübergehende Behinderung in der Ausscheidung der Galle handele. Und zwar möchte ich glauben, dass diese Behinderung in der Gallenblase gelegen sei. Da jedoch keine festen Anhaltspunkte für eine sichere Deutung gegeben sind, so verzichte ich darauf, den Weg der Hypothesen weiter zu betreten. Vielleicht bringen weitere Beobachtungen eine geklärte Auffassung.

9.

Das Verhältniss der Stuhlentleerungen beim chronischen Katarrh*).

Ueber das Verhältniss und die Zahl der Entleerungen beim chronischen Darmkatarrh sind genauere Mittheilungen in der Literatur kaum vorhanden. Allerdings geben alle Beobachter an, dass im Gegensatz zum acuten Katarrh die Entleerungen weniger häufig seien, dass andere Male sogar Verstopfung bestehe, wieder andere Male Verstopfung mit Durchfall abwechsele. Aber in das Einzelne gehen diese Angaben nur selten, und nur ausnahmsweise ist der Versuch unternommen, physiologische Erklärungen für dieses wechselnde Verhalten zu geben. Die klinischen Vorkommnisse zeigen in der That ein noch bunter wechselndes Bild, als man den Buchschilderungen zufolge meinen sollte. Doch gelingt es auch hier vielleicht, die gesetzmässigen Gründe zu finden.

Für die Aufstellung von Schlussfolgerungen ist selbstverständlich von entscheidender Bedeutung die Beschaffenheit und Auswahl des thatsächlichen Materials, der Beobachtungen, aus welchen man die Schlüsse ableitet. Die erste Frage ist also die: wie und unter welchen Verhältnissen diagnosticirt man chronischen Darmkatarrh überhaupt? Diese Frage ist meines Erachtens schwerer zu beantworten, als es auf den ersten Blick erscheint. Denn — hierüber kann kein Zweifel bestehen — nicht Jeder, welcher an chronischer Obstipation, oder umgekehrt an Durchfall leidet und ohne Auswahl nach Karlsbad, Kissingen u. s. w. geschickt wird, hat einen chronischen Darmkatarrh.

---

*) Abgedruckt aus der Zeitschrift für klinische Medicin. VII. Band.

Die Diagnose des chronischen Katarrhs kann klinisch, während des Lebens, und sie kann anatomisch, aus dem Sectionsbefunde, gemacht werden. Virchow[69] hat nur jüngst wieder die nach beiden Richtungen hin entscheidenden Kriterien betont, auf welche es bei der Begriffsbestimmung des Katarrhs ankommt, und welche man festhalten muss, wenn man nicht in Verwirrung gerathen will. Nach Möglichkeit habe ich mich bemüht, solche Beobachtungen für die Schlussfolgerungen zu benutzen, in welchen die anatomische Untersuchung des Darmes geschehen konnte; selbstverständlich, da ein Erwachsener kaum jemals allein an einem chronischen Darmkatarrh stirbt, waren dies Fälle, in welchen der Tod durch eine anderweitige Affection. herbeigeführt war. Anatomisch für mich bestimmend zur Annahme eines chronischen Katarrhs waren folgende Verhältnisse der Schleimhaut im engeren Wortsinn: Verbreiterung der Drüsenzwischenräume, mit abnormer Anhäufung von Rundzellen theils in letzteren theils längs des Brücke'schen Muskels; Anhäufung von braunem oder gelbem Pigment an ebendenselben Oertlichkeiten; falls keine andere venöse Stauung bedingende Complication vorlag, auch eine etwa vorhandene Hyperämie. Ferner jedoch, über die Virchow'sche Forderung hinausgehend, „dass die Schleimhaut an sich da sei, dass sie nicht auf irgend eine Weise zerstört sei", musste ich vom Standpunkte des Klinikers aus auch solche Fälle mit in die Betrachtung ziehen, in welchen diejenigen Veränderungen der Schleimhaut bestanden, welche unter dem Bilde der Atrophie sich darstellend als Folgezustände des Katarrhs aufgefasst werden müssen, und welche ich in einem früheren Artikel geschildert habe. — Bei den ohne anatomischen Befund verwertheten Fällen war für die Diagnose maassgebend der Umstand, dass „von der (vermuthungsweise unversehrten) Schleimhaut ein bewegliches Secret abgesondert wurde". Bei dem einfachen Darmkatarrh hat dieses Absonderungsproduct, wie bereits früher bemerkt und wie ich hier noch einmal ausdrücklich hervorhebe, nicht einen eitrig-schleimigen Charakter, d. h. es besteht nicht aus einem mit vielen Rundzellen gemengten Schleim, sondern entweder aus reinem Schleim mit wenigen Rundzellen, oder höchstens mit einer Beimengung von veränderten Cylinderepithelien. Die nur flüssige wässerige Stuhlentleerung, ohne Schleimbeimengung, ist kein Beweis für einen Darmkatarrh, sie kann vielmehr einfach durch irgendwie gesteigerte Peristaltik zu Stande kommen. Dagegen habe ich die Bedeutung des Schleimes im Stuhl für die Diagnose des Katarrhs früher erörtert.

Der weiteren Darstellung muss ich ferner noch eine einleitende physiologische Bemerkung vorausschicken. Nirgends, meines Wissens, ist in den physiologischen Abhandlungen die Frage besprochen, wie es komme, dass der gesunde Mensch täglich nur einmal Stuhlentleerung habe. Man weiss, dass die Peristaltik im Dünndarm eine sehr rege ist, dass der Inhalt in der Regel binnen 3 bis 4 Stunden vom Pylorus bis zur Bauhin'schen Klappe gelangt. Warum, und diese Frage ist berechtigt, wird der Inhalt nicht weiterhin, nachdem er in das Coecum gelangt, mit gleicher Geschwindigkeit bis zum Anus abwärts bewegt? Wie erklärt sich diese Differenz in der Peristaltik des Dünn- und Dickdarms?

Es ist klar, dass die Ursache nicht in der Beschaffenheit des Darminhaltes gesucht werden kann: denn beim Eintritt in das Coecum ist sie die gleiche wie im untersten Ileum, und doch beginnt in jenem sofort der längere Aufenthalt. Also in der Darmwand muss die Ursache liegen. Und doch lässt sich aus den anatomischen Verhältnissen, wenigstens bis jetzt, eine haltbare Erklärung nicht ableiten. Die Muskulatur des Dickdarmes ist eher stärker und leistungsfähiger als die des Dünndarms. Und die gangliösen Elemente sind in der Wand des ersteren, soviel bekannt, nicht spärlicher als in der des letzteren. Soweit ich sehe, dürfte kaum eine Möglichkeit vorhanden sein, die Entscheidung der Frage auf experimentellem Wege herbeizuführen. Es bleibt meines Erachtens nur eine Auffassung übrig, welche ja freilich auch keine Erklärung ist, sondern nur eine Ableitung aus den Erscheinungen. Die Voraussetzung dieser Deutung ist, dass die Darmperistaltik wesentlich durch die Thätigkeit der Darmwandganglien bedingt ist (ich muss, im Gegensatz zu einigen anderen Forschern, an dieser Auffassung festhalten, und habe die Belege dafür in Abhandlung 1 erörtert). Damit gewinnt man wenigstens eine Analogie mit anderen vom Nervensystem abhängigen Vorgängen, welche sich, mehr oder weniger rhythmisch, periodisch wiederholen. Man könnte dann annehmen, dass — aus allerdings bis jetzt unerklärlichen Gründen — der Erregungsvorgang in den Ganglien des Dünndarms sich öfter abspielt, dagegen in den Ganglien des Dickdarms sehr

viel träger verläuft und im untersten Dickdarm nur alle 24 Stunden
einmal entsteht und zur Peristaltik, d. h. zur Stuhlentleerung führt.
Es handelt sich also um einen präformirten, aus bis jetzt unerklärlichen Ursachen periodisch nur alle 24 Stunden sich wiederholen-
den Erregungsvorgang in den nervösen Apparaten des Dickdarmes.

Mit dieser Auffassung ist die Brücke gegeben zunächst zu einigen
in den physiologischen Grenzen gelegenen Abweichungen von dem
gewöhnlichen Verhalten der regelmässigen, täglich einmaligen Stuhlentleerung. Dieselben kommen bekanntlich nach zwei Seiten hin
vor. Es giebt Individuen, welche bei ganz vollkommenem Wohlbefinden nur jeden zweiten oder dritten Tag eine Stuhlentleerung
haben, andererseits solche ebenso gesunde, welche täglich zwei bis
drei Stühle haben. In solchen Fällen muss man annehmen, dass
der normale Erregungsvorgang der Peristaltik, wie Leichtenstern sich ausdrückt, anders „eingestellt“ sei als bei den meisten
anderen Menschen, ebenso wie es ganz gesunde Individuen giebt,
die nur 50—60 oder andererseits 80—90 Pulsschläge haben gegenüber den bekannten sogenannten Normalzahlen.

Die Verhältnisse der Stuhlentleerung beim chronischen idiopathischen Darmkatarrh*) gruppiren sich folgendermassen:

In einer Reihe von Fällen besteht ausgesprochene Stuhlträgheit, die Kranken haben nur jeden zweiten bis vierten Tag,
öfter sogar nur mit Hülfe von Abführmitteln, eine feste Entleerung.
Ich bemerke alsbald, dass meines Erachtens die Stuhlträgheit
das eigentliche und wesentliche, wenn ich so sagen darf,
das physiologische Verhalten beim einfachen chronischen
Katarrh des Dickdarms ist; alle anderen Modificationen der
Entleerungen werden durch zufällige und gelegentliche anderweite
Verhältnisse bedingt. Eine Anzahl derartiger Fälle habe ich anatomisch nach dem Tode genau untersucht. Makro- wie mikroskopisch fanden sich in ganz typischer Weise die oben erwähnten, den
chronischen Katarrh kennzeichnenden Veränderungen, mehrmals mit
bedeutender Atrophie der Schleimhaut; es ist überflüssig, näher

*) Auf die Verhältnisse bei den Stauungszuständen im Darm komme ich
weiter unten gesondert zu sprechen.

darauf einzugehen. Die Localisation anlangend, so handelte es sich fast immer um eine auf den Dickdarm beschränkte Erkrankung, gewöhnlich bis zum Coecum hinaufreichend; war auch der Dünndarm ergriffen, so war dies doch in viel geringerem Grade der Fall. Klinisch hatten sich die Katarrhe ganz allmälig entwickelt, ohne bestimmte nachweisliche Ursachen, oder sie waren aus einem acuten Beginn hervorgegangen, und hatten Monate oder Jahre bestanden. Die Kranken waren an Carcinomen des Magens, Leukämie, Hirntumoren u. s. w. zu Grunde gegangen.

So in kurzen Zügen das Bild dieser Form. Woher die Verlangsamung der Peristaltik? Viele Beobachter schreiben der Darmmuskulatur als solcher direct den Hauptantheil an der Entstehung der Obstipation zu. Dieselbe nehme bei länger bestehenden Katarrhen stets an den abnormen Ernährungsvorgängen innerhalb der Schleimhaut theil und „erschlaffe". Dass eine functionelle Betheiligung der Muskulatur eintreten könne, ist nicht in Abrede zu stellen; dass sie freilich nicht regelmässig eintreten müsse, beweisen die Fälle von chronischem Katarrh mit Durchfall. Oefters findet sich sogar thatsächlich, wie ich mich durch directe Messungen überzeugt habe, bei bestehender Schleimhautatrophie auch eine Massenabnahme der Muscularis. Andererseits möchte ich aber doch betonen, wie ich anderwärts bemerkt habe (vergl. Aufsatz No. 12), dass sehr häufig weder makro- noch mikroskopisch bei selbst sehr bedeutenden alten Katarrhen eine Veränderung der Muskulatur sich erkennen lässt. Und so wird man dahin geführt, die Ursache der Obstipation in einer Verringerung der automatischen Thätigkeit — wohlverstanden nicht Verminderung der Erregbarkeit durch abnorme äussere Reize — der nervösen Apparate des Darmes zu suchen, welche eben durch den Process des chronischen Katarrhs veranlasst wird. In der That hat diese Anschauung manches für sich, und in dieser allgemeinen Fassung kann man ihr wohl beipflichten. Sobald man freilich die Ursachen dieser Thätigkeitsverminderung im Einzelnen darzulegen sucht, kommt man zu wenig befriedigendem Ergebniss.

Indessen ist ja vor Allem nicht die Möglichkeit von der Hand zu weisen, dass in den nervösen Apparaten des Darmes selbst unter dem Einflusse des chronisch-katarrhalischen Processes Ernährungsstörungen sich entwickeln, welche eine Verminderung der

Thätigkeit zur Folge haben. Obwohl histologische Untersuchungen hierüber bis jetzt nicht vorliegen, bin ich doch geneigt, auf dieses Moment ein ganz besonderes Gewicht zu legen. Des Genaueren stelle ich mir das Verhältniss folgendermassen vor: In Folge der Veränderungen in den nervösen Apparaten sinkt ihre automatische Thätigkeit, welche in der 24stündigen Periode wiederkehrt und zur Entleerung führt. Damit ist aber sehr wohl vereinbar eine normale oder selbst gesteigerte Erregbarkeit gegen Reize nach Analogie anderer nervöser Apparate, bei denen auch eine Verringerung der normalen automatischen Thätigkeitsäusserungen mit einer Erhöhung der Erregbarkeit gegen ungewöhnliche Reize nebeneinander bestehen kann.

Leichtenstern [19], welcher wesentlich in einer mangelhaften Thätigkeit des Darmmuskels selbst die Ursache der Stuhlträgheit sucht, verlegt den Sitz derselben „zum grössten Theil in den Dünndarm". Er beruft sich auf die Thatsache, dass man öfter bei Herz- und Leberkranken mit entwickeltem chronischem Darmkatarrh bereits im unteren Dünndarm ungewöhnliche Eindickung des Inhaltes finde. Ich werde nachher noch besonders auf das Verhalten des Stuhles bei Herz- und Leberkranken zurückkommen und darlegen, dass ich in solchen Fällen gerade bei überwiegender Betheiligung des Dünndarmes neben der des Dickdarmes Durchfall gesehen habe, wohlverstanden, wenn es sich um wirkliche katarrhalische Veränderungen handelte, und nicht um eine blosse venöse Hyperämie; und ich weiss nicht, ob Leichtentern dies scharf auseinander gehalten hat. Dann geht aus dem vorstehend Gesagten bereits hervor, dass bei ausschliesslicher oder überwiegender Affection des Dickdarms Verstopfung vorhanden ist.

In einer zweiten Reihe findet beim chronischen Katarrh täglich eine Entleerung statt, der Zahl nach also ganz wie im gesunden Zustande. Indessen besteht dabei in der Regel ein verändertes Verhalten in der Qualität des Stuhles, insofern, als derselbe allerdings hin und wieder von normaler Festigkeit sein kann, für gewöhnlich jedoch mehr weich-breiig und sehr oft auch ungeformt ist. Vielfältige Untersuchungen lehrten, dass diese weiche Beschaffenheit nicht immer in gleicher Weise zu Stande kommt. Einmal ist sie veranlasst durch eine innige Mengung der Fäcalmassen mit (aus den höheren Darmabschnitten stammendem) Schleim, ein anderes Mal durch grösseren Wassergehalt, endlich gelegentlich auch durch Beimengung von viel Fett. Letzteres namentlich dann, wenn der Dünndarm in weiter Ausdehnung mitergriffen ist, das zweite dann, wenn es sich um ausgedehnte Schleimhautatrophie des Dünn- und Dickdarms handelt. Im Ganzen ist diese zweite Reihe nicht eben bedeutend der Zahl nach.

Sehr oft dagegen begegnet man einer dritten Modification, so oft sogar, dass einige Beobachter diese als das charakteristische Merkmal des chronischen Darmkatarrhs ansehen wollen. Es ist dies das Abwechseln zwischen Durchfall und Verstopfung. Die Analyse einer grossen Zahl von Beobachtungen, welche ich in dieser Richtung gesammelt habe, ergiebt, dass auch in dieser Ab-wechselung eine gewisse Regelmässigkeit und Periodicität besteht. Einige Beispiele mögen als Typen dies illustriren.

22jähr. Dame bekam vor mehreren Monaten auf einer Reise, während der Stuhl bis dahin normal gewesen war, plötzlich Durchfall, täglich 12—15mal. Diese häufigen Entleerungen hörten nach einigen Tagen auf und nun ent-wickelte sich folgendes Verhalten. Mehrere Tage hintereinander erfolgte täg-lich nur eine nicht ganz feste, aber doch ziemlich normale Entleerung; dann kamen während eines, aber nur während eines einzigen Tages 4—7 Entlee-rungen mit mässigen Kolikschmerzen; dann wieder mehrere Tage lang täglich ein ziemlich fester Stuhl u. s. w. Seit etwa zwei Wochen hat sich dieses Ver-halten insofern geändert, dass an die Stelle der täglichen festeren Entleerungen eine mehrtägige Verstopfung getreten ist, dann der Tag mit mehreren flüssigen Entleerungen unter Kolikschmerzen, dann wieder Verstopfung u. s. w.

Oder: 21jähr. Dame, bis zum 17. Jahre gesund; vor 4 Jahren begann ohne bekannte Ursache Diarrhoe, welche gelegentlich auf einige Monate ver-schwand, aber immer wiederkehrte, bis sich seit jetzt einem halben Jahre der folgende ganz regelmässige Cyklus herausgebildet hat: 2—4 Tage lang be-steht Verstopfung; dann erfolgt an einem Tage ein fester normaler Stuhl, und dann treten in den nächsten zwei Tagen je 5—6 Stühle auf, unter mässigen Schmerzen und Kollern im Leibe und starkem Tenesmus; dabei in diesen Tagen viel Aufstossen mit schlechtem Geschmack und Appetitmangel; dann wieder mehrtägige Verstopfung u. s. w.

Oder: 29jähr. Banquier leidet seit einer Reihe von Jahren an folgendem Zustande: 2—3 Tage lang erfolgt täglich ein sehr fester harter Stuhl, unter Schmerzen im Anus. Am nächsten Morgen wird er dann durch Stuhlandrang aus dem Schlafe erweckt und nun erfolgen an diesem Tage 4—6 ganz dünne oder weiche, mit Schleim gemengte Stühle; dabei fast beständige, über den ganzen Leib verbreitete, ziemlich heftige Schmerzen; am folgenden Tage Ver-stopfung u. s. w.

In Fällen wie die vorstehenden spielen sich — falls keine

ungewöhnlichen diätetischen oder sonstige Schädlichkeiten dazu
treten — die Vorgänge fast mit der Regelmässigkeit eines Uhr-
werkes ab: ein paar Tage mit Verstopfung oder festem Stuhl, und
dann an einem Tage mehrere dünne Stühle, und zwar bemerkenswerther Weise die letzteren immer unter Leibschmerzen. Diese
Periodicität ist in der That auffällig und mahnt an die bekannten
Erfahrungen, dass man die Stuhlentleerungen unter dem Einflusse
der Gewöhnung auf bestimmte Stunden verlegen kann. — Die Erklärung für das hier vorliegende Verhalten der Stuhlentleerungen
möchte ich so geben. Der Grundcharakter ist wie in der ersten
Reihe die Stuhlverstopfung; die Thätigkeit der nervösen Apparate
des Darmes ist aber noch nicht so bedeutend gesunken wie dort.
Demgemäss wird nach einigen Tagen die Peristaltik entstehen,
deren grössere durch den stagnirenden Darminhalt angeregte Energie
— für welche auch die kolikartigen Leibschmerzen sprechen —
man vielleicht in Vergleich setzen kann mit den Verhältnissen der
Athmung bei dem Cheyne-Stokes'schen Phänomen. Auch unter
ganz normalen Verhältnissen ereignet es sich ja schon, dass wenn
irgendwie z. B. in Folge des unregelmässigen Lebens während einer
Reise eine mehrtägige Obstipation eingetreten war, dann einige
dünnere Entleerungen unter Leibschmerzen erfolgen.

Des weiteren kommt dann eine andere Art der Abwechslung
zwischen Verstopfung bezw. regelmässigem täglichem Stuhl und
Durchfall vor, welche meines Erachtens nicht in den physiologischen Verhältnissen bedingt, sondern durch äussere Momente veranlasst ist. Es sind dies die bekannten Fälle, in denen die Perioden des einen oder des anderen Verhaltens länger währen, Tage,
Wochen, Monate, und ganz unregelmässig ohne bestimmten Typus
sich ablösen. Soweit ich derartige Fälle verfolgt habe, bin ich zu
der Meinung gelangt, dass hier die ganz regellos auftreten-
den Perioden der Diarrhoe stets durch zufällig unter-
laufende Schädlichkeiten veranlasst werden, deren Effect
man dahin zusammenfassen kann, dass sie eine acute Steigerung des chronischen Processes bedingen. Es ist ja auch von
anderen Schleimhäuten her bekannt, wie leicht bei chronisch-
katarrhalischer Erkrankung derselben jede selbst leichte Schädlich-
keit eine Steigerung des Processes veranlasst. Und so kann dies
hier beim Darm namentlich häufig geschehen, da im längeren Ver-

lauf des Processes die Aufmerksamkeit der Kranken auf das beim Darmkatarrh die erste therapeutische Stelle einnehmende diätetische Verhalten nachlässt. Dass beim acuten Katarrh jedoch Durchfall besteht, ist ja eine alltägliche Erfahrung, und ich selbst habe experimentell die Steigerung der Peristaltik bei demselben nachgewiesen.

Sehr oft berichten die Kranken bezw. lehrt die fortlaufende Beobachtung derselben, dass sie viele Monate lang, oder selbst seit Jahren an Durchfall leiden. Scheidet man auch, soweit es die Angaben der Kranken betrifft, eine Reihe von Fällen aus, welche bei genauerem Nachforschen das im vorhergehenden Absatz besprochene Verhalten (Abwechseln von Obstipation und Diarrhoe) ergeben, so bleibt doch immer noch eine gewisse Anzahl, bei welcher in der That eine tägliche mehrmalige dünnere Stuhlentleerung, eine Diarrhoe unter Umständen besteht, welche anscheinend einen Darmkatarrh annehmen lassen.

Die Untersuchung dieser Fälle hat mich zu folgendem Ergebniss geführt. Viele derselben sind gar keine einfachen Katarrhe, sondern es handelt sich um Geschwürsbildungen irgend welcher Art, sei es chronisch-dysenterische oder dysenterische oder follikuläre und Erosionsgeschwüre; dies ergiebt sich theils aus der Anamnese, theils aus der Untersuchung der Stühle (Blut und Eiter gelegentlich), theils habe ich mich mehrfach davon durch die Section überzeugen können. Es ist ja richtig, dass im klinischen Bilde der Darmverschwärungen Durchfälle vollständig fehlen können. Wenn aber bei einem Kranken, dessen Zustand den Eindruck eines chronischen idiopathischen Darmkatarrhs macht, monatelang täglich 3 — 6 Stühle auftreten, so muss man meiner Erfahrung nach Ulcerationen wenigstens für sehr wahrscheinlich halten.

Dann bleibt ein Rest von Fällen, welche in der That anatomisch nur als Katarrhe sich darstellen, und bei denen monatelang eine mehrmalige tägliche Stuhlentleerung erfolgt, meist zwei bis drei, selten vier überschreitend, gelegentlich auf einen sinkend. Diese Fälle bieten aber gewisse Eigenthümlichkeiten gegenüber der ersten der oben genannten Reihen, wo nämlich Stuhlträgheit besteht. Bei dieser letzteren handelt es sich, wie oben gesagt, um chronische primäre Dickdarmkatarrhe, hier dagegen um Dick- und Dünndarm-Katarrh. Den Beweis für die Betheiligung des Dünn-

darms habe ich theils unmittelbar durch den Leichenbefund erheben
können, theils sprach die Untersuchung der Stühle dafür. Wenn
man nämlich in derartigen Fällen regelmässig die Dejectionen untersucht, so findet man allerdings nicht täglich, aber doch recht oft
Anhaltspunkte in denselben, welche auf Dünndarmaffection hinweisen: diffuse Gallenpigmentreaction, oder die von mir beschriebenen gelben Schleimkörper oder gallig gefärbte Epithelien oder
auch gallig gelb gefärbte kleine Rundzellen. Ich will nicht behaupten, dass beim chronischen Katarrh des Dünn- und Dickdarmes
Durchfall bestehen muss; nur das soll gesagt sein, dass. wenn
wirklich nur ein chronischer Katarrh (anatomisch) besteht, der mit
andauernder Diarrhoe einhergeht, dass man dann mit einer an
Sicherheit grenzenden Wahrscheinlichkeit neben dem Dickdarm auch
den Dünndarm als betheiligt annehmen kann.

Die Frage würde nun sein, wie sich dieses Verhalten gegenüber demjenigen beim alleinigen Dickdarmkatarrh erkläre. Vielleicht ist es in folgender Weise aufzufassen: Beim Katarrh leidet
die verdauende Fähigkeit des Dünndarmes, die Nahrungssubstanzen
können in demselben weniger umgewandelt werden, und dieselben
werden, namentlich bei unzweckmässiger Auswahl, als Reiz auf die
erkrankte Schleimhaut einwirken. Die an sich schon lebhafte Dünndarmperistaltik wird damit noch mehr gesteigert, und der Inhalt
wird in so zu sagen unverdauter Beschaffenheit in den Dickdarm
befördert. Dieser letztere hat bekanntlich mit der Verdauung selbst
nichts zu thun; er erhält aus dem Dünndarm alle Substanzen, soweit überhaupt möglich, bereits verdaut. Ist dies nun, wie unter
den eben angedeuteten Bedingungen, nicht der Fall, so werden die
wenig verdauten Massen reizend auf seine im chronisch-entzünd-
lichen Zustand befindlichen Wandungen einwirken, und der Effect
ist raschere Peristaltik auch in ihm, d. h. Durchfall. Dass diese
Auffassung die richtige ist, kann ich natürlich nicht behaupten; ich
habe aber keine bessere an ihre Stelle zu setzen.

Es ist nun noch ein weiteres Verhältniss denkbar, wenn es
auch in Wirklichkeit nicht häufig vorkommt: nämlich ausschliesslicher chronischer Katarrh des Dünndarms, mit Freibleiben
des Dickdarms. Soweit meine Erfahrung reicht, besteht in diesen
Fällen kein Durchfall, was sich sehr wohl mit dem im vorigen
Absatz Ausgesprochenen vereinigen lässt. Denn wenn auch der

Inhalt weniger verdaut in den Dickdarm kommt, so wird er doch nicht dessen Peristaltik wesentlich anregen, weil kein Katarrh in demselben besteht.

Um es zusammen zu fassen, so würden sich die Stuhlentleerungen beim chronischen idiopathischen Katarrh so verhalten:

1. bei ausschliesslicher Betheiligung des Dickdarmes — meist und als physiologische Regel Stuhlträgheit; nur selten eine tägliche Entleerung;

2. bei ausschliesslicher Betheiligung des Dünndarmes — ebenfalls Stuhlträgheit;

3. bei Betheiligung des Dünn- und Dickdarmes zugleich kann anhaltender Durchfall bestehen;

4. beim Dickdarmkatarrh kann die Stuhlträgheit von Diarrhoe unterbrochen werden, und zwar entweder in ganz regelmässig wiederkehrenden mehrtägigen Zwischenräumen, oder in ganz unregelmässigen Pausen. Die Auffassung dieses von der Regel abweichenden Verhaltens habe ich oben dargelegt.

Neben diesen Formen kommen nun gelegentlich noch andere Bilder vor, die sich zuweilen durch ein sehr eigenthümliches Verhalten kennzeichnen. So giebt es Fälle, die dadurch ausgezeichnet sind, dass eine pathologische Entleerung an eine bestimmte Mahlzeit sich anschliesst. Derartige Fälle sehen sich in den Hauptzügen alle gleich; es wird deshalb genügen, wenn ich zur Erläuterung einige jüngst beobachtete hersetze. Da die Beobachtungen der Consiliarpraxis entnommen sind, denn in die Klinik kommen solche Kranke kaum je, mögen die Lücken in den Angaben entschuldigt werden.

Etwa 30jähr. Kaufmann, kräftig gebaut, muskulös, gut genährt, von frischrothem Aussehen. Vorweg sei bemerkt, dass die objective Untersuchung Alle Organe gesund ergiebt; auch am Abdomen ist nichts aufzufinden, es besteht nicht einmal Druckempfindlichkeit an demselben.

Bis vor etwa 6 Jahren hatte Patient ganz regelmässigen Stuhl, täglich einmal; damals begann, ohne bekannte Ursache, ganz allmälig die auch jetzt wieder bestehende Veränderung des Stuhles. Nach etwa zweimonatlichem Bestehen derselben wurde eine Karlsbader und Kaltwasser-Kur gebraucht, und darauf bestand zwei Jahre lang vollständiges Wohlbefinden; dann begann wieder die krankhafte Veränderung, welche nun seit 4 Jahren bis jetzt währt.

Pat. hat des Morgens zwischen 8—9 Uhr seinen ganz regelmässig und ohne Beschwerden erfolgenden Stuhl, der aber nur ausnahmsweise ganz fest und geformt, gewöhnlich weicher ist. Dann vollkommenes Wohlbefinden bis Mittags 2 Uhr; Pat. setzt sich mit grösstem Appetit zu Tisch (überhaupt bestanden nie functionelle Störungen seitens des Magens). Da wird er entweder schon nach der Suppe oder erst nach dem Fleisch plötzlich von ziemlich bedeutenden Kolikschmerzen, über das ganze Abdomen verbreitet, befallen, welche ihn zwingen, schleunigst hinauszugehen. Er hat eine breiig-weiche, nie ganz flüssige, gelegentlich mit festeren Ballen gemengte Entleerung; der Schmerz hört auf, Pat. kehrt zu Tisch zurück, isst mit grösstem Appetit weiter und hat nun bis zum nächsten Morgen weder Schmerz noch Stuhl. — Seltene Ausnahmen sind es, wenn Schmerz und Stuhl schon vor dem Essen erfolgt, oder wenn etwa eine Stunde nach dem Essen noch einmal eine oder gar zwei Entleerungen erfolgen.

Gelegentlich kommen einmal ein paar Wochen vor, in welchen Patient nur des Morgens einen festeren Stuhl hat. Vor einigen Wochen trank er im Anschluss an eine solche Periode ein wenig Bitterwasser; danach trat eine wirkliche Diarrhoe mit dünnen Stühlen auf, die erst vor mehreren Tagen wieder dem gewöhnlichen Zustande Platz machte.

Bemerkenswerth ist, dass der Vater, ein Onkel und ein Bruder an einer analogen Abnormität der Stuhlentleerung leiden sollen.

Einige nach den beschriebenen Schmerzanfällen des Mittags entleerte Stühle waren theils schmierig-breiig, theils dünnflüssig, mit festeren kleinen Ballen gemengt; beide dunkelbraun, ohne Gallenpigmentreaction. Schleim war weder makroskopisch noch mikroskopisch mit Sicherheit nachzuweisen. Mikroskopisch fanden sich die gewöhnlichen Kothbestandtheile, einmal sehr viele Muskelfasern, ein anderes Mal nur spärliche; nie eine Stärkereaction. obwohl die gewöhnliche gemischte Kost genossen war. —

Oder: Bei einer 29jährigen verheiratheten Amerikanerin ist seit etwa 10 Jahren ohne bekannte Ursache der gegenwärtige Zustand eingetreten; nur während der beiden Graviditäten machte derselbe vom 4. Monat ab dem normalen Verhalten Platz, um nach der Entbindung alsbald wiederzukehren.

Zuweilen hat Pat. nur des Morgens nach dem Frühstück einen normalen Stuhl. Meist jedoch ist das Verhalten so: Nach dem Frühstück ein normaler, d. h. geformter Stuhl, dann Ruhe bis Mittag. Unmittelbar nach dem Essen, so dass sie häufig noch vom Tisch aufstehen muss, erfolgt unter starkem Drängen eine flüssige Entleerung, selten zwei, dabei Kollern im Leibe. Dann oft Ruhe bis zum andern Tage, gelegentlich aber auch noch im Anschlusse an das Abendessen eine flüssige Entleerung. Nur sehr selten kommt es vor, dass eine flüssige Entleerung ohne unmittelbar voraufgängige Nahrungsaufnahme erfolgt. Appetit immer vortrefflich, niemals Erscheinungen seitens des Magens. — Der Stuhl 10 Minuten nach dem Essen ist dünn, mit schmierig-breiigen Bröckeln, hellbraun, mit deutlicher Gallenpigmentreaction; enthält einen sehr grossen Schleimfetzen. Mikroskopisch die gewöhnlichen Kothbestandtheile. ziemlich viel Muskelfasern und Fett, aber keine Stärke, trotzdem Patientin Amylaceen gegessen.

Es dürfte nicht zweifelhaft sein, dass in Fällen, wie den mitgetheilten, es sich um pathologische Zustände handelt, die anatomisch höchst wahrscheinlich als Katarrh aufzufassen sind. Dass keine präformirte Anlage, keine einfache, nur etwas ungewöhnliche physiologische „Einstellung" der Darminnervation vorliegt, dafür sprechen verschiedene Umstände. Erstens die Thatsache, dass der Zustand ein erworbener, erst seit einer nachweislichen Reihe von Jahren bestehender ist. Zweitens, dass bei dem einen eine Karlsbader Kur ein vollständiges längeres Verschwinden bewirkt. Drittens, dass in dem anderen abnorm grosse Schleimmengen im Stuhle sich finden. Endlich, dass vorübergehend Tage nach einander vorkommen mit normalen Stuhlentleerungen. Das Auffällige nun besteht darin, dass einmal des Tages, nämlich Morgens, eine annähernd normale Entleerung erfolgt; daneben aber noch eine zweite, welche unmittelbar an die Nahrungseinfuhr sich anschliesst, also wohl durch dieselbe veranlasst wird. Diese letztere Entleerung besteht einmal offenbar aus Dick- und rasch befördertem Dünndarm-Inhalt (Gallenpigmentreaction), das andere Mal nur aus dünnem Dickdarminhalt. Die Energie der Peristaltik muss dabei offenbar eine gesteigerte sein, denn die Kranken empfinden lebhaftes und sogar schmerzhaftes Kollern im Leibe und Drängen.

Wie kommt diese Art der Stuhlentleerung zu Stande? Traube sprach seinerzeit die Meinung aus, dass die Peristaltik des ganzen Darmes von jedem beliebigen Punkte desselben und auch vom Magen aus angeregt werden könne. Ich glaube experimentell dargethan zu haben (vergl. Aufsatz No. 2), dass diese Ansicht, so allgemein gefasst, nicht zutreffend ist, wenigstens nicht für den Normalzustand. Doch sprechen gewisse, unter pathologischen Verhältnissen zu beobachtende Vorkommnisse dafür, dass in der That zuweilen die Meinung Traube's sich bestätigt. So würde man denn annehmen müssen, dass hier die Einfuhr der Speisen in den Magen die Peristaltik des Darmes anrege. Dass wirklich vom Magen selbst aus diese Anregung geschieht, und nicht etwa durch den Uebertritt des Inhaltes in das Duodenum, das wird wohl durch die sofort nach der Einführung der Suppe in den Magen erfolgende Entleerung bewiesen. Warum aber wirkt dann nicht jede Nahrungseinfuhr, z. B. beim Abendbrot, in derselben Weise? Diese auffällige Erscheinung drängt wieder dazu, auf die nervösen Einflüsse bei der Peristaltik zurückzugreifen, das Periodische in den

Thätigkeitsäusserungen derselben — womit freilich, selbst wenn diese Meinung richtig ist, noch keinerlei Erklärung der auffälligen Erscheinung gegeben ist. —

Sonderbar gestaltet sich wieder das Bild in anderen Fällen von chronischem Katarrh, in welchen die Stuhlentleerungen nie bei Tage, sondern nur in der Zeit von spät Abends bis früh Morgens erfolgen. Auch dieser Rhythmus weist wieder auf das Eingreifen nervöser Einflüsse hin. So habe ich, um ein derartiges Beispiel kurz anzuführen, monatelang sehr genau folgenden Fall beobachtet:

Ein an grauer Degeneration der Hinterstränge leidender 51jähr. Mann will seit vielen Jahren die gegenwärtige Art der Stuhlentleerungen haben, die übrigens immer ohne Leibschmerzen abgesetzt werden. Die Entleerungen erfolgen fast ausnahmslos in der Zeit von etwa 7 Uhr Abends bis 7 Uhr Morgens, und zwar meist drei an der Zahl; der erste etwa 7 Uhr Abends, der zweite und dritte in einem 1—2stündigen Zwischenraum des Morgens von 6—8 Uhr. Nur ausnahmsweise hat der Kranke einmal zwei Entleerungen, die eine des Morgens, die andere des Abends; oder umgekehrt vier, davon dann drei des Morgens schnell hintereinander. Interessant und constant zugleich ist auch die Beschaffenheit der Stühle. Die meisten von ihnen enthalten mehr oder weniger Schleim und sind breiig oder ganz dünn. Höchst auffällig aber ist, dass der Abendstuhl und der erste des Morgens fast immer sehr stark sauer reagirt, der letzte meist neutral oder alkalisch, zuweilen schwach sauer. Zugleich sind die beiden letzten oder doch der letzte morgendliche Stuhl hellgelb oder grün und geben deutliche Gallenpigmentreaction, der Abendstuhl ist dunkler, braun und ohne Gmelin'sche Reaction.

Ich bin weit entfernt, zu meinen, dass mit dem Vorstehenden alle Möglichkeiten der Stuhlentleerungen, wie sie beim chronischen Darmkatarrh sich gestalten können, erschöpft seien; doch dürften die hauptsächlichsten der vorkommenden Formen geschildert sein. Als wichtigstes theoretisches Ergebniss scheint mir aus demselben hervorzugehen, dass die nervösen Einflüsse bei den Verhältnissen der Peristaltik auch im Zustande des chronischen Darmkatarrhs eine sehr bedeutende Rolle spielen, dass sie es überwiegend sind, welche die Gestaltung der Entleerungen bedingen.

———————

Auf den vorstehenden Seiten handelte es sich immer um den primären chronischen Katarrh; auf den jetzt folgenden soll etwas näher auf die Verhältnisse eingegangen werden, welche sich bei den venösen Stauungszuständen im Darm finden. Seit ein paar Jahren habe ich diese Zustände genau verfolgt. Es bedarf kaum der Erwähnung, dass die überwiegende Summe der einschlägigen und für die Beobachtung benutzten Fälle Herzkranke betraf.

Alle Autoren — mit wenigen Ausnahmen — geben an, wenn sie das Capitel von dem Einflusse der Klappenfehler auf den Verdauungsapparat abhandeln, dass die venöse Hyperämie der Darmschleimhaut zur Entwicklung von Katarrhen führe, und dass diese Katarrhe in der Regel mit Stuhlträgheit einhergehen; nur ausnahmsweise einmal bestehe Durchfall. Die Stuhlträgheit wird theils auf eine Verminderung der Darmsecretion, theils auf eine Trägheit der Peristaltik bezogen. — Die Analyse einer erheblichen Anzahl von Beobachtungen, zum Theil mit makro- und mikroskopischer Untersuchung nach dem Tode, hat mir folgendes Ergebniss geliefert, welches ich kurz zusammenfasse:

1. So lange der Klappenfehler gut compensirt ist, verhält sich der Stuhlgang wie im Normalzustande.

2. Wenn Compensationsstörungen eintreten, wenn namentlich Hydrops universalis und stärkere Cyanose sich entwickeln, dann wird der Stuhl in der Regel träge. Gegen Ende des Lebens, wenn in der bekannten Weise die Cyanose immer mehr überhand nimmt, stocken in den letzten Tagen die Entleerungen ganz; doch kommt gelegentlich auch das Gegentheil vor, nämlich mehr oder weniger reichliche Durchfälle.

3. Endlich in einer dritten Reihe bestehen bei ausgesprochener Compensationsstörung durch Monate abwechselnd Durchfälle und normaler, selbst angehaltener Stuhl.

Die erste Reihe bedarf keiner weiteren Erörterung; die Individuen mit vollständig compensirtem Klappenfehler verhalten sich bezüglich ihres Darmes wie Gesunde.

Von den Fällen der zweiten Reihe habe ich eine Anzahl nach dem Tode genau makro- wie mikroskopisch untersucht. Das Resultat lautet: es bestand hier bedeutende Cyanose des Darmes, venöse Hyperämie des Dick- und Dünndarms, ektatische und angefüllte Venen in der Mucosa und Submucosa — aber entweder gar kein Zeichen eines Katarrhs oder höchstens im Dickdarm solche Veränderungen, welche einen alten chronischen Zustand kennzeichnen, gelbes Pigment in der Mucosa und Untergang der Drüsen mit Verschmälerung der Schleimhaut.   Der letztere Fall würde in seinen physiologischen Wirkungen dem idiopathischen chronischen Dickdarmkatarrh gleichzusetzen sein (vergl. oben). — Cyanose und seröse Schwellung des Darmes ohne Katarrh würden eine träge Peristaltik zur Folge haben.   Diese Erscheinung hat nichts Ueberraschendes.   Allerdings lehren die physiologischen Versuche, dass Stauung des Blutes im Darme durch Verschluss der Vena portarum oder cava inferior zuweilen schwache Bewegungen hervorruft, dass ziemlich starke Peristaltik ganz gewöhnlich durch dyspnoische Blutbeschaffenheit angeregt wird; freilich hat letztere unter Umständen auch gerade umgekehrt Beruhigung vorhandener Bewegungen zur Folge.   Aber in allen diesen Versuchen handelt es sich um acut geschaffene Veränderungen.   Etwas ganz anderes ist es mit der chronischen venösen Hyperämie bei der Stauung.   Abgesehen davon, dass unter ihrem Einflusse vielleicht gewebliche Veränderungen sich allmälig entwickeln, darf man doch wohl annehmen, dass bei dem dauernd ungenügenden Zufluss normal sauerstoffhaltigen Blutes allmälig die Function der nervösen Apparate beeinträchtigt wird, dass ihre Erregbarkeit, bezw. ihre automatische Thätigkeit sinkt; wenigstens drängen zu dieser Annahme verschiedene klinische anderweite Erfahrungen.   Und so wäre die Ursache der Stuhlträgheit bei den venösen Stauungen im Darm nicht in einem Katarrh zu suchen, sondern in der durch die chronische venöse Hyperämie als solcher bedingten Veränderung der Nerventhätigkeit.   Gewiss wird man auch die Frage aufwerfen müssen, ob nicht die Darmmuskulatur wesentlich an der Stuhlträgheit mitbetheiligt sei, indem dieselbe in Folge seröser Durchtränkung und Schwellung functionsuntüchtiger geworden sei. Ich will nicht in Abrede stellen, dass dieses Moment mitspielen mag, muss jedoch bemerken, dass ich in Fällen, wo während des Lebens bedeutende Verstopfung bestanden, öfters gar keine Veränderung an der Muskulatur, sondern nur venöse Hyperämie der Mucosa und Submucosa feststellen konnte; und umgekehrt fand ich gerade sehr bedeutende Verdickung und seröse Durchtränkung mehrmals bei Herzkranken, die an andauernden Durchfällen gelitten hatten.

Die dritte Reihe, die Fälle mit Diarrhoe oder Stuhlträgheit

und Diarrhoe abwechselnd, betraf solche Individuen, bei welchen neben der venösen Stauung die mikroskopische Untersuchung zweifellose Zeichen eines ausgesprochenen Katarrhs nachwies, namentlich eine reichliche Anhäufung von Rundzellen in der Mucosa; und zwar fand sich hier die katarrhalische Veränderung sowohl im Dünn- wie im Dickdarm. Es würde demnach diese Kategorie sich ebenso verhalten bezüglich der Peristaltik wie die analoge Reihe des idiopathischen Katarrhs. Uebrigens habe ich bei Herzkranken im Stadium der Compensationsstörung mit Durchfällen mehrmals auch die anatomischen Zeichen des Katarrhs o h n e eine ausgesprochene venöse Hyperämie des Darmes überhaupt gefunden, wie es ja bekannt ist, dass selbst beim Vorhandensein dieser letzteren durchaus nicht alle Partien des Darmes gleichmässig hyperämisch zu sein brauchen: einmal ist der Dickdarm stark, der Dünndarm wenig hyperämisch, und die einzelnen Strecken dieser Abschnitte selbst können sich wieder ganz verschieden verhalten, so dass normal aussehende mit dunkel gefärbten abwechseln.

10.

Diagnostische Bemerkungen zur Localisation der Katarrhe*).

Zu wissen, welchen Abschnitt des Darmcanals eine katarrhalische Erkrankung, sei diese acut oder chronisch, primär oder
secundär, ergriffen hat, ist eine Frage von nicht blos theoretischem,
sondern auch praktischem Interesse. Denn die Behandlung wird
eine andere sein müssen und sein können, wenn das Jejunum oder
wenn das Colon descendens betheiligt ist. Demgemäss finden sich
auch bei den meisten Schriftstellern, welche die Darmaffectionen
ausführlicher besprechen, Erörterungen nach dieser Richtung hin.
Indessen weiss der mit der Literatur und den thatsächlichen Verhältnissen Vertraute, dass hier noch viel Unsicherheit besteht —
man lese nur die Arbeiten von Bamberger[27], Leube[29], Widerhofer[33], Habershon[70], Damaschino[71] u. A.; verschiedene Angaben bei einzelnen Autoren scheinen sogar mehr auf aprioristischem
Wege gebildet, als der fortgesetzten Untersuchung am Krankenbett
und Leichentisch entnommen zu sein. Es ist vielleicht deshalb
nicht überflüssig, diesen Gegenstand auf Grund eigener Beobachtungen von Neuem zu erörtern. Indessen werde ich mich auf die
Mittheilung dessen beschränken, was mir neu oder von Bekanntem
abweichend oder nicht genügend betont erscheint, dagegen allbekannte Dinge nur im Vorübergehen oder gar nicht erwähnen.
Aber, lohnt es denn überhaupt, mit dieser Frage sich zu be-

---

*) Abgedruckt aus der Zeitschrift für klin. Medicin. Bd. IV.

schäftigen, ist es denn festgestellt, dass auf einzelne Darmabschnitte beschränkte Katarrhe vorkommen?

Dass das Colon, ja selbst das Rectum allein ergriffen sein könne, wird von Niemand bezweifelt. Anders steht es mit dem Dünndarm. Mehrere Beobachter meinen, dass eine katarrhalische Affection nie im Dünndarm allein, sondern immer zugleich im Dickdarm localisirt sei. Woodward[28] wenigstens, um einen der Neuesten namhaft zu machen, spricht sich in seinem ausgezeichneten Werk wörtlich so aus: „certainly, for myself, I must state, that neither at the Army Medical Museum nor in any of the autopsies I witnissed in the military hospitals during the war, did I never encounter a single case of diarrhoea, whether acute or chronic, in which the small intestine alone was involved". Diese Annahme Woodward's geht aber über das Ziel hinaus. Richtig ist, dass auf den Dünndarm ausschliesslich beschränkte Katarrhe sehr selten sind, aber sie kommen vor. Und zwar meine ich nicht blos die Fälle, wo neben acutem Magencatarrh der obere Dünndarmabschnitt mitleidet, sondern man trifft auch hin und wieder chronische Katarrhe des Jejunum-Ileum, wo der Process plötzlich und scharf mit der Bauhin'schen Klappe abschneidet. Wesentlich häufiger noch sind die Fälle, wo allerdings neben dem dünnen noch der dicke Darm ergriffen ist, letzterer jedoch so wenig, sei es bezüglich der Ausdehnung, sei es der Stärke des Processes, dass im klinischen Bilde die Dickdarmaffection gar nicht zur Geltung kommt. Danach wäre es doch von Belang, Zeichen zu besitzen, aus denen man eine isolirte Dünndarmläsion erkennen könnte, die dann auch zugleich geeignet wäre zur Feststellung, ob im concreten Falle neben dem Colon noch der Dünndarm ergriffen ist.

Es giebt aber auch Fälle, in welchen z. B. nur das Colon ascendens neben dem Jejunum-Ileum ergriffen ist, oder wo der Process an der Flexura lienalis coli als tiefstem ergriffenem Punkte abschneidet. Die Frage erhebt sich, ob es möglich ist, wenn nicht mit Sicherheit, so doch mit annähernder Wahrscheinlichkeit zu bestimmen, dass der obere Colonabschnitt ergriffen sei. —

Durchaus fern liegt es mir, die Bedeutung des Icterus, des Tenesmus, der umschriebenen, genau fixirten Schmerzen und ähnliche allbekannte und unbestrittene Verhältnisse mit Rücksicht auf die Diagnose der Darmerkrankungen, insbesondere der Localisation des Katarrhs hier zur Sprache zu bringen. Mein Bestreben ist es, einige neue Anhaltspunkte in dieser Hinsicht aufzustellen und einige andere etwas unklare zu erörtern.

Welche Schlüsse lassen sich aus dem Verhalten der Stühle entnehmen.

a) Der Schleim. Nachdem wir in der sechsten Abhandlung auf die pathologische Bedeutung des Schleimes in den Stühlen überhaupt hingewiesen, wollen wir an der Hand der Beobachtungen untersuchen, ob die Art und Weise, wie derselbe in den Dejectionen auftritt, irgend welche Rückschlüsse gestattet bezüglich des Sitzes der Erkrankung. Das wenige in dieser Beziehung bisher Geltende fasst Leube in die Worte zusammen: „zuweilen wird beim Stuhlgang zeitweise überhaupt nur Schleim entleert, was immer auf Katarrh des Mastdarms hinweist, ebenso spricht für eine Entzündung des Dickdarms die Einhüllung der Skybala mit Schleimmassen". Ich glaube, dass das Thatsächliche hiermit nicht erschöpft ist, und muss auch zu der Leube'schen Formulirung, welche im Wesentlichen allerdings das Richtige giebt, weswegen ich auf diese Verhältnisse nicht ausführlicher einzugehen brauche, eine kleine Ergänzung machen.

Dass die Entleerung reinen Schleimes ohne Kothbeimengung auf Katarrh des Mastdarms hinweist, ist vollständig zutreffend; nur muss man hinzufügen, dass in solchen Fällen der Schleim auch noch aus dem S. romanum und unteren Ende des Colon descendens stammen kann. Nicht zutreffend dagegen ist der Satz, dass die Einhüllung der festen Kothballen in Schleim für eine Entzündung „des Dickdarms" spricht. Hier muss es heissen: des Rectum und untersten Colon, etwa bis zur Flexura lienalis coli hinauf. Wir werden sehen, dass für die oberen Abschnitte des Dickdarms, Coecum, Colon ascendens und transversum andere Verhältnisse bestehen.

Früher habe ich bereits betont, dass eine ganz dünne Schicht Schleimes auf einer grossen, umfänglichen Kothsäule, so dass letztere nach einiger Zeit wie lackirt aussieht, an sich noch nicht auf einen wirklichen katarrhalischen Zustand hinweist, obwohl ein solcher unter derartigen Verhältnissen sich leicht herausbilden kann. Dagegen dürfte stets ein Katarrh des Mastdarms und untersten

Dickdarms anzunehmen sein, wenn selbst kleine, wenig umfängliche Kothballen mit Schleim bezogen sind.

Weniger beachtet ist ein anderes Verhalten, gleichsam die
Umkehr des soeben besprochenen. Ein Beispiel mag dasselbe
erläutern.

I. J., 20jähr. Mann, hochgradige Kyphose mit starker Deformität des
ganzen Thorax; bedeutendes Emphysem der Lungen und diffuser chronischer
Bronchocatarrh; Cyanose, Hydrops. — Am 7. August zwei, und am 9. August
ein breiiger Stuhl, äusserlich ohne eine Spur sichtbaren Schleimes, auch die
mikroskopische Untersuchung ergiebt nichts bemerkenswerthes im Stuhl. Am
10.—12. August liegt Pat. meist somnolent und nimmt sehr wenig Nahrung
zu sich. Am 13., zwei Stunden vor dem Tode der letzte Stuhl. Dieser besteht aus einzelnen, wenig umfänglichen, knolligen Ballen, die ganz fest,
braungelb sind. Auf diesen Ballen haften nur an ein paar vereinzelten Stellen
ganz kleine, erst bei genauer Besichtigung bemerkbare Schleimpartikelchen, in
denen ganz spärlich verschollte Cylinderepithelien sich finden. — Section.
Starker Katarrh mit Schwellung und undurchscheinendem Aussehen der
Schleimhaut in Duodenum, Jejunum und oberem Ileum. An letzterer Stelle
und im unteren Jejunumtheil zahlreiche Ecchymosen und ziemlich reichliche-
blutiger Schleim im Darm. Weiter abwärts im Ileum, im Coecum, Colon ascendens und transversum der Katarrh kaum angedeutet. Im Colon descendens,
der Flexura sigmoidea und im Rectum wieder ziemlich starke katarrhalische
Schwellung und venöse Hyperämie, und auf der Schleimhaut eine dicke
Schicht grauweissen zähen, festanhaftenden Schleimes, sonst kein Inhalt in
diesen Abschnitten.

Der gesammte unterste Darm also bis zur Flexura lienalis
coli aufwärts war im Zustande starken Katarrhs mit einer dicken
Schleimschicht bedeckt, welche sicherlich nicht in den letzten
Lebensstunden producirt war. Nichtsdestoweniger fand sich auf
dem Stuhl so gut wie gar kein Schleim, weder auf dem früheren,
noch auf dem letzten nur zwei Stunden vor dem Tode entleerten.
Dies erklärt sich vielleicht aus dem geringen Umfange der Kothballen einerseits, der sehr innigen Adhäsion des zähen Schleimes
an der Darmwand andererseits; jedenfalls jedoch lehren Beobachtungen wie die vorstehende, dass trotz starken chronischen
Katarrhs im Rectum und Colon descendens mit beträcht-
licher Schleimbildung der Stuhl nicht immer mit Schleim
überzogen zu sein braucht, d. h. man darf nicht ohne weiteres wegen mangelnder Schleimeinhüllung der Scybala
einen chronischen Katarrh des untersten Darmabschnittes
ausschliessen.

In der 6. Abhandllung habe ich eine eigenthümliche Mischungsart des Schleimes mit dem Darminhalt geschildert, dergestalt, dass
man mit blossem Auge von der Anwesenheit des Schleimes zuweilen gar nichts wahrnimmt. Hingegen entdeckt man mikroskopisch in dem sich weich und gleichmässig (wie Butter) zwischen
Object- und Deckglas drückenden Koth eine grosse Menge von
kleinen, hyalinen, weissgrau durchscheinenden Stellen, Inselchen,
die aus Schleim bestehen; es handelt sich um eine ganz innige
Mischung von kleinen Schleimpartikeln mit festem oder fest-
breiigem Darminhalt, wobei der Stuhl wohlgeformt ist oder wenigstens Andeutung von Formung zeigt, niemals eine flüssige Beschaffenheit hat. Auf diese Mischungsart kann man bestimmte
Schlüsse für die Localisirung gründen. Zur Erläuterung einzelne
Beobachtungen.

11. 7jähr. Kind J., Meningitis tuberculosa, Cat. intestinalis. Die Darmentleerung während des 10tägigen Aufenthaltes im Krankenhause eher träge,
täglich oder einen Tag um den anderen erfolgend. Der Stuhl ist gelb, spärlich, breiig, nicht deutlich geformt, drückt sich unter dem Deckglas homogen
weich; reagirt alkalisch. Makroskopisch kein Schleim zu finden. Giebt keine
Gallenpigmentreaction. Mikroskopisch: Kugel- und Stäbchenbakterien, viele
zertrümmerte Tripelphosphate und gelbe Kalksalze, unbestimmbarer Detritus
und durch das ganze Gesichtsfeld zerstreut sehr viele grössere und kleinere
hyaline, aus Schleim bestehende inselförmige Stellen. — Section. Inhalt
des ganzen Dünndarms bis zur Bauhin'schen Klappe hin dünn, schleimig; in
den oberen Abschnitten ausgesprochene Gallenpigmentreaction, gegen die
Klappe hin immer mehr abnehmend. Im Coecum Inhalt viel dicker, schmierig-
breiig, und die Gallenpigmentreaction hört ein paar Centimeter unterhalb
der Klappe plötzlich auf. Im Colon transversum nach der lienalen Flexur zu
besteht der Inhalt aus einzelnen hellgelben Kothballen, welche mit einer
dünnen Schleimschicht bezogen sind und mikroskopisch in ihrem Inneren dieselben hyalinen Schleiminseln erkennen lassen, wie der während des Lebens
entleerte Koth.

Die Schleimhaut des ganzen Dünndarms von oben bis zur Klappe ist
durchweg geröthet, geschwellt, glasig, glänzend; die solitären und Peyerschen Follikel etwas vergrössert; im unteren Ileum einzelne umschriebene
Tuberkelknötchen. Auch im Anfang des Colon ascendens noch Katarrh, aber
weniger ausgesprochen als im Dünndarm. Vom Colon transversum an hört
der Katarrh auf.

Mikroskopisch im Jejunum und Ileum eine leichte Kernvermehrung
und Zellanhäufung um die Gefässe der Submucosa. Lieberkühn'sche Drüsen
im Wesentlichen normal; aber reichliche Lymphoidzellanhäufung in den Interstitien zwischen den Drüsen und im Brücke'schen Muskel und auch in den

Zotten. Im Colon dagegen von der Flexura lienalis an gar nichts Besonderes nachzuweisen, keine Zeichen eines entzündlichen Vorganges.

Im vorliegenden Fall bestand ein acuter bezw. subacuter Katarrh im ganzen Dünndarm und Colon ascendens, während vom Colon transversum abwärts derselbe fehlte. Dabei kein Durchfall; keine äusserlich sichtbare Schleimbeimengung in den Stühlen, dagegen eine innige Mischung des breiig-festen Kothes mit Schleim.

Schluss: Hyaline nur mikroskopisch nachweisbare Schleimklümpchen, mit dem festen oder breiig-festen Koth innig gemischt, ohne makroskopisch sichtbaren Schleim, weisen auf Katarrh des oberen Dickdarmes — ohne Betheiligung von dessen unteren Abschnitten — bezw. des Dünndarmes hin.

Bezüglich des oberen Dickdarmes sind weitere Ausführungen und Belege durch einzelne Krankengeschichten wohl kaum erforderlich. Der aus dem Colon ascendens stammende Schleim mengt sich bei der ganz langsamen Fortbewegung innig mit der Kothmasse, welche im weiteren Verlaufe des Colon immer mehr eingedickt und geformt wird. Besteht dann etwa auch noch Katarrh mit schleimiger Absonderung im weiteren Verlaufe des Colon bis in das Rectum hinein, dann wird man nicht blos den Schleim im Inneren der Scybala finden, sondern derselbe wird in der vorher angegebenen Weise dieselben auch aussen beziehen.

Eine andere Reihe von Fällen habe ich verfolgt, die Stühle mehrere Wochen lang beobachtet und post mortem den Darm makro- und mikroskopisch untersucht — die Casuistik mit den Einzelheiten beizubringen, ist bei der Einfachheit der Verhältnisse überflüssig — wo die Sachlage folgende war: Katarrh des Dickdarms und Mastdarms bis zur Ileocöcalklappe hinauf, Dünndarm frei; jedoch die Stühle dabei nicht fest, sondern schmierig oder dünnbreiig, nicht eigentlich flüssig, bestehend aus schmierig-breiigen Fäcalmassen mit kleinen aber makroskopisch sichtbaren glasigen Schleimfetzen innig untermengt, daneben grössere Schleimfetzen auf der Oberfläche vorfindlich. Wenn also bei Katarrh des ganzen Dickdarms bis zum Coecum hinauf die Dejectionen dünner sind aus irgend einem Grunde, so sind auch hier die flüssig-breiigen Fäcalsubstanzen innig durchmengt mit kleinen Fetzchen von Schleim, nur dass

letzterer hier schon makroskopisch erkennbar ist. Vom
blossen Katarrh des Rectum bezw. des Colon descendens unterscheiden sich diese Fälle eben durch die innige Mengung von
Schleim und Fäcalsubstanz.

Es bleibt nun eine weitere Frage zu beantworten. Vorhin
sagte ich, dass das Vorhandensein von hyalinen Schleiminseln im
Koth hinweise auf das Bestehen eines Katarrhs im oberen Dickdarm bezw. Dünndarm. Als Beweis für die letztere Möglichkeit
möge folgendes Beispiel dienen:

III. Frau R., 69 Jahr, Carcinoma ventriculi, Atrophia intestini crassi,
Catarrhus intestini tenuis. Aus der Geschichte des sehr interessanten Falles,
auf welchen wir später noch einmal bei anderer Gelegenheit ausführlich zurückkommen werden, sei hier nur Folgendes hervorgehoben. Der Stuhl sehr
träge, nur alle 4—8 Tage einmal durch Clysmata werden einige spärliche
kleine Bröckel entleert. Auf diesen ist nur einmal eine Spur anhaftender
Schleim zu sehen, sonst ist makroskopisch gar nie Schleim zu bemerken.
Mikroskopisch in den kleinen, gleichmässig sich drückenden Kothballen: viele
grössere und kleinere hyaline Schleiminseln, Kugel- und Stäbchenbakterien,
Bacillus subtilis, viele Fettnadeln. Trümmer von Tripelphosphaten, gelbe Kalksalze, Pflanzenreste u. s. w. — Section. Enorme Ausdehnung des Coecum,
Colon ascendens, transversum und des Beginnes des descendens, die angefüllt
sind mit sehr grossen Mengen weich-breiigen Kothes; im Rectum und S romanum kleine Kothballen. Die Schleimhaut des ganzen Dickdarms glatt, ohne
jede Injection, aber etwas grau erscheinend; die Darmwand insgesammt sehr
dünn, an vielen Stellen deutlich durchscheinend. Im Jejunum Schleimhaut
streckenweise geröthet, im ganzen Ileum ist die Röthung stärker ausgesprochen,
in dessen mittlerem Abschnitt erscheint die ganze Darmwand sogar streckenweise verdickt. Die solitären Follikel und Peyer'schen Plaques sind etwas pro-
minent und mit grau-schwärzlichen Punkten dicht besetzt (shaven beard-
appearance). Aus dem mikroskopischen Befunde, der wie gesagt später
noch ausführlich besprochen werden soll, sei hier nur hervorgehoben, dass die
Schleimhaut des ganzen Dickdarms durchaus geschwunden ist und ersetzt
durch ein mässig zellenreiches Bindegewebe, in welchem nur noch hier und da
vereinzelt abgeschnürte Reste der Lieberkühn'schen Drüsen zu bemerken sind.
Auch im Ileumende streckenweise noch Schwund der Drüsen, im übrigen Ileum
und Jejunum die Zeichen des chronischen Katarrhs.

Fälle, wie der vorstehende, berechtigen zu einem bestimmten
Schluss. Die Schleimhaut des Dickdarms ist durchaus atrophisch,
die Drüsen fehlen bis auf minimale Spuren vollständig. Daraus
folgt, dass der im Koth vorhandene, mit ihm innig gemengte
Schleim nicht aus dem Dickdarm stammt, sondern bereits aus dem
Ileum gekommen sein muss. Also: innige Mengung von Koth mit

Schleiminseln weist nicht nur auf Katarrh des oberen Dickdarms, sondern auch auf solchen des unteren Dünndarms hin.

Soweit meine Erfahrung bis jetzt reicht, habe ich, wenn bei Katarrh der obere Dickdarmabschnitt mit ergriffen war und sobald überhaupt Fäcalsubstanzen und Schleim zusammen entleert werden, diese innige Mengung beider nie vermisst, sei es in der Form, dass in dem mehr festen Koth die kleinen Schleiminseln nur mikroskopisch nachweislich sind, sei es, dass in mehr breiig-dünnem Stuhl schon makroskopisch die kleinen Schleimfetzen innig gemengt vorkommen. Es bedarf ja andererseits keiner weiteren Ausführung, dass z. B. bei einer schweren dysenterischen auch bis zur Klappe hinaufreichenden Dickdarmerkrankung dieses Verhalten fehlen muss, wenn nur eitriger Schleim entleert wird; ebenso wie umgekehrt bei hochgradiger ulceröser Dysenterie die Schleimbildung im Dickdarm überhaupt so verschwindend werden kann, dass von Schleim im Stuhl nichts zu finden ist, wenn zwischendurch fäcaloide aus dem untersten Dünndarm stammende Massen entleert werden.

Ob dagegen bei blossem Dünndarmkatarrh immer Schleim in der in Rede stehenden Form im Stuhl vorhanden sein muss, vermag ich nicht mit Bestimmtheit auszusagen. Da ja die Fälle von reinem Jejuno-Ileum-Katarrh ohne jede Mitbetheiligung wenigstens des oberen Dickdarms überhaupt sehr selten sind, und noch seltener geeignete derartige Fälle zur Section kommen, ist mein Beobachtungsmaterial für die Entscheidung zu gering.

Die sogenannte sagokornähnliche Form des Schleims auf katarrhalisch-ulceröse Localisation im Dickdarm zu beziehen, sehe ich mich deshalb ausser Stande, weil ich dieselbe nicht gesehen und gerade da, wo sie am häufigsten vorkommen soll, bei den dysenterischen Ulcerationen, vermisst habe. Wohl aber muss ich noch einer anderen Art, in welcher der Schleim im Stuhle erscheinen kann, bezüglich der Localisation gedenken — der in der ersten Abtheilung geschilderten, durch Gallenpigment gefärbten, sogenannten gelben Schleimkörner. Alle Male, wo dieselben in den Entleerungen gefunden wurden und es zur Section kam, bestand Katarrh des Dickdarms und Dünndarms oder vorwiegende Betheiligung des letzteren; nie kommen sie bei ausschliesslichem Dickdarmkatarrh vor. Besonders möchte ich noch ihr gar nicht seltenes Vorkommen beim Ileotyphus hervorheben, also bei einem

Process, wo ja in der Regel der untere Abschnitt des Dünndarms
in Mitleidenschaft gezogen ist. Der diagnostische Werth dieser
Gebilde beruht jedoch nicht in der Form, sondern in der galligen
Tinction, worauf weiter unten noch eingegangen werden soll. Man
könnte nun freilich meinen, dass die gelben Schleimkörner erst im
Dickdarm sich bilden. Dies mag zuweilen vorkommen, jedoch ist
in dieser Hinsicht meines Erachtens entscheidend, dass ich dieselben bei der postmortalen Durchmusterung des Darminhaltes
schon im untersten Ende des Ileum und im Coecum angetroffen
habe. Mit Rücksicht auf alle diese Verhältnisse darf man wohl
folgenden Satz aufstellen: kleine gelbe Schleimkörner in den
Entleerungen zeigen eine Affection des Dünndarms an.

b) Gallenfarbstoff. Bekanntlich giebt der Inhalt des Dickdarms keine Gallenpigmentreaction, während das schönste Farben-
spiel, mit dem intensivsten Grün beginnend, durch Zusatz von
rauchender Salpetersäure zum Jejunalinhalt hervorgerufen werden
kann. Genauere Angaben über die Einzelheiten bezüglich der örtlichen Verhältnisse im Dünndarm hat schon Frerichs[23] vor Jahren
gemacht. Derselbe betonte die bereits im Verlaufe des Dünndarms
selbst vorschreitende Umsetzung der Galle: „der Farbstoff geht
allmählich vom Grünlichen in's Braune über, gegen die Cöcalklappe
hin erscheint er oft schon intensiv braun gefärbt. Der auf Zusatz
von Salpetersäure eintretende Farbenwechsel wird immer unbe-
stimmter, die braune Farbe geht zuletzt sofort in die schmutzig
rothe über". Ich habe diese Angaben nachgeprüft und mich von
ihrer vollständigen Richtigkeit überzeugt. Das für unsere Zwecke
wichtigste Ergebniss ist, dass bei ganz gesundem Darm und unter
Verhältnissen, welche keine pathologische Verstärkung der Dünndarmperistaltik annehmen lassen, fast immer etwas oberhalb der
Bauhin'schen Klappe, sicher aber dicht unterhalb derselben die
charakteristische Gmelin'sche Probe nicht mehr erzielt werden
kann. Als ausgesprochen, deutlich habe ich die Gallenpigment-
probe nur dann angesehen, wenn der Farbenwechsel mit schönem
Grün einsetzte; wenn dieses undeutlich war, dagegen blau und
violett sehr schön hervortraten, wurde die Probe als undeutlich
bezeichnet; im Uebrigen als negativ.

Aus dem Vorstehenden folgt, dass eine deutliche, etwa bis

zur Flexura coli hepatica oder bis zum Ende des Colon transversum zu verfolgende Gallenpigmentreaction — wie ich dieselbe bei Darmleiden oft an der Leiche festgestellt habe, ohne dass die Stühle während des Lebens eine solche hätten erkennen lassen — immer eine durch irgend welche Verhältnisse bedingte raschere Fortbewegung des Inhaltes durch das untere Ileum und den betreffenden oberen Abschnitt des Colon anzeigen muss. Selbstverständlich jedoch entzieht sich dieses Verhalten der Feststellung im Leben, d. h. es hat keine Bedeutung für die Diagnose. Wenn dagegen typische Gallenpigmentreaction an den Dejectionen oder wenigstens an einzelnen Bestandtheilen derselben nachweisbar ist, dann würde man daraus auf eine pathologische Peristaltik im ganzen Dickdarm und im unteren Dünndarm schliessen können, und je nach der sonstigen Beschaffenheit der gallig pigmentirten Theile blos auf vermehrte Peristaltik oder auf Katarrh des Dünndarms mit solcher.

Dass man Gallenpigmentreaction an den Dejectionen erhalten kann unter pathologischen Verhältnissen, ist natürlich eine allbekannte Thatsache. Doch scheinen eingehendere Untersuchungen in dieser Hinsicht sehr wenig angestellt zu sein; wenigstens finde ich in der Literatur entweder nur diese Angabe überhaupt, oder es wird gesagt, dass namentlich die grünlich-gelben Stühle bei der Enteritis acuta infantum Gallenpigmentreaction geben, oder es wird ganz kurz (von Leube) bemerkt: „es wäre die Diagnose eines Dünndarmkatarrhs erlaubt, wenn die Dejectionen die Bestandtheile und Producte der Duodenal- und Dünndarmsecretion in grösserer Menge enthalten: unzersetzte Galle“, . . . u. s. w.

Vorhin deutete ich an, dass die Pigmentreaction entweder diffus durch den Stuhl gehen oder an einzelnen Bestandtheilen desselben haften kann. Vorweg ist es deshalb in letzterer Beziehung von Wichtigkeit, klarzustellen, welche Bestandtheile etwa schon in normalen Stühlen gallig pigmentirt sind, und welche andererseits stets ungefärbt sind. Eine gallige Pigmentirung dieser letzteren würde dann zu bestimmten Schlüssen berechtigen.

Im normalen Stuhl sind mehr oder weniger stark durch Galle gelb gefärbt: 1) die Muskelfasern und deren verschiedene in ihrem Aussehen veränderte Bruchstücke; 2) das in Abhandl. No. 6

beschriebene Salz, dessen Basis durch Kalk gebildet ist, dessen
Säure ich unbestimmt lassen musste; 3) die Hefezellen; 4) zuweilen, aber nicht häufig, Pflanzenbestandtheile; 5) öfters eine
Reihe von grösseren und kleineren amorphen Körnchen und Klümpchen, Detritusmassen, wenn man diesen unbestimmten Ausdruck
gelten lassen will, welche wohl mit der Nahrung in Verbindung
gebracht werden müssen. Alle diese Bestandtheile sind aber im
normalen Stuhl in so geringer Masse vorhanden, dass sie nicht im
Stande sind, eine deutliche oder auch nur schwache, immerhin
jedoch noch zweifelhafte Gallenfarbstoffreaction zu veranlassen.

An der Masse eines festen oder auch nur leidlich geformten
Stuhles habe ich nie die Gmelin'sche Probe positiv ausfallen sehen.
Sobald eine Fäcalmasse deutlich Gallenpigment enthält, ist sie
immer mehr oder weniger dünn, oder wenigstens dünnbreiig, eigentlich selbstverständlich, denn wenn dieselbe lange genug im Dickdarm verweilt, um zu einer festeren Beschaffenheit einzudicken, so
wird auch das Gallenpigment umgewandelt.

Ziemlich selten giebt ein Stuhl durchweg die Reaction. Am ehesten sieht man dies bei den grünen oder grüngelben,
gallenartigen, durchweg innig mit Schleim gemengten oder überwiegend aus diesem bestehenden Dejectionen bei der Enteritis acuta
infantum. Bei Erwachsenen kommen derartige Stühle erheblich
seltener vor, doch sah ich sie von ausgesuchter grasgrüner Farbe
und herrlichster diffuser Gallenpigmentreaction bei einer schweren
Dysenterie, wo der ganze Dickdarm ulcerös zerstört und das Ileum
makro- wie mikroskopisch stark katarrhalisch ergriffen war, und
die dysenterischen eitrig-blutigen Stühle durch die genannten abgelöst wurden; ferner in den wässerigen Stühlen einiger an Typhus
exanthematicus Erkrankten u. s. w.

Viel häufiger bemerkt man die pathologische Gallenbeimengung
an einzelnen Partien, sei es im festen, breiigen oder dünnen Stuhl:
im ersten Falle überziehen dünnere Massen die festen, oder jene
liegen vollständig gesondert neben diesen, die dünnen eben aus
dem Dünndarm, die festen aus dem Dickdarm stammend. Diese
dünnen Massen sind höchst selten reine Fäcalmassen, sondern meist
entweder mit solchen gemischter Schleim, oder auch reiner Schleim;
hauptsächlich an diesem haftet das unveränderte Gallenpigment. Auch in durchweg dünnen bezw. selbst wässerigen

Stühlen sind es die beigemischten dunkel-, orange-, ockergelben oder grüngelben oder grünen Schleimfetzen, welche die Pigment-reaction liefern; die wässerige Flüssigkeit selbst thut es nur selten in ausgesprochenerem Maasse.

Beachtenswerth ist ferner, dass in demselben Stuhl nebenein-ander ungefärbter glasiger oder auch durch braune Kothbestandtheile gefärbter Schleim ohne jede Gallenreaction und solcher mit höchst charakteristischer Reaction vorkommen kann — ersterer stammt dann aus dem Dick-, letzterer aus dem Dünndarm.

Dass die oben erwähnten gelben Schleimkörner dieselbe Bedeutung haben wie die galliggefärbten Schleimfetzen, bedarf mit Rücksicht auf das bisher Gesagte keiner weiteren Ausführung.

Einzelne Krankengeschichten beizubringen zum Belege dafür, dass die Gallenpigmentreaction des Schleimes im Stuhle auf eine Mitbetheiligung des Dünndarmes bezw. einen Katarrh desselben hin-weist, ist im Hinblick auf die physiologischen Verhältnisse wohl unnöthig. In allen Fällen der Art habe ich in der That bei der Section eine katarrhalische Affection des Ileum und Jejunum makro- und mikroskopisch feststellen können. Hierher gehört auch die Thatsache, dass beim Abdo-minaltyphus in den bekannten erbsenfarbenen dünnen Stühlen zuweilen allerdings glasige ungefärbte Schleimfetzen schwimmen, viel häufiger aber noch orangefarbene, welche die schönste Gallen-pigmentreaction geben.

Bekanntlich ist die Fortbewegung des Inhaltes durch den Dünndarm bis an die Klappe hin schon normal eine ziemlich rasche. Da man aber trotzdem normal in der Nähe der Ileocöcal-klappe keine Gallenpigmentreaction mehr erhält, so folgt daraus, dass bei Dünndarmkatarrh entweder eine noch viel raschere Vor-wärtsbewegung bestehen muss, oder dass die beim Katarrh verän-derten Secretionsverhältnisse das Unzersetztbleiben der Galle be-günstigen. Letzteres ist aus mehreren Gründen unwahrscheinlich; wie ich in der zweiten Abhandlung nachgewiesen habe, ist höchst wahrscheinlich die energische Weiterbeförderung der Galle vom Duodenum abwärts das wirksame Moment.

Aus allem vorstehend Gesagten ergiebt sich bereits, dass natürlich nicht ein Dünndarmkatarrh mit gesteigerter Peristaltik allein genügt, um Gallenpigmentreaction des Stuhles zu ermög-

lichen. Es ist dazu noch eine rasche Fortbewegung des Inhaltes durch den Dickdarm erforderlich, welche unter, den
in Rede stehenden Verhältnissen wohl ebenfalls meist auf katarrhalische Zustände zurückzuführen sein dürfte. Nun lernten wir aber
oben bereits einen Fall (No. II.) kennen, in welchem trotz bestehendem Dünn- und Dickdarmkatarrh Gallenpigmentreaction fehlte.
Was ist der Grund hiervon?

Mehrere Bedingungen müssen erfüllt sein, wenn bei gleich-
zeitigem Dünn- und Dickdarmkatarrh unverändertes Gallenpigment
in den Dejectionen erscheinen soll:

1) Der ganze Dickdarm muss mehr oder weniger stark ergriffen sein, die vermehrte Peristaltik durch die ganze Länge desselben sich fortsetzen. In der That schnitt in dem erwähnten Falle
der Katarrh anatomisch mit dem Colon transversum ab; und diesem
entsprechend habe ich noch mehrere Fälle beobachtet, auf deren
besondere Wiedergabe ich verzichte, wo ebenfalls die anatomische
Veränderung mit dem Beginn des Colon descendens aufhörte und
kein Gallenpigment in den Dejectionen nachgewiesen werden konnte.
Ich brauche wohl kaum besonders hervorzuheben, dass namentlich
bei acuteren Fällen die makroskopische Besichtigung des Darmes
allein und die Feststellung einer mangelnden Injectionsröthe bezw.
gröberen Schwellung der Schleimhaut nicht entscheidend sein kann,
um An- oder Abwesenheit entzündlicher Vorgänge anzunehmen.

2) Der Katarrh muss mehr acut sein und mehrere Entleerungen innerhalb 24 Stunden veranlassen. Bei der Enteritis infantum peracuta, bei den typhösen Durchfällen u. dergl. tritt der
gallig tingirte Schleim am chesten und reichlichsten auf; bei den
chronischen, selbst durch den ganzen Darm sich erstreckenden
Katarrhen habe ich Gallenpigment im Stuhl kaum je gesehen,
höchstens trifft man es hier gebunden an die kleineren Schleimkörner, welche eben dadurch gelb gefärbt werden. Dieses Verhalten bei chronisch-katarrhalischen Zuständen erklärt sich offenbar
daraus, dass bei diesen in der Regel die Peristaltik unerheblich
oder auch gar nicht gesteigert ist. Denn die Entleerung eines oder
auch zweier schmierig-breiiger Stühle, die ja im gewöhnlichen
Leben schon als „Diarrhoe" bezeichnet werden, braucht ja noch
nicht auf eine gesteigerte Peristaltik hinzuweisen, sondern die verminderte Consistenz kann ebenso gut durch reichliche Schleimbei-

mengung bedingt sein. Nur wenn bei einem solchen chronischen Zustande durch zufällige Schädlichkeiten, z. B. einen groben Diätfehler, eine intercurrente Steigerung der Peristaltik mit 5 bis 8 Entleerungen in 24 Stunden erfolgt, dann kann, wie ich dies beobachtet, auch intercurrent die Gallenpigmentreaction im Stuhl gelingen.

Interessant wäre es festzustellen, ob bei einer Diarrhoe, welche ohne anatomische Veränderung ausschliesslich auf vermehrter Peristaltik beruht, wie z. B. bei psychischen Affecten, Gallenpigment im Stuhle erscheint. Leider ist mir während dieser Untersuchungen kein zweifelloser derartiger Fall vorgekommen.

Während also der Schleim derjenige Bestandtheil des Stuhles ist, an welchem unter pathologischen Verhältnissen für gewöhnlich und in der Regel das unveränderte Gallenpigment haftet, trifft man zuweilen auch noch andere Bestandtheile damit gesättigt, welche normal stets ungefärbt erscheinen. Dies gilt zunächst von den Cylinderepithelien. Dass die Gelbfärbung derselben in der That durch Galle bedingt sei, lehrt die mikrochemische Reaction. Meist ist die ganze Zelle gelb, der Kern sowohl wie die Zellsubstanz, vorausgesetzt dass überhaupt noch ein Kern zu sehen ist. Denn oft sind die gelben Epithelien geschrumpft, „verschollt" wie ich sie in Abhandlung No. 6 geschildert habe. Andere Male habe ich sie wieder von gewöhnlicher Grösse oder sogar enorm geschwellt getroffen, mit wohlerhaltenem Kern und sogar noch erkennbarem Saum.

Die diagnostische Bedeutung dieser gallig gefärbten Epithelien ist dieselbe wie die des gelben Schleimes, in welch' letzterem sie gewöhnlich eingebettet liegen: sie weisen auf Dünndarmkatarrh hin mit gleichzeitiger rascher Fortbewegung des Inhalts durch den ganzen Darm. Am häufigsten habe ich sie in dünnen Stühlen bei Abdominaltyphus und den geléeartigen Entleerungen bei Enteritis acuta infantum gesehen.

Dass die Aufnahme des Gallenpigmentes in die Epithelien bereits im Dünndarm selbst geschieht, ist sicher. Denn zu wiederholten Malen habe ich in der Leiche im Ileum bis zum mittleren Jejunum hinauf dieselben gelb gefärbten Epithelien getroffen wie im Stuhle. Es scheint mir auch ferner höchst wahrscheinlich, dass die Sättigung der Epithelien mit Gallenpigment erst nach der (intravitalen) Abstossung derselben von der Schleimhaut erfolgt; denn alle die unzähligen Epithelien, welche regelmässig, bei gesundem wie krankem Darm, postmortal von der Schleimhaut sich abheben, während des Lebens dagegen fest sassen, sind selbst bei intensiv galliger Beschaffenheit des Dünndarminhaltes stets farblos.

Ungefähr in derselben Häufigkeit, unter denselben klinischen Verhältnissen auftretend und dieselbe diagnostische Bedeutung besitzend wie die gelben Epithelien, mit denen sie in der Regel gemeinschaftlich im Schleim eingebettet liegen, trifft man auch intensiv gallig-gelb gefärbte kleine Rundzellen von der gewöhnlichen Grösse der Eiterkörperchen. Grosse gelbe Rundzellen sind mir bis jetzt nicht begegnet.

Endlich erwähne ich noch als ein seltenes Vorkommniss intensiv gelb gefärbte Fetttropfen, welche die Gmelin'sche Reaction geben. Auch von ihnen gilt in ganzer Ausdehnung das das soeben von den gelben Rundzellen Gesagte. Zur Illustration hierfür der folgende eine Fall:

IV. Kind Schr., 4 Jahr alt, Rachitis, Tuberculosis pulmonum. Während des mehrwöchentlichen Aufenthaltes in der Klinik ist der Stuhlgang nur ausnahmsweise dünn, gewöhnlich zäh-schleimig, aber weich, breiig. Der Schleim ist entweder nur in Fetzen vorhanden, bildet zuweilen die grössere Menge der Entleerung und ist dann gewöhnlich intensiv gelb oder grüngelb und giebt ausgesprochene Gallenpigmentreaction; oder er ist bei etwas grösserer Festigkeit der Fäcalmasse zum Theil mit dieser innig gemengt, so dass er erst mikroskopisch nachgewiesen werden kann, und dann ausserdem noch in makroskopischen Fetzen beigemengt, den Stuhl überziehend. In dem festeren, butterweichen Stuhl selbst keine Gallenpigmentreaction, wenig oder gar keine Stärkereaction, Bakterien, Hefe in mässiger Menge, Clostridien, sehr viele Muskelschollen und Fasern, reichlich Fetttröpfchen, Tripelphosphate, gelbe Kalksalze, unbestimmte amorphe Massen. In dem Schleim ausser der schon erwähnten höchst charakteristischen Gallenpigmentreaction viel mehr Hefe als im Stuhl selbst, und zuweilen eine grosse Menge von intensiv gelb gefärbten Fetttropfen. — Section. Bei der makroskopischen Besichtigung erscheint nur im Jejunum bis zum Uebergang ins Ileum die Schleimhaut etwas serös glänzend und streckenweise auf der Höhe der Falten geröthet; im Uebrigen erscheint der Darm überall blass und ohne sichtbare Veränderung. Erst bei der mikroskopischen Untersuchung stellt sich heraus, dass nicht nur das Jejunum, sondern auch Ileum, Coecum, Colon an dem Katarrh betheiligt sind. Im Colon bis zum Coecum hinauf sind die Interstitien zwischen den Lieberkühn'schen Drüsen verbreitet, stellenweise sogar ausserordentlich und vollgestopft mit

Lymphoidzellen. Die Drüsen selbst ziemlich stark verändert, zum Theil geschlängelt und rosenkranzförmig erweitert; einzelne sehr stark cystisch erweitert und Schleim enthaltend (wie bei Dysenterie). Vielfach ragen die Drüsen über das Niveau der Schleimhaut frei in das Lumen des Darmes hinein. Im Ileum ebenfalls ähnliche Veränderungen der Mucosa.

c) Nahrungsbestandtheile. Da normal der Inhalt des Jejunum sich mikroskopisch von dem des Colon descendens in der Hinsicht unterscheidet, dass ersterer reichlicher wohl erkennbare Nahrungsbestandtheile enthält, liegt es von vornherein nahe, diesen Umstand diagnostisch benutzen zu wollen. In der That bemerkt Leube, bei gleichzeitiger Entzündung oder vermehrter Peristaltik des Dünn- und Dickdarms könne man vielleicht eine Betheiligung des ersteren vermuthen, wenn der Stuhl „. . . reichliche Massen ganz unverdauter Nahrungsbestandtheile, namentlich auch viel unzersetztes Fett" enthalte. Ich kann aus der Angabe Leube's nicht sicher ersehen, ob dieselbe sich überwiegend auf theoretische Construction bezw. die experimentellen Ergebnisse Radziejewski's [72] mit Abführmitteln, oder auf ausgedehnte Untersuchungen am Krankenbett stützt. Sehen wir zu, was letztere ergeben.

Muskelfasern. Wenn man auch nicht die einzelnen im normalen Stuhl vorkommenden Muskelschollen und -Fasern zählen kann, so glaube ich doch durch die mikroskopische Untersuchung von jetzt ca. 1000 Stühlen ein Urtheil darüber gewonnen zu haben, wie viel etwa davon normal ist; denn dass Muskelreste immer im Stuhl sind, habe ich in der Abhandlung No. 6 dargelegt. Da es sich nun aber nur um eine ungefähre Abschätzung handelt, so habe ich blos solche Fälle als pathologisch betrachtet, in welchen die normale geringe Menge ohne allen Zweifel als ganz erheblich überschritten angesehen werden musste.

Dass Dickdarmkatarrhe ausser Frage bleiben können, ist ohne weiteres klar, weil die physiologischen Vorgänge in diesem Darmtheil für die Muskelfasern von ganz untergeordneter Bedeutung sind. Was einmal von Muskelbruchstückchen die Ileocöcalklappe überschritten hat, wird auch in den Fäces nach aussen befördert.

Anders mit dem Dünndarm. Man muss jedoch auch hier wieder unterscheiden zwischen Katarrh und vermehrter Peristaltik. Beide Begriffe decken sich ja nicht ohne weiteres. Oft geht Katarrh mit gesteigerter Peristaltik einher, doch kann auch ersterer ohne letztere bestehen (bei chronischen Zuständen) und umgekehrt.

Wie verhält es sich nun bei wirklichem Dünndarmkatarrh? Einzelne Fälle, als Paradigmata herausgegriffen und nur in ihren Hauptzügen gezeichnet, mögen antworten.

V. 40jähr. Mann Sch., Phthisis. Bedeutende Inanition; Fieber; Appetit leidlich. Stühle viele Wochen lang regelmässig untersucht: Zahl täglich 1—3, zuweilen bis 5 steigend; Farbe meist graugelb, zuweilen fast thonfarben, nur einmal stark hellgelb; Consistenz meist dickflüssig oder dünnbreiig, nie ganz dünnflüssig. Sie enthalten nie Stärke; sehr oft Fett in grossen Mengen und in Form von Nadeln, einige Male putride kleine Pfröpfe wie bei Bronchitis putrida; stets sehr reichlich Muskeln in den verschiedenen früher beschriebenen Gestalten. Die übrigen Dinge kommen hier nicht in Betracht. — Section. Phthisis pulmonalis. Magenschleimhaut ohne auffällige Veränderung. Einzelne tuberculöse Geschwüre im unteren Jejunum, grössere im unteren Ileum, vom Coecum ab durch den ganzen Dickdarm recht zahlreiche solche. Daneben Katarrh des Dünn- und Dickdarmes.

Also: regelmässig reichlich Muskelreste im Stuhl, tuberculöse Geschwüre mit Katarrh des Dünn- (und Dick-) Darmes; gesteigerte Peristaltik mit häufigen Dejectionen; ausserdem bedeutende Inanition und Fieber, bei leidlichem Appetit und geringem Magenkatarrh. Demnach liegen vier Momente vor, welche das Erscheinen der Muskeln im Stuhl erklären könnten: mangelhafte Verdauung in Folge des Fiebers, oder der Inanition, oder des Dünndarmkatarrhs, oder endlich einfach rasche Abwärtsbeförderung des Dünndarminhaltes durch die gesteigerte Peristaltik. Eine derartige Vereinigung von Umständen ist am Krankenbett bekanntlich das häufigste Begegniss. Zerlegen wir dieselbe.

VI. H., 23jähr. Mann, Phthisiker. Hochgradige Inanition mit Abmagerung; aber nur geringes Fieber, tagelang gar keine Temperatursteigerung. Beim Eintritt ins Krankenhaus täglich 4 dünne Stühle; auf alsbaldigen Opiumgebrauch meist 1 Stuhl, zuweilen sogar 1—2 Tage aussetzend, dazwischen einmal 2—3. Consistenz anfänglich dünn, dann meist weich, breiig, öfters auch geformt; bei häufiger Entleerung dazwischen auch wieder dünn. In den ersten 8 Tagen bei gewöhnlicher Fleischkost nur sehr wenig Muskelfasern und „Schollen" im Stuhl, die auch normal vorkommende Menge nicht überschreitend; vom Fett gilt genau dasselbe; später genoss Pat. nicht mehr Fleisch. — Section. Sehr starker Katarrh im Jejunum, etwas geringer im Ileum und Coecum, auslaufend im Colon transversum; Colon descendens und Rectum frei. Schon makroskopisch tritt dies hervor, indem die Wand des Jejunum bedeutend verdickt ist, stark (namentlich auf der Höhe der Falten) geröthet und stellenweise sogar sugillirt. Im Ileum wechseln geröthete und blasse Strecken, ebenso im Colon ascendens, in welchem sich einzelne kleinere Ulcerationen finden; weiter abwärts blasse Schleimhaut. Mikroskopisch im Rectum, Colon descendens und transversum nichts Pathologisches. Im Colon ascendens und unteren Ileum beginnende Atrophie der Mucosa: dieselbe stark verschmälert, Drüsen sehr kurz, streckenweise fehlend, die Schleimhaut hier aus zellenreichem Bindegewebe bestehend. Im Jejunum und oberen Ileum keine Atrophie, aber enorme Zellenanhäufung in der Submucosa und Mucosa, mit starker Hyperämie der ersteren. Die Zotten wohlentwickelt, ebenfalls mit reichlicher Anhäufung von Lymphoidzellen.

Auch hier ein Phthisiker mit hochgradiger Inanition und starkem Katarrh des Dünn- und oberen Dickdarmes; das Fieber aber sehr gering und die Peristaltik gezügelt durch Opium — im Stuhl nur wenig Muskelreste, die Norm nicht überschreitend. Danach würde die Inanition, und der Catarrh als solcher d. h. die anatomischen Veränderungen durch denselben ohne wesentliche Bedeutung sein, die abnorm reichlichen Muskelreste im Stuhl würden bedingt sein durch rasche Abwärtsbeförderung oder mangelhafte Verdauung in Folge des Fiebers.

Dass in der That der Dünndarmkatarrh als solcher das Auftreten von Muskeln im Stuhl nicht beeinflusst, lässt sich durch eine grosse Reihe von Krankengeschichten belegen. Ich verweise nur noch zur Erläuterung auf den oben angeführten Fall I., wo sich auch nur eine geringe Menge trotz gewöhnlicher Fleischzufuhr fand, und erwähne kurz noch einen anderen:

VII. 53jähr. Mann G. mit hochgradigem Emphysem, Herzhypertrophie, allgemeinem Hydrops. Guter Appetit, kein Fieber, mässige Cachexie. Stuhl 1—2 Mal täglich erfolgend, weich-breiig, zuweilen leicht geformt; Muskelreste immer nur spärlich bei mehrwöchentlicher Untersuchung, Fett meist fehlend oder in sehr geringer, nur einige Male in grösserer Menge vorhanden (die übrigen Dinge kommen hier nicht in Betracht). — Section. Hochgradiger Katarrh des ganzen Dünndarms, makro- wie mikroskopisch, mit starker Verbreiterung und sehr bedeutender venöser Hyperämie der Submucosa; sehr starke Anhäufung von Lymphoidzellen in den Zotten. Der Katarrh schneidet scharf an der Bauhin'schen Klappe ab, an der sich ein kleines folliculäres Geschwür findet. Der Dickdarm makroskopisch normal, zeigt nur mikroskopisch geringe Zeichen von chronischem Katarrh.

Dass beim Fieber die Verdauung der Muskeln eine mangelhafte sein und demnach die Reste derselben in grösserer Menge im Stuhl erscheinen müssen, lässt sich von vornherein nach bekannten anderen Erfahrungen vermuthen. Indessen sind Beobachtungen hierüber aus ersichtlichen Gründen nur bruchstückweise zu sammeln; man wird ja einem Pneumoniker, einem Kranken mit Polyarthritis acuta oder Febris recurrens, auch wenn eine Darmcomplication bei denselben fehlt, doch nicht auf der Höhe des Fiebers Fleisch geben. Dass bei chronisch-fieberhaften Zuständen, wo die Patienten Fleisch essen, wenn die Temperatursteigerung nur gering und namentlich wenn sie nicht continuirlich ist, mässige Mengen Fleisch gut verdaut werden, davon habe ich mich bei Phthisikern öfters überzeugen können. Höheres und anhaltendes Fieber beeinträchtigt dagegen die Fleischverdauung wohl immer, aber wohl schon wegen der pathologischen Veränderung der Magensaftsecretion.

Bei rascher Abwärtsbewegung des oberen Dünndarminhaltes und gleichzeitiger vermehrter Peristaltik im Dickdarm erscheinen immer grössere Mengen von Fleisch, oft noch in makroskopisch wohlerkennbaren Stücken, im Stuhl, auch wenn keine Zeichen von Katarrh sonst bestehen. Schon Radziejewski fand „vollkommen unverdaute und in ihrer Structur wohlerhaltene Muskelbündel (bei Hunden) in den Kothmassen nach Oleum Ricini und Oleum Crotonis." Manche Individuen bekommen ohne weitere Beschwerden nach dem Genuss einiger Gläser Bier, namentlich bestimmter Sorten (z. B. des in Jena viel getrunkenen Lichtenhainer), mehrere dünne Entleerungen. In diesem Stuhl fand ich keinen Schleim, dagegen reichliche Muskelreste.

Das Ergebniss vorstehender Erörterungen für die uns interessirende Frage ist demnach folgendes.

1) Bei bestehendem höherem Fieber lässt das Erscheinen vieler und zum Theil unverdauter Muskelreste im Stuhl gar keinen Schluss auf Dünndarmaffection zu. 2) Abnorme Muskelmengen können, ohne Fieber und ohne Dünndarmkatarrh, erscheinen, sobald aus irgend einem Grunde die Peristaltik des gesammten Darmes verstärkt ist. 3) Trotz Dünndarmkatarrh braucht die Muskelmenge nicht vermehrt zu sein, sobald die Frequenz der Entleerungen nicht gesteigert ist. 4) Wenn kein Fieber besteht, aber bestimmte Symptome auf bestehenden Katarrh hinweisen (Schleim u. s. w.), und wenn dann abnorme Muskelmengen im Stuhl sich finden — nur dann kann man aus diesen letzteren auf gleichzeitigen Dünndarmkatarrh mit Wahrscheinlichkeit schliessen. —

Nach der ausführlicheren Besprechung der Muskeln können wir dieselbe bezüglich der Stärke kurz dahin zusammenfassen, dass sich hier alle dieselben Verhältnisse wiederholen wie bei jenen, und die diagnostische Bedeutung für die Localisation der Processe dieselbe ist. Gemäss dem in der Abhandlung No. 6 Dargelegten könnte man nur vielleicht hinzufügen, dass das Erscheinen von reichlichen Stärkepartikeln im Stuhl und namentlich von wohlerhaltenen Stärkekörnern (abgesehen von den noch in Pflanzenparenchym eingeschlossenen) eine noch energischere Peristaltik anzeige, als die Muskeln. — Das Fett anlangend, so betont Leube das reichlichere Vorkommen gerade dieses bei Katarrhen des Dünndarmes. In der Abhandlung No. 6 bereits ist bemerkt, wie bei jeder etwas grösseren Fetteinfuhr sofort auch grössere Mengen desselben im Stuhl erscheinen, ohne dass besondere pathologische Verhältnisse vorzuliegen brauchen; man muss also von vornherein mit der Diagnose des Dünndarmkatarrhs vorsichtig sein. Ferner gelten die vorhin bei der Besprechung der Muskeln unter 1 und 2 formulirten Sätze auch für das Fett. Und dasselbe gilt besonders auch für den dritten Satz; zum Belege verweise ich nur auf die oben angeführten Fälle VI. und VII., welche entschieden lehren, dass sogar sehr hochgradige Katarrhe des ganzen Dünndarmes ohne Vermehrung der Fettmenge im Stuhle bestehen können. In positiver Beziehung muss ich bezüglich des Fettes sogar den vierten Satz noch einschränken.

Sehr wichtig nämlich ist für die Resorption des Fettes das Verhalten der Secretion der Galle und vielleicht auch des pankreatischen Saftes. Ueber letzteren ist es schwer ein Urtheil zu gewinnen. Bei verminderter Gallensecretion jedoch ist die Verdauung des Fettes entschieden beeinträchtigt, die Menge desselben im Stuhl überschreitet weitaus die normalen Grenzen. Es bedarf dazu nicht einmal eines vollständigen Abschlusses der Galle vom Darm, mit Entwicklung des Icterus; vielmehr genügt eine blosse verringerte Bildung derselben. Ich werde auf diesen interessanten Punkt später noch eingehen, wenn ich das Verhalten der Stühle bei Fettleber bespreche.

Meine Untersuchungen über das Erscheinen des Fettes im Stuhl bei Dünndarmkatarrh möchte ich dahin zusammenfassen: Die anatomische Veränderung des Katarrhes als solche vermehrt die Fettmenge im Stuhl nicht (d. h. mit anderen Worten, sie beeinträchtigt nicht in bemerkenswerther Weise die Resorption des Fettes). Wenn bei Darmkatarrh vermehrte Fettmengen im Stuhl erscheinen, so ist dies nur dann der Fall, wenn zugleich die Peristaltik in erheblichem Maasse beschleunigt ist.

Und für die Diagnose ergiebt sich aus allem Vorstehenden der Satz, dass man, falls überhaupt aus anderen Symptomen ein Katarrh angenommen werden muss, eine Betheiligung des Dünndarmes einer vermehrten Fettmenge wegen nur dann unterstellen darf, wenn der Kranke nicht grössere, das normale Mittel überschreitende Quantitäten genossen hat und wenn die Function der Leber und des Pancreas als normal vorausgesetzt werden darf. Mit anderen Worten, in das Praktische übersetzt, das Fett im Stuhl ist für die Localisirung der Darmaffectionen von recht beschränktem Werth.

Mit den bisher bezeichneten Verhältnissen ist so ziemlich das erschöpft, was durch die makro- und mikroskopische Untersuchung der Stühle für die Localisation von Katarrhen gewonnen werden kann. Dem früher ausgesprochenen Bestreben gemäss, praktisch leicht verwerthbare diagnostische Anhaltspunkte zu gewinnen, habe ich zunächst abgesehen von umständlicheren chemischen Untersuchungen, ausgenommen die einfachsten Reactionen, welche man jeden Augenblick anstellen kann. Prüfungen auf Verdauungsfermente in Stühlen, auf Leucin und Tyrosin u. s. w., welche vielleicht noch weitere Anhaltspunkte auch für die Localisation ergeben, sind deshalb nicht vorgenommen. — Dass hellrothes Blut fast immer dem unteren Darmabschnitt entstammt, ebenso wie grössere Mengen reinen Eiters, ist ja bekannt, aber dann handelt es sich eben nicht mehr um einfache Katarrhe.

Ich habe oben nicht die Cylinderepithelien besprochen, weil dieselben in der That gar keine Bedeutung für unsere Frage haben, ich meine ihr Auftreten überhaupt oder ihre Form; denn die Bedeutung der schon beschriebenen gelbpigmentirten, gallenfarbstoffhaltigen Epithelien beruht eben in der Pigmentirung. Die in der Abhandlung 6 ausführlich geschilderten „verschollten" Epithelien, wie ich sie nannte, kommen sowohl aus dem Dick- wie aus dem Dünndarm stammend in diarrhoischen Entleerungen vor (der Ursprung aus dem Dünndarm wird durch die zuweilen vorhandene Gelbpigmentirung bewiesen, und ausserdem habe ich in entsprechenden Fällen einige Male verschollte Epithelien auch im postmortalen Dünndarminhalt getroffen); und umgekehrt gilt genau dasselbe von wohlerhaltenen massenhaft entleerten Epithelien.

Uebrigens sei bei dieser Gelegenheit bemerkt, dass „vergrösserte Epithelien" mit gekörntem Protoplasma und undeutlich gewordenen Kernen durchaus nicht zu den gewöhnlichen Befunden im Stuhle bei Katarrh gehören, wie aus einer Bemerkung Leube's hervorzugehen scheinen möchte.

Ergiebt die physikalische Untersuchung des Leibes zuverlässige Anhaltspunkte für die Localisation katarrhalischer Zustände?

Sämmtliche Beobachter beantworten diese Frage in möglichst negativem Sinne, abgesehen von dem einzigen Umstande, dass etwa vorhandene bestimmt umgrenzte Druckschmerzen die Aufmerksamkeit auf bestimmte Oertlichkeiten lenken müssen. Viele Autoren berühren dieselbe überhaupt gar nicht. Meine eigenen Untersuchungen in dieser Richtung sind ebenfalls nicht ergiebig gewesen. Ich will deswegen die Hauptsachen nur in kurzen Umrissen besprechen.

a) Auscultation. Abercrombie[73], Habershon, Damaschino u. A. schweigen darüber; Leube äussert: „vermuthet kann eine auf den Dünndarm beschränkte Entzündung werden, wenn neben den Symptomen einer Magenentzündung Kolik, starkes Kollern im Unterleib, das Gefühl der lebhaften Fortschiebung des Darminhalts wahrgenommen wird, und trotzdem kein Durchfall zu Stande kommt". Diese Fassung ist meines Erachtens ganz zutreffend; nur zur vollständigen Klarstellung sei noch ergänzt, dass natürlich Dünndarmkatarrh, und zwar insbesondere chronischer, bestehen kann auch ohne jedes Kollern. Anders Bamberger: „bei grösserer, durch entzündliche Affection des Dünndarmes bedingter Ansammlung von Darmflüssigkeit giebt häufig die mittlere Bauchgegend bis gegen die Symphysis einen dumpfen Schall und es sind daselbst häufig gurgelnde Geräusche hörbar; ist blos der Dickdarm ergriffen, so sind diese Zeichen häufig nur auf die ihm entsprechen-

den Gegenden beschränkt". Dieser Formulirung kann ich mich nicht
unbedingt anschliessen.

Ich habe mich bemüht, mit Hülfe des Stethoskops festzustellen, ob etwa die gurrenden Geräusche im Dünn- und Dickdarm
irgend eine Verschiedenheit, sei es in ihrem Charakter, sei es in
der Art des Auftretens, erkennen lassen. Wie eigentlich von vornherein zu erwarten, ist dies nicht der Fall. Dann suchte ich dieselben nach der Oertlichkeit zu begrenzen. Dabei wurde so verfahren, dass ausser mir noch ein Assistent zugleich auscultirte,
dergestalt, dass die Stethoskope an verschiedenen Stellen der
Bauchwand aufgesetzt wurden, und der eine von uns jedes auftretende Geräusch laut markirte, während der andere damit ver-
glich. Es ergab sich auf diese Art:

Gurrende und zischende Geräusche, welche — namentlich erstere — am gewöhnlichsten zur Wahrnehmung kommen,
werden in der Regel von der einen Seite bis zur anderen
fortgeleitet, bleiben nicht auf den Ort ihrer Entstehung
beschränkt. Die in der Mitte des Leibes in den dünnen Gedärmen entstehenden hört man über den Seitenwandungen sowohl
wie oberhalb der Symphyse; die in der Regio iliaca dextra entstehenden werden über der Regio iliaca sinistra genau ebenso gehört. Daraus folgt, dass man nie mit Sicherheit die Geräusche
als in der Strecke des Darms entstanden annehmen darf, über
welcher man sie grade hört, ja dass man durch die Auscultation
nicht einmal zuverlässig bestimmen kann, ob sie im Dünn- oder
Dickdarm ihren Ursprung haben. Es wäre möglich, ich will nicht
einmal mit Rücksicht auf die speciellen physikalischen Verhältnisse
sagen wahrscheinlich, dass sie an der Ursprungsstelle etwas lauter
wären als entfernt davon; aber auch dies wäre ohne Bedeutung,
da man es ja doch nicht feststellen kann, wegen der Unmöglichkeit an zwei Orten selbst allein gleichzeitig zu auscultiren (auch
mit zwei König'schen Stethoskopen unterscheidet man nichts).

Nur in zwei Fällen kann man die gehörten Geräusche näher
localisiren, als an der Wahrnehmungsstelle entstanden annehmen.
Einmal, wenn dieselben sehr leise sind; in diesem Falle nämlich
werden sie nicht weit geleitet (bei gleichzeitiger Auscultation zweier
hörte sie nur einer von uns). Aber dann kann man sie auch
wieder nicht zu diagnostisch-praktischen Zwecken verwerthen, weil

ja bei den Katarrhen, auf deren Localisation es uns hier ankommt, mit gesteigerter Peristaltik die Geräusche sehr laut sind. — Zweitens kann man auch acute Geräusche, welche über dem Colon ascendens oder descendens gehört werden, als in diesem entstanden ansehen, wenn die Percussion über dem ganzen mittleren Bauchabschnitt einen gedämpften hohen Schall nachweist; bei gleichzeitiger Auscultation zweier ergiebt sich, dass auf der einen Seite Gurren gehört wird, auf der anderen nicht, oder wenn auf beiden Seiten, dass dann die Geräusche verschieden an Charakter und Zeit sind. Offenbar findet bei wenig Gas in den dünnen Gedärmen, gleichgültig ob die Dünndarmschlingen einfach leer oder mit flüssigem Brei gefüllt sind, die Fortleitung von einer Seite auf die andere schlecht statt. Dieses Verhältniss könnte vielleicht einmal praktisch zur Verwerthung kommen.

Alles in allem ergiebt sich, dass die Auscultation für die Lokalisation katarrhalischer Processe im Darm sehr wenig Bedeutung hat.

b) Noch geringere Ausbeute liefert die Percussion; die für dieses negative Ergebniss in Betracht kommenden Umstände und Fehlerquellen sind ja auf der Hand liegend; deswegen nur folgendes.

Normal ist der Percussionsschall in der Regio iliaca sinistra, wegen des festen Inhaltes im S romanum und unteren Ende des Colon descendens, gedämpft und hoch im Vergleich mit der entsprechenden Partie rechts. Traube lehrte bereits vor vielen Jahren, dass dieses Verhältniss beim Typhus abdominalis sehr oft sich umkehre — in der Ileocöcalgegend Dämpfung, in der Regio iliaca sinistra lauter tympanitischer Schall. Selbstverständlich ist diese Umkehrung nicht regelmässig; ausserdem ist sie nicht dem Ileotyphus eigenthümlich, sondern kann bei jeder anderen Form gesteigerter Peristaltik des Dickdarms, auch bei einfachen katarrhalischen Zuständen, eintreten, mit der noch weiteren Abänderung, dass der Schall in beiden Regiones iliacae einfach gleich wird. Ja auch ohne jeden Katarrh und Durchfall kann zeitweilig die genannte Percussionsveränderung eintreten, wenn etwa das S romanum zufällig leer von Koth ist, oder wenn selbst bei Anwesenheit von letzterem die Art der zufällig eingeführten Nahrung zu einer stärkeren Gasbildung im Colon geführt hat.

Die Thatsache, dass bei stärkerer Flüssigkeitsansammlung im Dünndarm die mittlere Bauchgegend bis zur Symphyse abwärts einen dumpfen Schall giebt, kommt natürlich ebenfalls bei ganz normalem Zustande vor. Ich bezweifle ferner, ob bei der Mehrzahl der Dünndarmkatarrhe so viel Flüssigkeit von der Darmwand abgesondert werde, dass dadurch eine stärkere Dämpfung des Percussionsschalls bedingt wird — nur bei 'den schweren choleroiden Formen dürfte dies eintreten. Und doch nur dann, wenn die Dämpfung von pathologischem Darmtranssudat oder Exsudat abhinge, und nicht von eingeführten Substanzen, und wenn man sie als ersteres annehmen dürfte oder könnte im concreten Fall, hätte sie für die Diagnose des Dünndarmkatarrhs bestimmteren Werth.

c) Dagegen liefert die Palpation zuweilen Anhaltspunkte für die Localisation. Weil jedoch diese Dinge bekannt sind, bemerke ich nur folgendes andeutungsweise.

Bezüglich eines Druckschmerzes ist es selbstverständlich, dass man aus ihm, wenn er überhaupt den anderen Erscheinungen gemäss auf den Darm selbst bezogen werden muss. auf Betheiligung des Abschnittes schliessen wird, welcher der schmerzhaften Stelle entsprechend normal gelagert ist.

Oben äusserte ich, dass hörbares Gurren nur unter ganz bestimmten Voraussetzungen als da entstanden angesehen werden dürfe, wo man es gerade höre. Anders ist es mit dem fühlbaren Gurren; dieses hat natürlich das Vorhandensein von Flüssigkeit und Gas da, wo man es durch den Druck erzeugt, zur Voraussetzung. Andererseits wieder wird man es auf pathologische Zustände nur über solchen Darmabschnitten beziehen können, in welchen der Inhalt normal fest oder wenigstens dick, breiig bezw. zäh sein soll, d. h. von der Ileocöcalgegend an. —

Pruner und Heubner[74] haben angegeben, dass man bei Dysenterie oft den Darm wie einen Gummischlauch mit dicken Wandungen durchfühlen könne. Diese Angabe ist, wie ich wenigstens für die chronische Ruhr bestätigen kann, durchaus zutreffend; man fühlt in der That gelegentlich das stark verdickte Colon wie einen länglichen schlauchförmigen Tumor in der Tiefe. Ob es jedoch möglich sei, jemals ein gleiches Verhalten bei einfachem Katarrh zu beobachten, das möchte ich bezweifeln; mir selbst ist es bisher nicht begegnet, und selbst beim stärksten chronischen Katarrh wird die Darmwand kaum je so dick, dass man sie deutlich durchfühlen könnte.

Lässt sich aus dem Indicangehalt des Urins etwas entnehmen für die Localdiagnose der Darmaffectionen?

Nachdem Caster und Gubler zuerst auf die Vermehrung des Indicans im Urin bei Erkrankungen des Magen-Darmkanals hingewiesen, und namentlich seitdem Jaffe[75] die diagnostische Bedeutung dieses Momentes kennen gelehrt, ist die Thatsache, dass eine solche Vermehrung bei verschiedenen Erkrankungen des Darmkanals vorkommen kann, Gegenstand weiterer Untersuchungen geworden, unter denen ich die von Senator[76] und Hennige[77] namhaft mache. Als feststehend kann — als für unsere Zwecke hier zunächst wichtig — betrachtet werden, dass regelmässig eine sehr starke Indicanvermehrung die Cholera asiatica und Cholera nostras begleitet; ferner sah Hennige dieselbe fast ausnahmslos bei acuten Magen-Darmkatarrhen, und auch in 4 darauf untersuchten Fällen von chronischem Darmkatarrh. Dass Jaffe in anderer Richtung den sehr hohen Indicangehalt einerseits, den die Norm nicht überschreitenden andererseits für die Localdiagnose von Darmverschliessungen, ob im Dünndarm oder im Dickdarm sitzend, nutzbar zu machen gesucht hat, ist bekannt, ebenso dass er sich noch mit Zurückhaltung über diesen Gegenstand ausspricht.

Nach diesen Vorgängen ist es naheliegend, zu fragen, ob sich nicht vielleicht Unterschiede im Indicangehalt des Urins ergeben, je nachdem der Katarrh mehr bezw. ausschliesslich auf den Dünndarm oder den Dickdarm begrenzt ist, welche Unterschiede man dann wieder am Krankenbett zu diagnostischen Zwecken benutzen könnte. Acute Affectionen werden freilich nur selten zu bindenden Schlussfolgerungen zur Verfügung stehen; denn erfahrungsgemäss betheiligen die acuten Katarrhe ja meist den grössten Theil des Darmes und wenn einmal ein Abschnitt auch überwiegend oder allein ergriffen scheint, so wird man dies nicht sicher begründen können, da ja Erwachsene meist davon genesen. Höchstens bei acuter Dysenterie könnte man gegebenen Falles eine etwaige Beschränkung auf den Dickdarm unterstellen; aber gerade diese habe ich wegen Mangels einschlägiger Beobachtungen nicht studiren können, und Angaben anderer Autoren über den Indicangehalt bei acuter Dysenterie sind mir nicht bekannt geworden.

Um zunächst einen Ueberblick zu gewinnen, habe ich mehrere Monate hindurch regelmässig täglich bei allen Kranken, deren Stühle ich untersuchte, und von denen eine Reihe zur Section kam, den Urin auf Indican untersuchen lassen. Im Ganzen sind so etwa 2000 Einzelprüfungen gemacht worden. Selbstverständlich konnte bei einer so grossen Zahl nicht die genaue quantitative Bestimmung durchgeführt werden, vielmehr mussten wir uns auf eine ungefähre Schätzung nach Jaffe's Methode begnügen. Indessen wird man auch so die Extreme zu ungefähren Schlüssen benutzen können, d. h. wenn die Jaffe'sche Methode einmal gar kein oder nur Spuren von Indican erkennen lässt, und dann wieder eine intensiv grün-blaue oder tief dunkelblaue Färbung ergiebt.

Leider muss ich nun von vornherein angeben, nach so vielfachen Prüfungen keine bestimmten und unantastbaren Ergebnisse erlangt zu haben. Mässig vermehrte Mengen von Indican haben sich nämlich in der überwiegenden Mehrzahl der Fälle gefunden, bei den allerverschiedensten Arten von Darmkatarrhen und Durchfällen und sehr oft auch ohne jede Darmaffection. Nach den übereinstimmenden Mittheilungen von Senator und Hennige kann dies nicht verwundern, nach welchen eine Vermehrung des Indicangehaltes bei allen Krankheiten auftritt, die mit Consumption und allgemeinen Ernährungsanomalien einhergehen. Und die Darmkatarrhe, welche man in Krankenhäusern zu fortlaufender Beobachtung zur Verfügung hat, sind ja meist entweder secundärer Natur oder betreffen durch den Katarrh selbst schon heruntergekommene Individuen.

Immerhin schienen sich folgende Punkte aus meinen Untersuchungsreihen zu ergeben:

Bei den blos den Dickdarm betreffenden Affectionen, auch wenn sie mit Durchfall einhergingen, war eine Indicanvermehrung nicht deutlich, sobald die Kranken noch in gutem Ernährungszustande sich befanden. Zur Erläuterung greife ich aus meinen Beobachtungen nur folgenden einen Fall heraus:

VIII. 30jähr. Frau; seit Monaten angeblich der jetzt bestehende Zustand, d. h. einige Male täglich bei geringem Tenesmus spärliche Entleerungen, welche Blut und Eiter enthalten. Der Ernährungszustand dabei gut, Fettpolster entwickelt, frische, rothe Gesichtsfarbe. Kein Fieber. Solange der

Zustand so blieb, war im Urin Indican gar nicht oder nur in Spuren nachzuweisen. Dann veränderte sich einige Wochen vor dem Tode der Charakter der
Stühle: neben den blutig-eitrigen Entleerungen erschienen andere (oder auch
wohl beide gelegentlich gemischt), die eine dickflüssige, fast geléeartige,
dunkelgrüne Masse darstellten mit prachtvoller Gallenpigmentreaction, also
mit Sicherheit auf den Ursprung aus dem Dünndarm hinweisend. Jetzt trat
eine intensive Indicanreaction im Urin auf. Kurz vor dem Tode entwickelte
sich dann noch eine Peritonitis; dem entsprechend war in den letzten Tagen
die Reaction tief schwarzblau. Die Section ergab chronische ulceröse Dysenterie
im Dickdarm, frischen Katarrh im Dünndarm und ganz frische Peritonitis.

Also anfänglich, so lange die Erscheinungen nur von der Dickdarmaffection abhingen, Indican gar nicht deutlich oder nur in
Spuren nachzuweisen; mit dem Zeitpunkt, als den Symptomen
nach eine Dünndarmaffection unterstellt werden musste, bedeutende
Indicanmenge, welche sich mit dem Eintritt einer Peritonitis noch
mehr steigert.

Umgekehrt fand sich in fast allen Fällen, in welchen ein
Dünndarmkatarrh bestand, eine entschiedene Vermehrung des
Indican, und zwar war es gleichgiltig, ob der Dickdarm mitbetheiligt war oder nicht. Nach bekannten Erfahrungen braucht ja bei
blossem Dünndarmkatarrh ohne solchen des Dickdarms keine häufigere Stuhlentleerung, kein eigentlicher Durchfall zu bestehen, und
so habe ich denn auch in Fällen, wo täglich meist nur 1—2 Entleerungen bestanden und die Section nur einen Dünndarmkatarrh
nachwies, auffallende Indicanvermehrung gesehen, so z. B. in der
oben erwähnten Beobachtung VII. Bemerkenswerth war z. B. auch
das Verhalten bei einer Phthisica, welche bei bedeutender Inanition
immer normalen Stuhl und selbst Verstopfung hatte, und deren
Urin vom 19. December bis zum 24. Februar täglich untersucht,
entweder gar keine oder nur äusserst geringe Indicanreaction gab.
Vom 25. Februar plötzlich Durchfall, mehrere dünne Stühle täglich,
unter Erscheinungen, welche sicher auf Betheiligung des Dünndarms
hinwiesen (starke Gallenpigmentreaction u. s. w.) — und vom selben Tage an starker Indicangehalt des Urins.

In diesen Rahmen passt es auch, dass beim Abdominaltyphus
die Indicanmenge gesteigert ist, was ich nach meinen Beobachtungen in Uebereinstimmung mit Senator und Hennige bestätigen
kann; denn beim Abdominaltyphus besteht ja immer eine mehr

oder weniger ausgebreitete Läsion des Dünndarms, die meist mit, aber gelegentlich ohne Diarrhoe einhergeht.

Nachdem eine grosse Anzahl von Fällen ein übereinstimmendes Resultat aufgewiesen hatte, war ich zu der Meinung gelangt, dass sich ein diagnostischer Satz formuliren liesse etwa in folgender Fassung: wenn bei einem bestehenden Darmkatarrh bezw. Durchfall Indican im Urin sich gar nicht oder nur in der normalen geringfügigen Menge nachweisen lässt, kann man eine Betheiligung des Dünndarms ausschliessen. Da kamen mehrere Fälle von Typhus exanthematicus zur Beobachtung. Dieselben gingen fast sämmtlich mit Durchfall einher, zuweilen täglich bis zu 7 Entleerungen. Der ganz wässerige Stuhl war intensiv gelb und enthielt kleine orangefarbene Schleimfetzchen, letztere sowohl wie die Flüssigkeit selbst gaben die schönste Gallenpigmentreaction. Man musste also eine Betheiligung des Dünndarmes annehmen, und in zwei Fällen wurde auch durch die Section eine katarrhalische Affection des Dünndarmes festgestellt. Trotzdem liess sich im Urin dieser Kranken entweder gar keines oder nur eine minimale Menge Indican nachweisen.

Demnach wäre der vorstehende diagnostische Satz voreilig gewesen und ich kann nach meinen bisherigen Erfahrungen dem Mangel oder der Vermehrung des Indicans keine erhebliche diagnostische Bedeutung für die Localisation der Darmkatarrhe beimessen. Ob das Ergebniss, dass bei ausschliesslich auf den Dickdarm beschränkten Erkrankungen das Indican nicht vermehrt ist, wirklich durchaus zutreffend sei, müsste auch erst noch durch weitere Untersuchungen, namentlich bei acuter Dysenterie, ganz sicher gestellt werden: solche sind mir aber zur Zeit nicht möglich wegen Mangel des betreffenden Materials.

11.

Ueber nervöse Diarrhoe.

Es ist bekannt, dass bei Erkrankungen des Nervensystems zuweilen Stuhlverstopfung vorkommt, für welche als Ursache eine directe nervöse Einwirkung auf den Darm angenommen werden muss. Man beobachtet dies bei mehreren Affectionen des Gehirns und Rückenmarkes, bei Psychopathischen, Nervösen, Hysterischen. Umgekehrt lehrt aber auch die alltägliche Erfahrung, dass es eine Diarrhoe giebt, welche ohne jeden Darmkatarrh, ohne irgendwelche unmittelbare Einwirkung auf den Darm selbst eintritt, welche vielmehr ebenfalls abhängt von einer Einwirkung des Nervensystems. Trousseau (in seiner Clinique médicale) hat diese Form mit dem zutreffenden Namen „nervöse Diarrhoe" bezeichnet. Hierher gehört die Diarrhoe, welche unter dem Einflusse von grosser Angst und heftigem Schreck oder überhaupt bei stärkeren Gemüthsbewegungen sich einstellt, auch wohl der Durchfall, welcher gelegentlich bei Hysterischen zur Beobachtung kommt. Nicht so ohne weiteres dagegen möchte ich dies von dem Durchfall zugeben, welcher zuweilen die Ohnmacht begleitet; denn hier ist es denkbar, dass nicht unmittelbar der vom Nervensystem selbst ausgehende Einfluss auf den Darm einwirkt, sondern dass die Diarrhoe zu Stande kommt durch plötzlich veränderte Circulationsverhältnisse in der Darmwand, welche ihrerseits abhängen von der im Ohnmachtsanfall plötzlich veränderten Herzthätigkeit.

Viel weiter gehen aber auch unsere Kenntnisse bezüglich der nervösen Diarrhoe nicht. Nicht blos ist der nähere Einblick in physiologischen Vorgänge noch verschlossen, auch die klinischen Erfahrungen — wenigstens soweit sie in der Literatur niedergelegt sind — bedürfen noch sehr der Erweiterung. Absicht dieser Mittheilung ist nun, zunächst die einschlägigen klinischen Erfahrungen weiter festzustellen.

Für den chronischen Darmkatarrh habe ich in einem früheren Aufsatze auszuführen gesucht, dass auch bei diesem stets Innervationsvorgänge das Krankheitsbild bezüglich des Verhältnisses und der Zahl der Entleerungen gestalten helfen. Diese Innervationsvorgänge spielen sich höchst wahrscheinlich in den der Darmwand selbst angehörigen nervösen Apparaten ab; wegen der weiteren Einzelheiten sei auf den betreffenden Aufsatz verwiesen. Es äussert sich aber die Beeinflussung der Entleerungen beim chronischen Katarrh auf dem Wege der Innervation noch in einer anderen Weise, welche gewiss jedem Praktiker bekannt ist, die ich indessen in den Büchern nicht betont finde; und doch hat dieselbe auch bei der Behandlung eine gewisse Wichtigkeit.

Kranke nämlich, welche den gebildeteren Ständen angehören und sich selbst beobachten, geben oft an, dass gemüthliche Bewegungen regelmässig die Zahl ihrer Entleerungen vermehren. Wenn bei strenger Diät und sonstiger Behandlung ihr chronischer Katarrh so in Schranken gehalten ist, dass täglich ein Stuhl erfolgt, so steigert sich diese Zahl sofort auf zwei, drei und mehr, sobald sie irgend einem psychischen Affect ausgesetzt sind. Es ist ja selbstverständlich, dass hier die Steigerung der Peristaltik durch nervöse Erregungen erfolgen muss, welche vom Gehirn aus zum Darm gelangen. Die betreffenden Bahnen freilich können nicht mit voller Sicherheit angegeben werden. —

Während die klinischen Verhältnisse in der soeben angedeuteten Richtung häufig zur Beobachtung kommen, giebt es Krankheitsbilder, bei welchen die Darmperistaltik auch ohne nachweislichen Katarrh durch einen „allgemeinen nervösen Zustand" beeinflusst erscheint. Diesbezügliche Bemerkungen finden sich in der Literatur zerstreut, aber dieselben sind ganz allgemein gehalten. Beard[82] sagt, dass neurasthenische Kranke „sehr häufig über Flatulenz und lästige Geräusche in den Därmen, auch über Uebelkeit und Diarrhoe" klagen. Borel[83]: „le ventre (beim chronischen nervösen Zustand) est le siége de coliques fréquentes, de borborygmes, de ballonnement gazeux, de constipation, alternant avec la diarrhée, tandisque dans le nervosisme aigu s'observe générale-

ment une constipation opiniâtre". Einige Krankengeschichten von
Handfield Jones[84] betreffen Patienten mit ausgesprochenen anderweitigen Darmleiden, und beziehen sich auf blutige Darmentleerungen.
Leyden erwähnt, dass einige Frauen mit ganz normaler Verdauung
bei jeder gemüthlichen Alteration von plötzlicher heftiger Diarrhoe
befallen wurden. —

Die Krankheitsbilder mit hervorstechender Betheiligung der
Darmthätigkeit bei allgemeiner Nervosität können sich auf das
Wechseludste gestalten, und es ist unmöglich, sie im allgemeinen
zu skizziren. Am besten werden sie durch einige concrete Beispiele veranschaulicht.

Ein etwa 35jähr. Bankbeamter hat seit 6 Jahren eine Reihe
von Beschwerden: Steifheit in den Beinen, besonders Morgens nach
dem Aufstehen; grosse Mattigkeit im ganzen Körper und leichte
Ermüdbarkeit schon nach kleineren Strecken. In den Oberschen-
keln und Waden oft ein schmerzhaftes wie wundes Gefühl. Im
Rücken eine stete Empfindung von Hitze. Sehr oft starke Schwindel-
empfindungen, welche das Stehen namentlich bei geschlossenen
Augen unmöglich machen. Trübe Stimmung und Lebensüberdruss.

Seitens des Darmkanals zeigen sich folgende Erscheinungen.
Bald nach dem Aufstehen treten zwickende Schmerzen im Leibe
auf, verbunden mit dem Gefühl von Aufgetriebensein. Nach dem
Frühstück (Cacao in Wasser gekocht) erfolgt der erste feste Stuhl
ohne jeden Schmerz dabei. Kaum vom Abort zurückgekehrt empfindet Pat. heftige Schmerzen im Leibe mit Kollern; er muss
eilen und nun entgeht eine reichliche breiige Entleerung unter
heftigen Schmerzen. Jetzt erfolgt alle 5—10 Minuten eine Entleerung, die immer dünner wird, bis zum zehnten Male etwa sie
ganz wässerig ist. Darauf Ruhe, ohne den geringsten Schmerz.

Jetzt kleidet sich Pat. an um in das Büreau zu gehen. Im
Moment, wo er fortgehen will, kehren die heftigen Schmerzen
wieder, „wie er glaube aus lauter Angst es möge unterwegs Stuhldrang kommen, da ihm die Kraft fehlt, den Stuhl auch nur eine
Minute zu halten". Führt er jetzt ein Suppositorium aus Seife
ein, so erfolgt noch eine wässerige Entleerung ohne Schmerzen.
Endlich unterwegs empfindet er immer noch Schmerz und hat
Stuhldrang; dies lässt ganz nach, wenn er auf dem Büreau angelangt ist; hier hat er nun den ganzen Vormittag Ruhe.

Im Augenblick, wo er aus dem Büreau zum Speisen gehen will, kehren die Leibschmerzen wieder mit Kollern; sie vergehen sowie er in das Speiselocal tritt und das beruhigende Bewusstsein hat, wenn nöthig sofort die Retirade aufsuchen zu können.

Sobald er nur isst, verspürt er wieder Schmerzen mit Kollern. Er muss eiligst auf den Abort, und unter bedeutenden Gasentwicklungen erfolgt eine breiige Entleerung. Dann kann er ruhig weiter speisen.

Im Begriff aus dem Speisehause wieder in das Büreau zu gehen, befällt ihn wieder der Schmerz und Stuhldrang, um aufzuhören, sobald er das Büreau betritt, weil er da wieder das tröstende Bewusstsein der Nähe des rettenden Ortes hat. Dieselbe Scene wiederholt sich beim abendlichen Verlassen des Büreau bis er in sein Haus tritt.

Abends zu Hause kann er jedwede Speise geniessen ohne Schmerz, Beschwerde, Blähungen. An Tagen, wo er gänzlich zu Hause bleibt, lassen die Schmerzen und der Stuhldrang vollständig nach; er kann geniessen was er will. Ebenso wenn er sich auf dem Lande befindet. —

Es sei bemerkt, dass Pat., bei welchem die verschiedenartigsten Diagnosen gestellt waren, nacheinander Gastein, Römerbad, Tüffer, Neuhaus, Ischl, Gmunden, Gleichenberg, verschiedene Seen besucht, Marienbader getrunken, Chapman's Rückenschlauch getragen hat; mit galvanischen und faradischen Strömen behandelt ist; und wie er sagt zahllose Medicamente genommen hat. Er wurde von seinen unglückseligen Stuhlbeschwerden befreit, nachdem er auf meinen Rath kurze Zeit Arsenik genommen.

Dem ganzen Bilde nach — eine Stuhluntersuchung bei dem der Consiliarpraxis angehörigen Kranken war nicht ausführbar — dürfte es sich nicht um einen Darmkatarrh gehandelt haben. Bei dem Patienten bestand eine hochgradige Nervosität, zu der als seltene und sonderbare Theilerscheinung das Verhalten der Darmthätigkeit zu rechnen ist. Dass die Entleerungen, die Schmerzen und das Kollern im Leibe während des Tages durchaus von psychischen Momenten abhängen, geht aus der Krankengeschichte unwiderleglich hervor. Der Fall gehört offenbar in die Kategorie der Diarrhoen aus Angst und Schreck, nur dass bei ihm chronisch ist, was sonst nur gelegentlich und vorübergehend auftritt.

In einer ganz anderen Weise wie in dem vorstehenden Falle stellt sich das unter dem Einflusse der „Nervosität" entstandene Krankeitsbild in der folgenden Beobachtung dar.

43jähr. Dame, seit 10 Jahren Wittwe; ganz regelmässig menstruirt. Sie giebt an, von jeher sehr „erregbar und nervös" gewesen zu sein, in den letzten Jahren allerdings noch stärker als früher. Ehedem litt sie stets an Stuhlverstopfung, so dass mit Honig und anderen Hausmitteln nachgeholfen werden musste. Seit etwa 3 Jahren hat sich nun folgender Zustand eingestellt.

Des Nachts schläft sie regelmässig gut. Bald nach dem Aufstehen entwickelt sich ein eigenthümlicher Anfall: Gefühl von fliegender Hitze am ganzen Körper, Schwindel, eingenommener Kopf mit Wallungen nach demselben und Röthung des Gesichts; Angst und Empfindung von Beklemmung auf der Brust, sehr rasches Athmen, zuweilen Herzklopfen. Nachdem dieser höchst peinliche Zustand eine Zeit lang, meist eine Reihe von Minuten gedauert hat, erfolgt eine, meist sehr spärliche und feste (nur sehr selten dünne), anscheinend ganz normale Stuhlentleerung — und mit dem Eintreten derselben ist der ganze lästige Symptomencomplex abgeschnitten. Zu bemerken ist, dass im Beginn des Anfalls gar kein Stuhldrang besteht, derselbe stellt sich erst gegen Ende ein und muss auch sofort befriedigt werden. Im Laufe weniger Stunden, bis gegen 10 Uhr Vormittags, wiederholt sich diese Scene etwa dreimal; dann hat Pat. Ruhe und befindet sich ziemlich wohl bis etwa 5 Uhr Nachmittags, wo dann der Cyklus vom Vormittag, aber nur mit zwei Entleerungen sich wiederholt. Ausnahmsweise steigert sich die Zahl dieser auf sieben im Tage, oder ist umgekehrt mit dem Vormittagscyklus von dreien beendigt. Ausnahmsweise ereignet es sich auch wohl, dass nicht mit einer Stuhlentleerung, sondern mit dem Aufstossen von Gasen oder Abgang derselben nach unten der Anfall abschliesst.

Des Abends nach dem zweiten Cyklus befindet sich Pat. vortrefflich. Appetit sehr gut; kein Erbrechen; ausser dem gelegentlichen Aufstossen beim Anfall nie solches. Die objective Untersuchung ergiebt bei der Patientin ausser einer allgemeinen Aufgeregtheit nichts Besonderes; nur wird sie ungemein leicht von einer fliegenden Röthe und Hitze befallen, namentlich am Oberkörper und Gesicht.

Den soeben geschilderten Krankheitsfällen, von denen jeder
einzelne in seiner klinischen Gestaltung einen besonderen Typus
darstellen könnte, reiht sich eine andere Art von Fällen an, welche
häufiger vorzukommen scheint, und zu deren Charakterisirung wieder
ein einzelnes Beispiel dienen möge.

Ein russischer Arzt schildert sich selbst als sehr nervös; er
sei ungemein reizbar und erregbar, habe sehr unruhigen Schlaf.
Objectiv fällt ein ziemlich hochgradig anämisches Aussehen auf.
Diese Nervosität bestehe erst seit einiger Zeit. Früher litt er an
bedeutender Stuhlträgheit, hatte nur alle 3—6 Tage eine Entleerung. Seit dem Entstehen der Nervosität jedoch ist es ihm aufgefallen, dass, ohne dass eine Aenderung in seiner sonstigen Le-
bensweise stattgefunden hätte, seine Stuhlentleerungen häufiger geworden sind, so dass er jetzt täglich einmal eine solche hat. Sein
subjectives Befinden hat sich jedoch trotz der jetzt regelmässigen
Darmthätigkeit nicht gebessert.

Den vorstehenden Beobachtungen sei nur weniges beigefügt.
Sie lehren, wie verschieden auch das Bild im einzelnen Falle sich
gestalten möge, übereinstimmend, dass zuweilen in hervorragender
Weise die Darmfunctionen bei der kurzweg als allgemeine Nervosität und Neurasthenie zu bezeichnenden pathologischen Veränderung des Nervensystems in Mitleidenschaft gezogen werden. Diese
Betheiligung der Darmfunction stellt einen wesentlichen Bestandtheil des Krankheitsbildes dar; sie ist ein chronisches Symptom.

Bemerkenswerth und bisher nicht genügend beachtet ist der
Umstand, dass diese Darmbetheiligung in zwiefacher Weise sich
äussern kann. Man hat bis jetzt nämlich stets, wenn von „nervöser Diarrhoe“ die Rede war, nur die eine Erscheinung im Auge
gehabt, dass flüssige Entleerungen erfolgten. Nun geht aber aus
Beobachtungen wie den oben mitgetheilten hervor, dass dies nicht
immer der Fall ist. Vielmehr kann unter dem Einflusse nervöser
Erregungen und bei der sog. allgemeinen Nervosität auch einfach
eine feste Dejection erfolgen.

Diese Thatsache weist darauf hin, dass es sich hier um
nervöse Einflüsse verschiedener Art handeln müsse. In dem
Falle der einfachen festen Dejection muss man annehmen, dass der
nervöse Erregungsvorgang ausschliesslich auf den untersten Dickdarmabschnitt einwirke, in welchem die zur Entleerung bereits vor-

gebildeten Kothmassen sich finden; mit anderen Worten, dass der
im übrigen normale Vorgang der Defäcation hier nur zu ungewöhn-
licher Zeit angeregt werde. Bei der flüssigen Entleerung dagegen
muss man annehmen: entweder, dass der ganze Darm insgesammt
in stürmische Peristaltik versetzt werde, der von oben herabkom-
mende flüssige Inhalt mit dem festen im unteren Dickdarm sich
menge und diesen verdünne; oder, dass die nervöse Erregung eine
flüssige Transsudation in den untersten Darmabschnitt hervorrufe
und so dessen Inhalt verflüssige. Es ist unmöglich, Beweise für
die ausschliessliche Richtigkeit der einen dieser Möglichkeiten beizubringen; doch gestehe ich, dass mir die letztere wahrscheinlicher
ist. Wäre dem aber so, dann müssten die Erregungsvorgänge bei
den beiden verschiedenen Arten der nervösen Diarrhoe verschiedene
Nervenbahnen in Thätigkeit bringen: einmal nur die Erreger der
Peristaltik, das andere Mal daneben noch vasomotorische oder se-
cretorische Nerven. Bei dem Mangel einschlägiger experimenteller
Erfahrungen muss ich auf das weitere Eingehen auf diese physiologische Seite der Frage verzichten und mich für heut mit der
Betonung der klinischen Verhältnisse begnügen.

12.

Ueber Schleimkolik, Colica mucosa

(die sog. membranöse und tubulöse Enteritis).

In den letzten anderthalb Jahrzehnten haben sich die Mittheilungen gemehrt über eine, wie man annimmt, eigenthümliche Darmaffection, bei welcher die Entleerungen ausschliesslich oder überwiegend aus häutigen bezw. röhrenförmigen Massen bestehen, die den Croup-Membranen und Gerinnseln der Luftwege gleichen. Das klinische Bild rückt diese Darmaffection weit ab von der Dysenterie. Woodward[28] giebt eine bis zur Mitte der siebziger Jahre reichende Zusammenstellung aller einschlägigen, etwa ein halbes Hundert betragenden literarischen Mittheilungen, auf welche ich hiermit verweise. In den letzten acht Jahren sind dazu noch weitere casuistische Beiträge gekommen, namentlich in der amerikanischen Literatur, vereinzelt auch in der deutschen und französischen. Neuerlich hat Leyden[78] den Gegenstand unter Mittheilung von Fällen wieder zur Sprache gebracht. Ich selbst hatte Gelegenheit, einige derartige Fälle, insbesondere bezüglich der Dejectionen, zu untersuchen.

Der Stempel wird der in Rede stehenden Affection durch die Beschaffenheit der Darmentleerungen aufgedrückt. Es kommt deshalb vor allem darauf an, diese letzteren genau zu prüfen.

Das makroskopische Verhalten der Dejectionen ist so oft beschrieben, dass ich dem nichts Neues hinzuzufügen habe. Bekanntlich bestehen dieselben aus bald mehr bandartigen, fetzigen und häutigen Massen, bald mehr theils soliden, theils röhrenförmigen Gerinnseln von ganz verschiedenen Grössenverhältnissen. Im ersteren Falle sind sie den Croupmembranen ähnlich, im letzteren

gleichen sie den fibrinösen Bronchialgerinnseln. Unter bestimmten
Verhältnissen können sie noch andere Formen annehmen: so berichtet Longuet[79], dass bei einem neugeborenen Kinde nach 26
Stunden auf Lavements ein eigenthümliches rundes, solides Gebilde
zum Vorschein kam, welches ganz grade, 12 Centimeter lang und
von 4 Millimetern Durchmesser war; an seinem unteren, d. h. zuerst hervorkommenden Ende war eine birnförmige Anschwellung von
Taubeneigrösse (der Ampulle des Rectum entsprechend), und daran
noch ein ganz kurzer, $\frac{1}{2}$ Centimeter langer Anhang von wieder
röhrenförmiger Gestaltung. Die häutigen und röhrenförmigen Gebilde kommen ausnahmsweise in derselben Entleerung nebeneinander
vor, gewöhnlich jedoch haben sie entweder nur die erstere oder die
letztere Form. Ihre Farbe ist in der Regel grauweiss, zuweilen
durch oben anhaftenden gewöhnlichen Darminhalt bräunlich, einige
Male war sie auch röthlich durch Blut. Die fraglichen Massen
bilden entweder ausschliesslich die Entleerung, oder ausnahmsweise
sind sie mit flüssigem Darminhalt gemengt, oder noch seltener erscheinen sie neben festem.

Die mikroskopische Untersuchung ergiebt nicht immer
das gleiche Bild. Ich will voranstellen, was ich selbst in vier
Fällen ermittelt habe. Im 1. Falle, in welchem es sich um derbe,
solide, baumförmige, grauweisse Gerinnsel handelte, zeigte sich unter
dem Mikroskop (das Präparat war in Alkohol aufbewahrt) eine
streifige Grundsubstanz, in diese nur spärlich kleine rundliche,
schwer zu definirende körnige Gebilde eingebettet; daneben ganz
vereinzelt ein Paar Cholestearinkrystalle. Cylinderepithelien bezw.
Trümmer von diesen fehlen fast ganz, nur an zwei Stellen (in einigen Präparaten) sind solche, und hier allerdings ziemlich dicht
gedrängt zu sehen. Im 2. Falle waren die entleerten Massen mehr
lamellös. Hier fanden sich in einer schwach streifigen Grundsubstanz ungemein zahlreiche Cylinderepithelien, meistentheils verschollt mit kaum sichtbarem Kern, in den verschiedensten Verunstaltungen ihrer Form. Daneben wieder einige Cholestearinplatten,
aber keine zweifellosen Rundzellen. In einem 3. Falle, wo die entleerten Massen ebenfalls mehr lamellös waren, fanden sich geradezu
unglaubliche Massen von Cylinderepithelien, genau wie man es in
dem postmortal die Darmoberfläche bedeckenden anscheinenden
Schleim sieht, so dass von einer streifigen Grundsubstanz gar nichts

wahrzunehmen ist. Die Epithelien sind oft noch reihenförmig angeordnet, in ihrer Mehrzahl wohl erhalten, andere stark gebläht
mit riesigen Vacuolen, wieder andere Gruppen geschrumpft und
verschollt. Deutliche Rundzellen sind nicht vorhanden, Cholestearinplatten nicht zu finden. Im 4. Falle bestanden die entleerten Massen theils aus rundlichen Gerinnseln, theils aus Fetzen. Neben
Tripelphosphatkrystallen (keine Cholestearinplatten) ergab die mikroskopische Untersuchung auch hier ausserordentlich zahlreiche
Epithelien, theils sonst normal, theils in den verschiedensten Form-
veränderungen; daneben aber auch ziemlich reichlich Rundzellen,
die bald einzeln, bald in grösseren Gruppen zusammen liegen.

Von den genauer mitgetheilten mikroskopischen Untersuchungen
anderer Beobachter sei nur erwähnt, dass Leyden die (in Alkohol
aufbewahrte) Masse theils derb faserig fand, stellenweise vollkommen mit Fibrin vergleichbar, theils weicher und „ziemlich
reich mit Zellen bedeckt, dagegen wenig oder gar keine Eiterzellen
vorhanden". Wilks und Andrew Clark (citirt bei Woodward)
fanden in einer gelatinösen membraniformen Grundlage, die durch
Essigsäure gestreift wurde, zahlreiche Cylinderepithelien, Lymphoidzellen, grössere mit Vacuolen und „granulirten Zellen" versehene
Rundzellen; daneben Speisebeimengungen. Vidal (ibidem): strei-
figer Schleim und grosse Mengen von theils wohlerhaltenen, theils
verunstalteten Cylinderepithelien. Perroud (ibidem): glasiger
Schleim; Cylinderepithelien und Trümmer derselben; Kerne; weisse
Blutzellen; Tripelphosphate und Nahrungsbestandtheile. Lionel
Beale (ibidem): fester Schleim mit zahlreichen eingebetteten Darmepithelien. Colvis: Schleim mit Darmepithelien. Da Costa[80],
dessen Abhandlung eine der wichtigsten über unseren Gegenstand
ist, Goodhart (bei Woodward) kommt zu demselben mikro-
pischen Ergebniss, nur waren in Da Costa's Fällen die Epithelien
spärlich vertreten.

Uebrigens sei nebenbei bemerkt, dass nicht alle Dejectionsmassen, welche selbst für ein geübtes Auge makroskopisch in
dieser Richtung imponiren, der sog. Enteritis membranacea und
tubularis angehören. Abgesehen von Fascien und Sehnen haben
mehrmals insbesondere Arterien- und Venenrohre aus der Nahrung
stammend den Verdacht der in Rede stehenden Affection erweckt,
hat Farre (bei Woodward) einen Fall untersucht, in welchem

die entleerten bandartigen Massen fast ganz aus einem Genus „Oscillatoria", und Broca (ibidem) einen solchen, in welchem sie aus Leptothrix und Soorpilzfäden bestanden. Ich selbst sah einen Fall, in welchem ich trotz nicht ganz unbedeutender Uebung in der Untersuchung von Dejectionen eine membranöse Enteritis nach der groben Besichtigung vor mir zu haben glaubte, bis das Mikroskop und die chemische Untersuchung feststellte, dass es sich um Milchgerinnsel handele.

Die mikroskopische Prüfung, wenn auch der Befund in den einzelnen Fällen ein wenig von einander abweicht, zeigt demnach dasselbe Ergebniss, wie es sich im gewöhnlichen Darmschleim beim Darmkatarrh darstellt. Dies ist wenigstens das Resultat, zu welchem ich nach meinen eigenen Untersuchungen gelange, und ich glaube, dass auch die Angaben der meisten anderen Autoren so gedeutet werden müssen. —

Die chemische Prüfung habe ich mehrere Male angestellt. Da das Resultat in allen Fällen übereinstimmend war, wird der Gang einer Untersuchung genügen.

Die (in Alkohol aufbewahrten) Gerinnsel lösen sich beim Erhitzen in Kalilauge bis auf einen minimalen Rest. Durch das Filter läuft die Flüssigkeit ganz klar. Auf Zusatz von wenig Essigsäure tritt eine starke Trübung ein. Dieselbe hellt sich bei Essigsäureüberschuss etwas auf, verschwindet aber nicht ganz. — Ferrocyankaliumlösung zu alkalischer Lösung der Gerinnsel gesetzt bewirkt nichts; mit wenig Essigsäure erfolgt eine kaum sichtbare Opalescenz; mit nachträglich viel Essigsäure erfolgt wieder ein erheblicher Niederschlag. — Die alkalische Lösung giebt mit Salpetersäure eine starke Fällung, die sich jedoch auf Zusatz einiger Tropfen Kalilauge sofort wieder aufklärt. — Das Gerinnsel wird mit 1proc. Kochsalzlösung gekocht, dann filtrirt, und nun Kochsalz in Krystallen im Ueberschuss zugesetzt: es erfolgt eine leichte Opalescenz. — Die mit Essigsäure im Ueberschuss versetzte Lösung wird mehrmals filtrirt, bis sie fast ganz klar durchläuft; dann Ferrocyankaliumlösung zugesetzt: jetzt entsteht eine ganz leichte Opalescenz.

Das Gerinnsel enthält also Mucin und etwas Globulin. Wie gesagt, war das Ergebniss in den übrigen Fällen das gleiche.

Von anderen Autoren fand Clark in seinem Falle Albumin und Mucin, aber kein Fibrin, Thomson Mucin, Albumin und „Gelatin“, Perroud Mucin und Albumin, Da Costa und Hare in der Mehrzahl nur Mucin, einige Male Spuren von Albumin aber kein Fibrin. Es ist wohl der Betonung werth, dass keiner der verschiedenen Untersucher, welche die chemische Prüfung angestellt haben, ausdrücklich das Vorhandensein von Fibrin angiebt. Und dass das Mikroskop allein über die Frage, ob Fibrin oder Mucin, nicht mit Sicherheit entscheiden kann, ist wohl unbestreitbar und auch von Ewald in Bezug auf unseren Gegenstand hervorgehoben worden.

Fasse ich das Ergebniss der mikroskopischen und chemischen Untersuchung zusammen, so ergiebt sich, dass wir es bei den fraglichen Dejectionsmassen in den meisten Fällen, vielleicht immer mit Darmschleim zu thun haben; der geringe Eiweissgehalt dürfte von den Zellleibern der beigemengten Epithelien stammen. Für die Auffassung der Gerinnsel und Häute als fibrinöse ist kein genügender Anhaltspunkt gegeben.

Danach wäre dieses Leiden, was die Natur der Secretion anlangt, durch keine besondere Eigenthümlichkeit ausgezeichnet; vielmehr würde man es mit demselben Secret wie beim gewöhnlichen Darmkatarrh zu thun haben.

Andererseits steht es nun aber fest, dass: 1. der ausgestossene Schleim eine charakteristische Gestalt angenommen hat, 2. das klinische Bild der Affection ein eigenthümliches, von dem gewöhnlichen Darmkatarrh durchaus abweichendes ist.

Das klinische Bild ist bereits mit vollständiger Klarheit gezeichnet von Da Costa, Woodward, Leyden. Die Gesammtheit der vorliegenden Beobachtungen gestattet, den Symptomencomplex in folgender Weise zu skizziren.

In der überwiegenden Mehrzahl der Fälle handelt es sich um nervöse oder hysterische Frauen, einige Male auch um hypochondrische Männer, ein paar Mal auch um Kinder. In einer anderen Reihe von Fällen bestand habituelle Stuhlträgheit aus verschiedenen Ursachen. Neben diesen beiden ätiologischen Hauptreihen existiren dann noch vereinzelte Fälle, in welchen über die Ursachen nichts Näheres zu ermitteln ist. Die Krankheit selbst wird in erster Linie durch Schmerzanfälle gebildet. Diese Schmerzen steigern sich

gelegentlich zu ausserordentlicher Höhe, haben das Gepräge von
Kolikanfällen und oft genug wird von den Kranken als deren Sitz
das Colon bezeichnet. Im Anschluss an diese Anfälle werden die oben
beschriebenen Massen entleert. Dann tritt Ruhe ein, die Kranken
sind von ihren Schmerzen befreit, und es folgt nun ein längeres
Intervall. Die Schmerzanfälle können einen Tag bis zu einer Woche,
die freien Intervalle einige Wochen bis zu mehreren Monaten dauern;
zuweilen war auch mit einem einzigen Anfall das ganze Leiden
beendet. Die entleerten Massen sind an Menge zuweilen staunen-
erregend.

Alle Beobachter stimmen darin überein, dass es sich um wahre
Kolikanfälle handele, „wehenartige Schmerzen" werden sie gelegentlich direct genannt, als deren veranlassendes Moment die Anhäufung der Schleimmassen im Darm angesehen werden muss; mit
deren Ausstossung hört eben der Anfall auf.

Woher nun die massenhafte Schleimansammlung im Darm?
Es ist möglich, dass manchmal wirklich ein Darmkatarrh, eine
Enteritis, besteht; bewiesen ist dies aber nicht, denn Sectionen derartiger Fälle liegen meines Wissens nicht vor. Es ist aber auch
gar nicht nothwendig, einen gewöhnlichen Darmkatarrh anzunehmen; und für die Mehrzahl der Fälle kann man wohl sogar einen
solchen direct ausschliessen, nämlich für alle die Fälle, welche bei
hysterischen und nervösen Personen auftreten. Es ist ja nach
tausendfältiger Erfahrung bekannt, dass das klinische Bild des wirklichen anatomischen Darmkatarrhs ganz anders sich gestaltet.

Ich bin deshalb der Meinung, dass man auch den Namen
„Enteritis" für diese Affection aufgeben soll, weil derselbe nicht ihrem Wesen entspricht, und möchte dafür die Bezeichnung „Schleimkolik, Colica mucosa" in Vorschlag bringen.

Den Fingerzeig für die richtige Auffassung des Processes, namentlich für die Bildung der eigenthümlich gestalteten Gerinnsel,
liefert eine Beobachtung von Marchand[31], welcher „in dem zusammengezogenen, fast leeren Dickdarm eines Amputirten, der nach
Monate langem Liegen an metastatischen Sarkomen gestorben war,
zwischen den starken Längsfalten der Schleimhaut, in zähem
Schleim eingebettet, genau dieselben verästelten weisslichen Bildun-
gen" fand, wie sie bei der Schleimkolik beschrieben werden.
Marchand knüpft daran die meines Erachtens richtige Deutung,

dass in dem bei längerer Unthätigkeit zusammengezogenen Dickdarm der Darmschleim in der Tiefe der Längsfalten zu runden Strängen sich formt, welche netzförmig miteinander in Verbindung treten oder verzweigt erscheinen. Durch Zusammenrollen und Verkleben in der Längsrichtung entstehen dickere Stämme.

Dass auch in dem gesunden Darme, auch ohne Katarrh, normaler Weise eine gewisse Schleimabsonderung stattfindet, ist 'sicher; das Vorhandensein bezw. bei mangelnder Entleerung die Ansammlung des Schleimes hat an sich also nichts Auffallendes.´ Bei den meisten von Schleimkolik Betroffenen handelt es sich um nervöse bezw. hysterische Personen, bei welchen bekanntlich Contractionszustände der Gedärme vorkommen; andere Male um längere Darmruhe vielleicht in Folge habitueller Verstopfung (nervöse Einflüsse), oder bei Schwangerschaft u. dergl.; und damit wäre dann die Möglichkeit der Membran-, Netz-, Gerinnselbildung in der von Marchand angedeuteten Weise gegeben. Kommt es dann allmählich zu einer bedeutenderen Schleimanhäufung, so werden zuletzt heftige peristaltische Contractionen angeregt, welche mit Schmerzen einhergehen und endlich zur Ausstossung des Schleimes führen — das Bild der Colica mucosa ist gegeben.

13.

Ueber Darmatrophie*).

(Hierzu Tafel II.)

———

In den nachstehenden Seiten folgen die Untersuchungen über die atrophischen Zustände des Darmkanals, insbesondere bei Erwachsenen. Während die Atrophie des Magens neuerdings Gegenstand besonderer Aufmerksamkeit gewesen ist, namentlich seitens englischer Schriftsteller, fehlen über die Atrophie des Darmes methodische Untersuchungen bis jetzt durchaus.

Anatomisches.

Von vornherein ist es denkbar, dass eine Atrophie in jeder Schicht der Darmwand eintreten könne, denkbar ferner, dass die ganze Darmwand in allen Schichten zugleich atrophire, oder nur eine einzelne Lage bezw. nur einzelne Bestandtheile derselben.

So könnten vielleicht die Lieberkühn'schen Drüsen allein schwinden, oder der folliculäre Lymphdrüsenapparat u. s. w. Wir werden zu untersuchen haben, ob und inwieweit diese Unterstellungen in Wirklichkeit zutreffen. Das weitaus grösste Interesse beanspruchen dabei natürlich wegen ihrer physiologischen Wichtigkeit die Muskellage, die Lieberkühn'schen Drüsen, die Zotten, die Follikel. Der Uebersichtlichkeit wegen dürfte es zweckmässig sein, jede Schicht gesondert zu besprechen. Dabei werde ich dann jedesmal den Stand der Frage, wie er sich augenblicklich in der Literatur darstellt, kurz kennzeichnen.

———

*) Abgedruckt aus der Zeitschrift für klin. Medicin. Bd. IV.

Falls sich einige kleine Resultate bei meinen Untersuchungen
ergeben haben, so ist dies ausschliesslich dem Umstande zu verdanken, dass ich ganz systematisch jeden Darm von allen in der
Klinik und Poliklinik Verstorbenen untersuchte, gleichgültig, ob
während der Beobachtungszeit im Leben Erscheinungen seitens des
Darmes bestanden hatten oder nicht.

Die Methode der Untersuchung war sehr einfach. Stücke aus
den einzelnen Darmabschnitten, vom obersten Jejunum bis zum
Rectum abwärts, wurden in Alkohol gehärtet und dann mikroskopirt, meist unter der Carminfärbung, zuweilen auch unter Essig-
säurebehandlung. Zu bestimmten Zwecken, so um die Fettdegeneration der Muskeln festzustellen, wurden die entsprechenden besonderen Verfahren angewendet.

a. Epithelialschicht.

Bei der mikroskopischen Untersuchung zahlreicher Dickdärme,
an den verschiedensten Stellen des Colon vorgenommen, von Individuen stammend, die im verschiedensten Alter an den verschiedensten Krankheiten gestorben waren, habe ich niemals auf der freien
Schleimhautfläche Epithelien aufsitzend gefunden. Nicht ganz so
regelmässig und vollständig fehlten dieselben im Jejunum und
Ileum, immerhin jedoch auch hier in den meisten Fällen und an
den meisten Stellen; nur ausnahmsweise trifft man einmal kurze
Abschnitte eines zusammenhängenden Epithelbezuges auf den Zotten
oder auf der Schleimhaut zwischen diesen. Dass nicht die Be-
handlungsmethode der Präparate, die Aufbewahrung in Alkohol
u. s. w. die Veranlassung zu diesem Verlust des Epithels sein kann,
wird dadurch dargethan, dass Darmstücke, von frisch getödteten
Thieren entnommen und ebenso behandelt, die vollständige Epithel-
decke wohlerhalten zeigen.

Untersucht man den Darminhalt, namentlich auch an Stellen,
wo jede fäculente Beschaffenheit oder wo im Dünndarm jedes Aussehen desselben nach Speisebrei mangelt und er vielmehr nur eine
anscheinend schleimige Qualität darbietet, so findet man mikroskopisch in dieser schleimigen Masse das ganze Gesichtsfeld erfüllt
von dichtgedrängten Epithelien, die theils isolirt theils nahe zu-
sammenhängend sind, und im Dünndarm ihre Formen meist viel
leichter erkennen lassen als im Dickdarm, wo man öfters nur die

Kerne noch durch Carmin zur Anschauung bringen kann. Von etwaigen pathologischen Veränderungen der Epithelien hier absehend, welche ganz ausführlich von Lambl[25] geschildert sind, will ich an diese Thatsachen nur die Bemerkung anknüpfen, dass diese Desquamation des Epithels, welche man so regelmässig mit und ohne Darmerkrankungen trifft, zweifellos als einfaches postmortales Phänomen angesehen werden muss. Der directe Beweis dafür wird durch einige Controllexperimente geliefert, welche ich zum Ueberfluss noch angestellt habe. Während nämlich in dem Inhalt eines Stückchens Darm, welches einem lebenden Hunde entnommen und sofort untersucht wird, keine oder nur ganz vereinzelte Exemplare von Epithelien sich finden, trifft man solche zahlreich in demselben Darm, wenn er einige Stunden nach dem Tode des Thieres gelegen. Uebrigens tritt die postmortale Epithelablösung sehr schnell ein, denn ich habe sie bereits in Leichen, deren Section 6 Stunden nach dem Tode vorgenommen wurde, festgestellt.

Es erschien mir mit Bezug auf pathologische Verhältnisse nicht überflüssig, diese Thatsache der regelmässigen Epithellösung in jeder Leiche noch einmal zu betonen. Denn die Angaben in der Literatur lauten nicht ganz fest und bestimmt. So, um nur einige Beispiele anzuführen, spricht Kundrat[35] von der postmortalen Epithellösung beim Darmkatarrh in einer Fassung, dass keineswegs die Annahme, er betrachte dieselbe beim Katarrh als wesentlich gesteigert, ausgeschlossen ist, und Klebs[36] erwähnt sie unter den „Leichenveränderungen" des Darmes gar nicht. Woodward[28] dagegen äussert sich ganz in demselben Sinne wie ich es eben gethan, wenn er (l. c. p. 326) sagt: the intestinal epithelium separates from the mucous membrane, in consequence of cadaveric changes, at a very early period after the death, even in the perfectly normal intestine.

Auf pathologische Zustände angewendet ergiebt sich aus Vorstehendem Folgendes. Der Befund des Epithelmangels in der Leiche beweist nicht im Entferntesten, dass irgend ein bestimmter anatomischer Process bestanden habe: für die asiatische Cholera, bei welcher die Frage der Epithelablösung eine erhebliche Rolle gespielt hat, haben neuere Autoren, so Cohnheim[30], bereits mit Entschiedenheit den postmortalen Ursprung derselben vertreten. Aber auch

für den einfachen acuten wie chronischen Katarrh lässt sich, wie
Woodward schon hervorgehoben, aus dem Leichenbefund nicht der
Schluss ziehen, dass der Epithelmangel eine Folge des Katarrhs sei.
Es ist sehr wohl möglich, sogar wahrscheinlich, dass beim Katarrh
und bei der Cholera eine regere Epithellösung stattfindet, worauf
— beim Katarrh wenigstens — der Befund in den Stühlen hin-
weist, aus dem Leichenbefunde jedoch darf eine Schindung der
Darmschleimhaut während des Lebens nicht gefolgert werden.

Eine ganz andere Frage ist es, ob und welche geweblichen
Veränderungen der im Leben anhaftenden Epithel- und Drüsenzellen bei pathologischen Zuständen vorkommen. Bekanntlich legt
z. B. Lambl auf diese Epithelalterationen sehr grosses Gewicht
für die Genese der Pädatrophie. Hier jedoch kommt es mir nur
auf den Mangel, den Schwund der Epithelien an, nicht auf jede
histologische Veränderung derselben überhaupt.

b. Eigentliche Mucosa.

Die atrophischen Veränderungen dieser Schicht sind die weitaus häufigsten und auch functionell bedeutungsvollsten; nichsdesto-
weniger ist deren Schilderung und Betonung eine fast überall ziemlich dürftig gehaltenene. Selbst Woodward, welcher die ausführlichsten Darstellungen der Katarrhe und ihrer anatomischen Folgezustände giebt, geht über die secundäre Atrophie kurz fort. Zur
Kennzeichnung der gegenwärtig bestehenden Meinungen und Kenntnisse werde ich kurz aus mehreren neuen und neuesten Schriftstellern die einschlägigen Bemerkungen anführen; bei den älteren ist
dieser Punkt noch skizzenhafter abgemacht.

Klebs (l. c.): „Bei länger bestehenden Katarrhen kommt es,
namentlich bei Kindern, zur Atrophie der drüsigen Schläuche, die
dann äusserst kurz erscheinen; die ganze Schleimhaut ist glatt,
blass, die Darmwand im Ganzen dünn; bei Erwachsenen gehen die
chronischen katarrhalischen Zustände mehr in Induration über, namentlich wenn gleichzeitig Blutstauung (z. B. in Folge von Herz-
fehlern) vorhanden ist, die Schleimhaut wird dicker und derber,
ebenfalls glatt, auch hier entstehen wie im Magen durch Verenge-
rung der Drüsenausführungsgänge kleine Cysten, oft in grosser
Anzahl." — Rindfleisch[87] spricht von der Hypertrophie als Er-
zeugniss des chronisches Katarrhs und von der Atrophie blos in-

sofern als er sagt, dass die kleinen in den Lieberkühn'schen Drüsen entstehenden Schleimcysten unter Atrophie der Zwischenwände mit einander verschmelzen können. — Leube[29] sagt fast wörtlich dasselbe wie Klebs. — Kundrat bei Schilderung des chronischen Enterokatarrhs der Kinder: „Die Solitärdrüsen des Dickdarms zeigen bei den hier häufigen Katarrhen namhafte Vergrösserung. Bei lang dauernden Katarrhen tritt eine Wulstung und Verdickung der ganzen Darmwand ein, die auf einer serösen Infiltration besonders der Submucosa beruht. Oefter hingegen sind bei chronischen Katarrhen durch den hierbei vorkommenden Meteorismus die Darmwände dünn, anscheinend verdünnt, auffallend blass (besonders am Ileum und Dickdarm). Bei Säuglingen und Kindern aus der ersten Dentitionsperiode, bei älteren Scrophulösen, Rachitischen, Tuberculösen und Syphilitischen kommt aber eine wirkliche, sämmtliche Schichten der Darmwand und oft überwiegend den Follikelapparat betreffende Atrophie vor" (folgt Beschreibung der Follikel). — Damaschino[71]: „Il est assez fréquent de trouver la muqueuse intestinale épaissie (beim chronischen Katarrh); le tissu sousmuqueux et même la couche musculaire participent d'ordinaire à cet épaississement: cependant cette dernière tunique est quelquefois amincie." — Auch Habershon[70] spricht ganz allgemein von einer zuweilen eintretenden atrophy of all the coats of the intestine, ohne eine nähere Beschreibung zu geben. — Fenwick[88] beschreibt eine Veränderung des Darms, welche der nachher zu schildernden gleicht, wenn er sagt (l. c. p. 31): „ . . in many parts of the intestines the follicles of Lieberkuehn were either absent or the remains of their closed ends were alone visible, as in atrophy of the stomach". Doch bezieht sich diese seine Angabe nur auf Personen „who have died of cancer of the breast and uterus", und bei denen analoge Veränderungen im Magen bestanden. Er hält das Vorkommen dieser anatomischen Veränderungen zwar auch unter anderen Umständen für wahrscheinlich, doch fehlt in dem einzigen ausdrücklich von ihm beigebrachten, nicht ein Carcinom betreffenden Fall die mikroskopische Prüfung; und von den Beziehungen der Atrophie zu einfachen katarrhalischen Zuständen spricht er gar nicht. Beale[90] hat ein „wasting and shrivelling" der Lieberkühn'schen Drüsen beschrieben, aber nur bei der Cholera und im Dünndarm. — Ferner sei ein Fall von Aitken[89] citirt, welcher bei einem an Addison'scher Krankheit Leidenden die Zotten im Dünndarm sehr geschrumpft fand, und „the tubular glands of the mucous membrane of various parts examined vere almost entirely gone, and their places supplied by granular amorphous material". — Eine besondere Aufmerksamkeit hat der Zottenatrophie Werber[91] gewidmet, während er die Lieberkühn'schen Drüsen als nicht wesentlich verändert beschreibt. Seine Darstellung bezieht sich auf die sog. Tabes meseraica infantum, und wir werden nachher darauf zurückkommen. — Ueber eine interessante Beobachtung von Kussmaul und Maier[92] wird unten berichtet werden.

Es braucht wohl kaum noch ausdrücklich bemerkt zu werden, dass ich im Folgenden nur diejenigen Atrophien im Sinne habe, welche mit ulcerativen Vorgängen gar nichts zu thun haben, ohne jede Beziehung zu solchen sich entwickeln.

Ich werde nun zuerst die Atrophie der Schleimhaut, wie sie sich im Dickdarm darstellt, beschreiben, und zwar halte ich es für zweckmässig, bei der Schilderung von den vorgeschrittensten Fällen auszugehen. Die mikroskopische Beschreibung sei vorangestellt, die makroskopische wird nachher folgen.

Ein Beispiel hochgradigster Atrophie ist in Figur 1 Tafel II. abgebildet. Abgesehen von dem Mangel des Epithels fallen folgende Veränderungen sofort in die Augen: die bedeutende Verschmälerung der Mucosa und der gänzliche Mangel der Lieberkühn'schen Drüsen.

Um eine Vorstellung von dem Grad der Verschmälerung zu gewinnen, ist es zweckmässig, denselben in Zahlen auszudrücken. Koelliker[93] giebt die Länge der normalen Dickdarmdrüsen zu 0,4—0,5 Mm. an; Klein und Verson[94] zu 0,35 Mm. (beim Erwachsenen? beim Kinde?). Diese Zahlen sind zum Vergleich zu benutzen, weil ja die Drüsen an den Brücke'schen Muskel mit ihrem Fundus anstossen und mit den freien Mündungen im Niveau der „Basalmembran" liegen, also die Höhe der ganzen eigentlichen Schleimhaut darstellen. Um jedoch ein eigenes Urtheil zu haben, habe ich eine grosse Anzahl von Messungen angestellt, in der Art, dass die Entfernung von der oberen Grenze (d. h. der dem Darmlumen zugekehrten) des Brücke'schen Muskels bis zur „Basalmembran" bestimmt wurde. Die Ergebnisse sind folgende. Durch den

ganzen Dickdarm, vom Coecum bis zum Rectum ist die Höhe der
normalen Schleimhaut mit sehr unbedeutenden Schwankungen dieselbe. Beim Erwachsenen mit im wesentlichen normalen Darm
betrug dieselbe unter 41 Bestimmungen an verschiedenen Individuen am häufigsten nämlich 17 mal = 0,375 Millimeter, nur 5 mal
weniger, nämlich bis = 0,312 Millimeter, und überstieg andererseits die Höhe von 0,5 Mm. nur 4 mal, nämlich 3 mal = 0,56 und
ein einziges Mal die ungewöhnliche Höhe von 0,685 Mm. errei-
chend (bei einer sehr fettleibigen 22 jährigen Person). Bei ganz
jungen Kindern ist die Schleimhaut niedriger: so mass ich z. B.
bei 14 Wochen = 0,25, bei 8 Wochen = 0,25, bei 1 Woche =
0,25, 1 mal sogar bei einem 5 wöchentlichen Kinde 0,375 Mm. im
S romanum, doch war hier der Darm nicht normal, vielmehr bestand ein starker Katarrh, der an anderen Stellen (im Colon transversum) umgekehrt zur Atrophie geführt hatte. Bei etwas älteren
Kindern jedoch nähern sich die Maasse rasch denjenigen der Erwachsenen: so z. B. bei 8 Monaten = 0,375, bei 1½ Jahr = 0,5,
bei 7 Jahren = 0,44 Mm. — Man würde demnach bei Erwachsenen
als die normale Höhe der Schleimhaut im Durchschnitt 0,375 bis
0,5 Mm., in Uebereinstimmung mit Kölliker, Klein und Verson
ansehen können.

Bei der Atrophie nun bewegt sich das Maass in allen möglichen Ziffern unter den genannten normalen, in der Regel zwischen
0,25—0,1 Mm. Doch kommen viel höhere Grade vor: 0,04, 0,06,
0,07, 0,08, einmal, allerdings der hochgradigste mir vorgekommene
Fall, mass ich sogar 0,012—0,024! als Gesammthöhe der Schleimhaut mitsammt den Resten des Brücke'schen Muskels. In der That
kann man in derartigen Fällen von einer gänzlichen Atrophie der
Schleimhaut sprechen!

Unter diesen Verhältnissen sind nun die Lieberkühn'schen Drüsen vollständig verschwunden; man sieht auch nicht eine Spur von
ihnen; man erkennt sogar kaum noch die Stellen, an welchen sie
sassen, höchstens andeutungsweise sind diese noch durch lichtere
Zeichnungen zu errathen. Die ganze Schleimhaut besteht vielmehr
aus einer bindegewebigen Grundsubstanz, in welche eine Menge mit
Carmin sich rothfärbender Rundzellen eingelagert ist. Die Zahl
dieser letzteren ist um so geringer, je älter und hochgradiger der
Process ist, so dass man schliesslich hier und da stellenweise gar

keine Rundzellen mehr sieht, sondern ganz feine punktförmige Körnchen, die vielleicht Fett sind. Oefters finden sich auch kleine Häufchen gelblichen körnigen Pigments, offenbar von früheren Hyperämien oder Extravasationen herrührend. Der freie dem Darmlumen zugekehrte Saum der atrophischen Schleimhaut ist abwechselnd bald ziemlich gradlinig, bald mehr wellig verlaufend.

Der Brücke'sche Muskel pflegt da, wo die anderen Muskellagen, die Längs- und Quermusculatur unverändert sind, ebenfalls wohlerhalten zu sein, nur in den hochgradigsten Fällen, wie in der Figur angedeutet, tritt derselbe nicht in der gewöhnlichen Breite und klaren Zeichnung hervor.

Ist die Atrophie weniger vorgeschritten und der ganze Process jüngeren Datums, so ist das Bild etwa so, wie es in Fig. 2 Taf. II. dargestellt. Auch hier fehlen die Drüsen streckenweise vollständig; gelegentlich sieht man dann dazwischen noch eine übriggebliebene, welche im Ausfallen begriffen, oder einen abgeschnürten Rest derselben; auch hier besteht die Mucosa ausschliesslich aus Bindegewebe. In diesem sind jedoch die Rundzellen in viel reichlicherer Menge angehäuft als bei den vorgeschrittensten und älteren Fällen, und die Schleimhaut ist noch nicht so bedeutend verschmälert. Ich habe ausnahmsweise sogar gefunden, wenn der Krankengeschichte gemäss der Process jüngeren Datums war, dass die Höhe der Schleimhaut noch die normale war, 0,375 bis 0,5 Mm.; es war eben noch keine Schrumpfung des Bindegewebes eingetreten, sondern es handelte sich nur um Drüsenschwund und Rundzellenanhäufung. An den Stellen, wo die Drüsen gesessen, zeichnen sich in solchen frischeren Fällen ganz deutlich lichtere Lücken. Auch hier findet man zuweilen gelbroth pigmentirte Stellen, bald regellos zerstreut, bald mehr längs dem freien Saume oder dicht oberhalb des Brücke'schen Muskels sich hinziehend.

Bereits bekannt sind die Formen, bei denen die Solitärdrüsen nicht durchaus verloren gegangen sind, wo sie vielmehr als ganz kurze, abgeschnürte Reste, von dem freien Darmlumen durch Bindegewebe getrennt, meist unmittelbar auf dem Brücke'schen Muskel aufliegen. Ich verzichte deshalb auf nähere Beschreibung und Abbildung dieser Gestaltung und will nur bemerken, dass dieselbe in ihrer functionellen Bedeutung dem gänzlichen Schwund der Drüsen analog sein muss, weil ja eine Verbindung zwischen dem Drüsenrest und dem Darmlumen nicht mehr möglich ist. Dann aber möchte ich bei dieser Gelegenheit noch die Angabe beifügen, dass meiner Erfahrung nach die vielbesprochene cystische Erweiterung der Lieberkühn'schen Drüsen in Folge von Katarrhen durchaus nicht so häufig ist, wie es nach den Angaben der Handbücher scheinen möchte; jedenfalls ist sie sehr viel seltener als die vorstehend geschilderte einfache Schleimhautatrophie mit gänzlichem Drüsenschwund.

Dass man auf der atrophischen Schleimhaut kein Epithel findet, ist nach dem früher Gesagten selbstverständlich; ob dasselbe jedoch schon während des Lebens gefehlt hat, bin ich ausser Stande zu entscheiden. Wie sich in solchen Fällen die anderen Darmschichten, die Submucosa, die Muscularis und der Follikelapparat verhalten, ob dieselben ebenfalls atrophisch sind oder nicht, wird später dargelegt werden.

Im Dünndarm (Fig. 3 Taf. II.) gestaltet sich das Wesen des Processes ebenso wie im Dickdarm: auch hier verschmälert sich die Mucosa, die Drüsen schwinden und an ihre Stelle tritt mehr oder weniger zellenreiches Bindegewebe. Jedoch ist es mir nicht möglich über die Veränderungen der Höhenverhältnisse der Mucosa so genaue Maasse anzugeben wie im Dickdarm. Man wird dies verstehen, wenn man die anatomische Structur der Dünndarmschleimhaut, die Anwesenheit der Zotten und den durch diese bedingten unablässigen Wechsel in der Höhe der Schleimhaut berücksichtigt. Wegen der sonstigen Eigenheiten verweise ich auf das beim Dickdarm Gesagte.

Einer besonderen Erwähnung bedürfen noch die Zotten. Im Allgemeinen verhalten sich dieselben analog den Lieberkühn'schen Drüsen: wenn diese im Dünndarm atrophisch sind, dann sind meist auch sie es. Sie erscheinen dann sehr schmal, dürftig, verkümmert, und tragen fast gar keine Zellen oder Zellenkerne, sondern erscheinen als fast glashelle, nur mit einzelnen ganz feinen (Fett-?) Körnchen erfüllte Gebilde. In noch vorgeschritteneren Fällen können die Zotten auch über ganze Gesichtsfelder oder selbst Schnitte hin durchaus fehlen, so dass dann gelegentlich die atrophische Dünndarmstrecke einem ebenso veränderten Dickdarmabschnitt gleichen kann.

Werber (a. a. O.) beschreibt die Gedärme von 4 Kindern,

welche unter den Erscheinungen der Pädatrophie gestorben waren. Neben einer ausserordentlichen Dünnheit sämmtlicher Häute, welche „bis zur Durchsichtigkeit eine vollständige Atrophie sämmtlicher die Wandungen constituirender Elemente darstellt", betont er vor allem eine Atrophie der Zotten, und fettige wie colloide Degenerationen der Epithel- wie Parenchymzellen. Dagegen hebt er hervor, dass „die Lieberkühn'schen Drüsen ziemlich constant unverändert blieben". Ich kann dazu nur bemerken, dass ich dieser letzteren Angabe für die acuten Katarrhe der Kinder nicht beitreten kann; wie sich die Dinge bei der chronischen Pädatrophie verhalten, lasse ich zunächst dahingestellt, da ich bislang mehr mit den Zuständen bei Erwachsenen als bei Kindern mich beschäftigt habe. Doch kann ich wenigstens das bemerken, dass mir bei Kindern, welche einen der Tabes meseraica ähnlichen Krankheitszustand geboten hatten, allerdings Bilder begegnet sind, wo die Zotten stärker ergriffen schienen wie die Lieberkühn'schen Drüsen, immer aber waren auch diese letzteren in erheblichem Grade betheiligt.

Es bleibt noch übrig einige Worte über das makroskopische Aussehen der atrophischen Schleimhautpartien anzufügen. Dasselbe unterscheidet sich im Dickdarm kaum von dem des normalen Darms, namentlich bei nicht ganz sorgfältiger Besichtigung und bei blasser Färbung des Darms wird man sehr leicht denselben für gesund halten. Ich bin ganz fest überzeugt, dass dies in ausserordentlich zahlreichen Fällen sich ereignet (vergl. unten Häufigkeit). Und auch eine graue oder schwärzliche Pigmentirug der Schleimhaut weist ja für sich allein keineswegs auf Atrophie der Drüsen hin. Indessen ist das geübte Auge doch im Stande, die vorgeschritteneren Grade der Schleimhautatrophie bei sorgfältiger makroskopischer Betrachtung zu vermuthen. Die Darmoberfläche sieht nämlich dabei ganz glatt und gleichmässig aus ohne jede Spur von Vertiefungen. Immerhin sind diese makroskopischen Diagnosen sehr unzuverlässig, erst das Mikroskop bringt die Entscheidung. Im Dünndarm ist die makroskopische Beurtheilung in einzelnen Fällen leichter, wenn auf einer Strecke nämlich alle Zotten fehlen, ganz unmöglich aber wo dies nicht zutrifft. —

Die Verbreitung der Schleimhautatrophie über die einzelnen Darmabschnitte anlangend, so ist dieselbe keineswegs eine gleichmässige. Von welchen besonderen Umständen etwa die Verschiedenheiten abhängen, soll nachher kurz erörtert werden; hier mögen zunächst nur die auf das Thatsächliche bezüglichen Angaben Platz finden. Im Allgemeinen ist im Dickdarm häufiger der Sitz der Atrophie, als im Dünndarm. Obenan unter allen Abschnitten steht das Coecum, dann folgt in absteigender Reihe das Colon ascendens in seinem Beginn, und mindestens ebenso oft wenn nicht noch öfter betheiligt ist der unterste, unmittelbar über der Bauhin'schen Klappe gelegene Abschnitt des Ileum; dann folgt der übrige Dickdarm und dann erst die höhere Partie des Ileum; das Jejunum ist nur sehr selten betheiligt.

In einzelnen Fällen habe ich die Schleimhaut des Dickdarms in ihrer ganzen Ausdehnung vom Rectum aufwärts atrophisch gefunden, und dazu noch diejenige des Ileum bis zum Uebergange in das Jejunum ebenfalls. Doch ist dies die entschiedene Ausnahme; viel häufiger findet man nur einzelne Abschnitte atrophisch, während an den übrigen Partien nur die Zeichen chronischen Katarrhs oder auch ganz normale Verhältnisse bestehen. Auch sind nicht immer die unmittelbar aneinandergrenzenden Strecken atrophisch; so kann sich Atrophie bei einem Kranken im Jejunum, untersten Ileum und Coecum finden, in den dazwischen liegenden Strecken nicht. Am häufigsten ist, ich wiederhole es, alleinig das Coecum, öfters noch daneben der unterste Abschnitt des Ileum betroffen. Gar nicht selten ist es auch, namentlich wenn der Process noch nicht zu weit vorgeschritten, kleinere atrophische Inseln in der im Uebrigen noch Drüsen tragenden Schleimhaut zu finden. Während der Dickdarm oft überwiegend oder allein verändert ist, gilt dies für den Dünndarm in viel geringerem Grade, am ehesten noch bei Kindern; nur ein einziges Mal beschränkte sich bei einem Erwachsenen die Atrophie auf den Dünndarm, aber auch nicht einmal ausschliesslich, denn selbst hier betheiligte sie noch das Coecum, während allerdings der ganze übrige Dickdarm sehr schöne Drüsen trug.

Eine höchst überraschende Ziffer ergiebt sich, wenn man die absolute Häufigkeit der Darmatrophie feststellt — ich fand dieselbe in 80 Procent aller untersuchten Fälle bei Erwachsenen. Es sei wiederholt, dass bei allen in der Klinik und Poliklinik Verstorbenen der Darm mikroskopirt wurde, gleichgültig

welche Leiden den Tod herbeigeführt hatten, gleichgültig ob Darmerscheinungen bestanden hatten oder nicht. Bei Kindern ist die
Häufigkeit geringer, doch sind hier meine Zahlen zu klein um ein
Procentverhältniss mit Wahrscheinlichkeit aufzustellen. Indessen
bemerke ich, dass ich die Atrophie bereits bei einem 5 wöchentlichen Kinde gesehen habe. Bei dieser hohen Procentzahl habe
ich, wie ausdrücklich betont sei, alle Fälle von Atrophie einbe-
griffen, auch diejenigen, wo sie sich auf das Coecum beschränkte:
die ausgebreiteten Veränderungen sind natürlich sehr viel seltener.
Dass die physiologische Bedeutung der ausgedehnten und beschränkten Formen eine ganz verschiedene sein muss, ist ja selbstverständlich. Hier kam es mir aber zunächst nur darauf an, zu
zeigen, wie selten ein durchweg ganz normaler Darm vorkommt. —

Ich wende mich jetzt zur Entstehung der Schleimhautatrophie. Es sei gestattet, zunächst eine Ansicht Woodward's
anzuführen, welcher, bei Erörterung der Histologie des chronischen
nicht-ulcerativen Darmkatarrhs, sich also äussert (a. a. O. S. 563):
„It is also worthy of note that even in the most protracted cases
the tissue infiltrated by the lymphoid swarm retains very nearly
all the characteristics which it presented during the subacute sta-
ges. There seems to be little or no tendency toward the develop-
ment of a fibrillated matrix between the new elements, a fact which
explains why it is that the possibility of resolution and ultimate
recovery always remains, even in those cases of chronic dysentery
in which these has been ulceration or shloughing, except when too
large an area of the mucous membrane has been destroyed. This
fact is in marked contrast to what happens when the ulcers heal;
in that case an abundant fibrillated matrix is speedely developed
between the lymphoid elements of the granulation tissue and a
characteristic cicatrix is the result." Gemäss dem voraufgehend
Dargelegten halte ich den Mangel der Lieberkühn'schen Drüsen und
die Ersetzung der Schleimhaut durch Bindegewebe — wohlverstanden ohne causale Beziehungen zu geschwürigen Processen — für
ein sehr häufiges Vorkommniss, und zwar, wie ich alsbald darzu-
thun suchen werde, für die Wirkung einfacher katarrhalischer Zustände. Wie dieser Gegensatz in den thatsächlichen

Angaben zwischen Woodward und mir zu erklären, sehe ich mich ausser Stande zu sagen.

Ein Blick auf die Fig. 4 Taf. II. und auf die Stelle f der Fig. 3 dürfte geeignet sein, eine Vorstellung davon zu verschaffen, wie der Schwund der Lieberkühn'schen Drüsen in Folge von Katarrh zu Stande kommt. Bekanntlich stehen im Normalzustande (besonders im Dickdarm, wo man deshalb die Verhältnisse am besten studiren kann) die Drüsenschläuche ganz dicht gedrängt, nur durch ein ganz schmales, äusserst wenig zellige Gebilde enthaltendes bindegewebiges Septum von einander getrennt. Bei jedem Katarrh vermehrt sich die Menge der Rundzellen in den Interstitien der Drüsen und längs deren Fundus oberhalb des Brücke'schen Muskels, die Abstände der Drüsen von einander werden breiter. Sehr oft werden dann auch die Drüsen selbst betheiligt: sie verlängern sich dergestalt, dass sie frei in das Darmlumen hineinragen, oft um ebensoviel ihrer Länge, wie sie in der Schleimhaut selbst stecken. Bei der makroskopischen Besichtigung erscheint eine solche Partie Dickdarm wie mit dichtgedrängten Zotten besetzt, und ähnelt dadurch einem Stücke Dünndarm. Zugleich lockern sich die Drüsen öfters, lösen sich allmählich von dem sie umgebenden Gewebe ab, so dass um sie herum eine lichte Zone entsteht. Sie rücken mit ihrem Fundus in die Höhe, dem Darmlumen immer mehr zu, und fallen endlich aus. An der Stelle, wo sie gesessen, erscheint in frischen Fällen eine lichtere Stelle. Nach und nach wird diese durch Rundzellen führendes Bindegewebe ausgefüllt — man bekommt die Bilder wie in Figur 2. Beim weiteren chronischen Verlaufe wird die anfänglich grosse Zahl der Rundzellen geringer, es tritt Schrumpfung des Bindegewebes ein, und wir haben die schmale bindegewebige Schicht an Stelle der Schleimhaut wie in Figur 1.

Zuweilen mag der Drüsenschwund auch dergestalt zu Stande kommen, dass in der bereits bekannten Weise, auf welche ich deshalb hier nicht einzugehen brauche, die Drüsen durch das wuchernde Bindegewebe von dem Darmlumen abgeschnürt und allmählich ganz zur Atrophie gebracht werden. Gelegentlich sieht man auch in einem Darm diese und die vorstehend beschriebene Art des Drüsenverschwindens nebeneinander.

Die Zeit, welche erforderlich ist für die Entstehung

der Schleimhautatrophie, kann eine recht kurze sein. Es
brauchen durchaus nicht immer chronische Katarrhe zu sein, schon
subacute und acute genügen dazu. Am überzeugendsten lässt sich
dies natürlich bei ganz jungen Kindern nachweisen, weil hier der
Einwand, ein beobachteter Drüsenschwund sei nicht Folge des zuletzt bestandenen Darmkatarrhs, sondern bereits älteren Datums,
fortfällt. Zwei Beispiele werden dies erläutern:

a) Kind von 9 Wochen hatte einige Wochen lang dyspeptische Erscheinungen, in den letzten Tagen vor dem Tode heftige Durchfälle. — Colon.
Muscularis normal. Submucosa mässig kernreich, längs des Brücke'schen
Muskels ziemlich beträchtliche Ansammlung von Rundzellen. Mucosa stark
verändert; wo Drüsen noch vorhanden, sind dieselben zum Theil verbreitert
und die Interstitien ebenfalls sehr breit und vollgepfropft mit Rundzellen. An
sehr vielen Partien fehlen jedoch auf grosse Strecken hin sämmtliche Drüsen
und die Schleimhaut besteht nur aus einem zellenreichen Bindegewebe, z. Th.
von ganz gleichmässigem Aussehen, z. Th. mit noch lichteren Stellen, wo ehedem die Drüsen sassen. Jejunum und Ileum: die Drüsen, streckenweise ziemlich lang, ragen zum Theil über das Niveau der Schleimhaut in das Darmlumen hinein; streckenweise fehlen sie ganz; streckenweise sind sie auch noch
dichtgedrängt vorhanden. An vielen Stellen sind die Zotten sehr dürftig entwickelt oder fehlen auch gänzlich.

b) Kind von 5 Wochen; 4 Tage lang heftiger Brechdurchfall, Tod
unter Hydrocephaloiderscheinungen. Im ganzen Dickdarm und im oberen
Theile des Dünndarms nur die anatomischen Zeichen eines mässigen Katarrhs.
Am stärksten verändert ist der untere Abschnitt des Ileum: an einzelnen Partien stehen die Drüsen ziemlich dicht und es findet sich nur eine vermehrte
Zellanhäufung in den Interstitien. An vielen Stellen jedoch sind die Drüsen
an ihrer Basis enorm verbreitert, nach der Mündung zu flaschenförmig ver-
engt; das sie auskleidende Epithel erscheint nicht wesentlich verändert. Oft
sind die Drüsen losgelöst und emporgehoben; meist jedoch fehlen dieselben
vollständig, die Schleimhaut wird durch ein an länglichen und runden Zellen
reiches Bindegewebe gebildet. Die Zotten alle etwas kurz. Die Follikel etwas
vergrössert und zellenreich; sie liegen aber meist noch unterhalb des Brückeschen Muskels.

Es liegen bis jetzt noch keine Beweise dafür vor, dass an den
einmal ihrer Drüsen beraubten Stellen eine Regeneration derselben
stattfindet; und so erklärt sich wohl die auffallende Häufigkeit
umschriebener Schleimhautatrophien in den Leichen auch solcher
Personen, welche keineswegs unter Zeichen von Darmkatarrh gestorben sind. Denn wenige Menschen dürfte es nur geben, die nicht
irgendwann in ihrem Leben Darmkatarrhe gehabt hätten. Und die
eben angeführten Beispiele von Kindern zeigen meines Erachtens

genügend, dass auch acute Katarrhe Drüsenschwund veranlassen können.

Wie kommt es, dass die Schleimhautatrophie so überaus oft im Coecum und untersten Ileum getroffen wird? Für das Coecum wäre man ja von vornherein geneigt, die Ursache vielleicht in einer längeren Kothstauung zu suchen. Dann aber müsste doch dieselbe in der Flexura sigmoides noch in viel höherem Grade sich geltend machen, wo die Kothansammlung eine viel längere, reichlichere und zugleich die Kothmasse selbst eine viel härtere ist. Auch eine vielleicht zu unterstellende abnorme chemische Beschaffenheit des Blinddarminhaltes und dadurch bedingte etwaige Reizung der Schleimhaut ermangelt der thatsächlichen Grundlage. Ich meine, die Thatsache der häufigen Schleimhautatrophie in den fraglichen Darmabschnitten führt zu einem anderen Schlusse. Da die Atrophie Folge von Katarrhen ist, muss man schliessen, dass die gewöhnlichen aus irgend einer Ursache hervorgehenden Katarrhe in diesem Darmabschnitte in besonderer Häufigkeit und Heftigkeit sich localisiren — warum freilich, vermag ich nicht zu beantworten.

Ich habe mich nun noch ausdrücklich dagegen zu verwahren, als meinte ich, jeder Katarrh ohne Ausnahme führe zur ausgedehnteren oder beschränkteren Schleimhautatrophie in der Form der Drüsenabschnürung oder des Drüsenschwundes. Dies hiesse einfach den Thatsachen widersprechen. Ich selbst habe verschiedene Fälle mikroskopirt von grade ganz besonders chronischem, theils idiopathischem, theils secundärem (bei Klappenfehlern) Katarrh, wo die Drüsen alle lang und wohlgebildet waren, und nur Pigmentanhäufungen, sei es in den Drüseninterstitien, sei es längs dem Brückeschen Muskel, und eine leichte Verbreiterung der Interstitien den Katarrh in der Mucosa erkennen liessen. Eine sichere Antwort auf die Frage jedoch, warum die Drüsenatrophie in einzelnen Fällen ganz fehle, muss ich schuldig bleiben. Nur eine Vermuthung wage ich auszusprechen: vielleicht ist zur Entwicklung der Drüsenlockerung und ihres Ausfallens ein mehr acuter Beginn des Processes nöthig, und es kommt nicht dazu, wenn der Process ganz langsam, ganz schleichend sich heranbildet.

Für die Schleimhautatrophie ist also meines Erachtens die

wesentliche und häufigste Ursache ein Katarrh des Darms; der
Drüsenschwund entwickelt sich als Folge des Katarrhs, auf dem
Wege der vorstehend geschilderten histologischen Veränderungen.
Es würden demnach im Darm die gleichen Umwandlungen statt-
haben, wie sie für den Magen schon längst bekannt sind. Eine
andere Frage ist es, ob die Darmschleimhautatrophie auch noch
durch andere Einflüsse und Zustände herbeigeführt werden kann,
oder ob sie immer und ausnahmslos die Folge von Katarrh sei?
(selbstverständlich ist hier stets von den Geschwürsprocessen abgesehen). In dieser Beziehung ist zuerst die bereits oben ange-
zogene Bemerkung von Fenwick zu berücksichtigen, dass er die
Darmschleimhautatrophie besonders im oberen Dünndarm bei Personen gefunden habe, welche an Uterus- und Brustcarcinom gestorben waren. An dieser Angabe fällt auf, dass, abgesehen vom
Magencarcinom, gerade Uterus- und Mammacarcinome die in Rede
stehende Darmveränderung veranlassen sollen; doch kann ich Fenwick allerdings darin beistimmen, dass bei anderen Carcinomen
der obere Dünndarm ganz unversehrt sein kann. In mehreren
Fällen (Carcinom der Blase, des Kiefers u. s. w.) habe ich nur die
ganz gewöhnliche, auf Coccum bezw. noch auf den untersten Ileumabschnitt beschränkte Atrophie gefunden. Andererseits aber kann
ich auch nicht ein regelmässiges Vorkommen derselben bei Brustcarcinom zugeben, wenigstens war bei zwei solchen von mir untersuchten einmal nur eine beschränkte Atrophie im Coecum zugegen,
das andere Mal nur eine solche im Colon, beide Male mit den
gewöhnlichen Zeichen des Katarrhs. Ich halte bis jetzt es durchaus noch nicht für sicher, dass ein directer innerer Zusammenhang
zwischen den genannten (scirrhösen) Carcinomformen und Darmschleimhautatrophie besteht, möchte vielmehr glauben, dass auch hier
ein Katarrh das vermittelnde Bindeglied ist. — Was ferner den oben
mitgetheilten Befund Aitken's bei der Bronzekrankheit anlangt,
so giebt Fenwick selbst an, dass seinen Untersuchungen zufolge
die atrophischen Zustände der Intestinalschleimhaut beim Morbus
Addisonii durchaus kein regelmässiger Befund sind, also auch nicht
im Wesen der Krankheit begründet sein können. Wenn sie vorkommen, so sind sie wohl ebenfalls durch den Katarrh vermittelt.
    Kussmaul und Maier haben den sehr sorgfältig untersuchten
Darmbefund eines an chronischem Saturnismus Verstorbenen mit-

getheilt. Es fand sich — vom Magenzustand sehe ich hier ab — chronischer Darmkatarrh, bedeutende Atrophie der Schleimhaut des Jejunum, Ileum und oberen Colon, sowohl ihres Stroma als ihrer Drüsen, des ersteren mehr in Form von Rarefaction, des letzteren mehr durch fettige Degeneration; insbesondere Atrophie der Zotten, der Lieberkühn'schen Drüsen, der solitären und Peyerschen Follikel; ferner stärkere Entwicklung der Submucosa durch Wucherung ihres areolären Bindegewebes und Verdickung der Gefässwandung; endlich fettige Entartung der Muskelschichten, namentlich im Dünndarm. Die Verfasser bringen diese Veränderungen in ursächliche Verbindung mit dem Saturnismus. Dies ist indirect sicherlich zutreffend, indem derselbe einen Darmkatarrh bedingt hatte, und von diesem wohl die Schleimhautatrophie abhing. Dass dagegen die geschilderten Veränderungen irgend etwas Specifisches für den Saturnismus hätten, ist im Hinblick auf das oben Besprochene und später noch zu besprechende wohl nicht anzunehmen. Man kann eben nur sagen, dass sie sich bei dem durch Saturnismus bedingten Katarrh ebensowohl entwickeln können, wie bei einem gewöhnlichen Katarrh.

c. Submucosa.

Nur die äussersten Grade der Dickenveränderung dieser Schicht nach der einen oder anderen Seite hin kann man mit Sicherheit als pathologisch ansprechen. Denn keine Schicht der Darmwand wechselt so ausserordentlich in ihren Durchmessern schon im Normalzustande wie die Submucosa; schon bei dem einzelnen darmgesunden Individuum schwankt es in den verschiedenen Darmabschnitten hin und her. Aus den hunderten von mir angestellter Messungen kann ich deshalb auch nur ganz allgemeine, durchschnittliche Ziffern entnehmen, auf den Erwachsenen bezüglich, welche ich hier wiedergeben will, weil in den meisten histologischen Werken sich nichts darüber findet.

Die normale Submucosa ist meist im Dünndarm etwas schmaler als im Dickdarm. Die durchschnittlichen Maasse für den Dünndarm sind 0,25—0,6 Mm., für den Dickdarm 0,35—0,75 Mm. Geringe Ueberschreitungen nach oben oder unten können vorkommen und sind, namentlich wenn sie sich auf einzelne Punkte beschränken und nicht auf grössere Darmabschnitte ausgedehnt sind, durchaus noch als physiologisch zu betrachten. Dagegen kann man unbestreitbar von pathologischer Schwellung, Verdickung der Submucosa sprechen, wenn dieselbe, wohlverstanden immer auf grössere Strecken hin, im Dünndarm 0,8—1,0 Mm., im Dickdarm 1,0 Mm. erreicht oder überschreitet; und umgekehrt von Atrophie, wenn die Maasse im Dünndarm 0,2 und weniger, im Dickdarm 0,3 und weniger betragen.

Eine ausgesprochene Atrophie der Submucosa gehört nun zu den Seltenheiten. Selbst bei hochgradigem Schwund der Mucosa kann die Submucosa ganz normal sein; ich führe nur ein Beispiel hierfür an, einen Fall betreffend, wo die Schleimhautatrophie vom Rectum bis zum oberen Jejunum hinauf sich erstreckte: Coecum Mucosa = 0,15 (in maximo), Submucosa = 0,75, an einer anderen Stelle Mucosa = 0,04, Submucosa = 1,0; Colon transversum Mucosa = 0,17 (in maximo), Submucosa = 0,75; unterstes Ileum Mucosa = 0,06, Submucosa = 0,625; oberes Ileum Mucosa = 0,06, Submucosa = 0,25; oberes Jejunum Mucosa = 0,13, Submucosa = 0,625 (NB. im Dünndarm beziehen sich die Maasse auf die Abschnitte zwischen den Zotten, letztere sind nicht mitgerechnet). Nur ausnahmsweise ist die Submucosa verschmälert. Aber auch bei den bedeutendsten Graden von Scheimhautatrophie habe ich nie eine weitverbreitete derbe bindegewebige Wucherung der Submucosa feststellen können, niemals fand sich etwas, was an „Cirrhose" oder gar hypertrophische Cirrhose, wie man sie bei der „Linitis plastica" des Magens beobachtet, erinnert hätte. Als einzige Veränderung findet sich neben der etwaigen leichten Verschmälerung der submucösen Schicht eine gewisse Menge von Rundzellen in ihr, namentlich um die Gefässe und längs des Brücke'schen Muskels angehäuft.

d. Follikel.

Dass die einfachen wie gehäuften Follikulargebilde des Darmes durch Verschwärung zu Grunde gehen können, und zwar sowohl in Folge primärer Katarrhe wie bei typhösen, tuberculösen Zuständen, bedarf als allbekannt keiner weiteren Ausführung. Eine andere Frage ist es, ob ein einfacher Schwund, eine Atrophie dieser Gebilde vorkommt unabhängig von jedem Verschwärungsprocess? Am meisten haben sich mit dem Verhalten der Follikel die Schrift-

steller über die sog. Tabes meseraica der Kinder, die Pädatrophie
beschäftigt; ihre Angaben lauten jedoch nicht übereinstimmend und
am allerwenigsten beweisend für die Annahme einer primären Atrophie, vielmehr wird eine solche, wo sie vorkommt, meist als Folge-
zustand entzündlicher und ulcerativer Processe dargestellt. Während Lambl das Verhalten der Follikel ziemlich unberücksichtigt
lässt, schildert Hervieux[97] hypertrophische Zustände derselben.
Werber fasst seine Untersuchungen an vier einschlägigen Fällen in
den Worten zusammen: „die Follikel sind bald ganz verschwunden,
bald nur stationsweise vorhanden und können dann selbst Schwellung zeigen" und „wichtig ist das oft, wenn auch nur theilweise
Fehlen dieser Gebilde, ihre atrophischen Zustände, oft von Pig-
mentzonen umgeben." Kundrat schildert (a. a. O. S. 518) als
das Wichtigste bei der Tabes meseraica eine Schwellung der Solitärdrüsen des Dickdarms, die weiterhin öfters in Verschwärung über-
geht. Einfache atrophische Zustände erwähnt er hierbei nicht, wohl
aber spricht er von einer den Follikelapparat überwiegend betreffenden Atrophie beim chronischen Dünndarmkatarrh der Kinder;
doch scheint auch hier keine einfache Atrophie gemeint zu sein,
denn er schildert vorher hyperplastische Zustände der Follikel und
sagt dann: „namentlich die Follikel der Peyer'schen Plaques sind
geplatzt, atrophirt ...". Dagegen beschreiben Kussmaul und
Maier bei dem von ihnen untersuchten Fall von chronischem Saturnismus neben den anderen atrophischen Veränderungen der Darmwand eine ausgesprochene einfache Atrophie der solitären und Peyerschen Follikel, ohne Ulcerativvorgänge.

Ich habe, wie bereits erwähnt, mehr die Zustände bei Erwachsenen berücksichtigt, und kann deshalb kein sicheres Urtheil
über die Verhältnisse bei Kindern abgeben. Das bei ersteren Festgestellte lässt sich folgendermassen kurz zusammenfassen.

Niemals ist es begegnet, dass der Follikelapparat primär, d. h.
ohne Ulcerativvorgänge und zugleich allein, d. h. ohne Betheiligung
anderer Darmschichten atrophisch gewesen wäre; man kann demnach wohl bezweifeln, ob es eine primäre isolirte Atrophie des
Follikelapparates überhaupt gebe. Neben hochgradigem Schleim-
hautschwunde sah ich die solitären und gehäuften Follikel vollständig wohl erhalten, sowohl der Zahl wie der Grösse nach; es ist
demnach durchaus nicht ein Schwund der Follikel als nothwendige

Folge an die Atrophie der übrigen Mucosa gebunden. Dieses Verhalten ist sogar die Regel, und nur in den entschieden selteneren
Fällen habe ich die Follikel spärlicher und kleiner, in einem un-
verkennbaren Zustande der Atrophie getroffen.

e. Muskelschicht.

Im Folgenden ist immer die Rede von der Muskelhaut des
Darmes, der Rings- und Längsmusculatur insgesammt; wenn einmal
der Brücke'sche Muskel gemeint ist, die Muscularis mucosae, so
wird dies ganz ausdrücklich bemerkt.

Zunächst einige auf das Normale bezügliche Angaben, weil
die in mehreren gebräuchlichen Handbüchern vorliegenden Maasse
für unsere Zwecke nicht ausreichen. Kölliker giebt für die Stärke
der Muscularis des Dickdarms gar keine Ziffer an, Klein und Verson nur diejenige beim Kinde, und zwar im Coecum und Colon
zu 0,6—0,7 Mm., welches Maass, wenn ich recht verstehe, sowohl
für die Partie mit den Ligamenta coli wie ohne solche gemeint
scheint. Meine Messungen ergeben Folgendes: die gesammte Muscularis des Colon und Rectum (interna und externa) ist entsprechend
den Ligamenta immer stärker. Bei ganz jungen Kindern, also in
den ersten Moneten, ist sie schwächer als bei mehrjährigen.
Bei mehrwöchentlichen Kindern beträgt sie (ohne Ligamentum)
0,25—0,375; bei mehrjährigen steigt sie bis 0,5, und einmal
habe ich bei einem anderthalbjährigen Kinde 0,685 Mm. gemessen. Beim Erwachsenen schwanken die Maasse in ziemlich
weiten Grenzen, und zwar zwischen 0,6—1,0 Mm. (an Stellen
ohne Ligamenta); diese Zahlen umschliessen aber auch, wie ich
glaube, die physiologischen Breiten ziemlich genau, und man
würde demnach bei einem Erwachsenen eine Colonmuscularis über
1,0 (ohne Ligament natürlich) für hypertrophisch, eine solche unter
0,6 oder gar, um ganz sicher zu gehen, 0,5 Mm. für atrophisch
erklären müssen.

Im Dünndarm, so wird gewöhnlich angegeben, nimmt die Muskulatur vom Jejunum bis zur Ileocöcalklappe im Allgemeinen an
Stärke ab. Dieser Angabe vermag ich nicht beizutreten, indem
ich das Verhalten in den einzelnen Fällen sehr wechselnd gefunden
habe: bald war die Muskulatur durch den ganzen Dünndarm von

ziemlich gleicher Stärke, bald im Jejunum stärker wie im Ileum, bald auch umgekehrt. Die Maasse für den Erwachsenen giebt Klein und Verson zu 0,3—0,4, Kölliker zu 0,3—0,5 Mm. an. Meinen Messungen nach muss man die obere Grenze noch weiter nehmen, nämlich von 0,3—0,6 und selbst bis 0,7 Mm.

Die gegenwärtig in der Literatur bestehenden Meinungen über die Atrophie der Darmmuscularis giebt, wenn auch kurz, so doch in allen wesentlichen Punkten erschöpfend Klebs wieder, wenn er sagt (a. a. O. S. 266): „Atrophie der Darmmuskulatur findet sich in sehr ausgedehnter Weise bei allgemeiner Atrophie der Darmwandungen, welche dann dünn und durchscheinend werden. Die Muskelfaserzüge treten deutlicher hervor, indem sie durch grössere Zwischenräume getrennt werden. Dieser Zustand tritt namentlich bei chronischen Darmkatarrhen, besonders im Kindesalter auf, und in Folge eines allgemeinen Marasmus, bei Phthisikern, Carcinomatösen, nach Ileotyphus, bei erschöpfenden Eiterungen. Die Verdünnung kann so bedeutend werden, dass schon in Folge leichterer traumatischer Einwirkungen Ruptur entsteht". Mit geringen und ganz unwesentlichen Abänderungen finden sich bei allen anderen Schriftstellern diese selben Angaben. Wie steht es mit der Richtigkeit derselben auf Grund bestimmter Messungen?

Muscularis bei allgemeiner Cachexie. Bei einer beträchtlichen Anzahl von cachectischen Personen habe ich die Stärke der Darmmuskulatur festgestellt, in Fällen wo ausser einer auf das Coecum beschränkten sonst keine Schleimhautatrophie bestand, wo ferner kein Katarrh vorhanden war. Ich fasse alle diese Fälle wegen der übereinstimmenden Ergebnisse kurz zusammen. Sie beziehen sich auf Carcinomatöse (beim Sitz der Neubildung in verschiedenen Organen), Phthisiker und Typhöse. Alle diese Leute waren heruntergekommen, abgemagert, mit bedeutend geschwundenem Fettpolster und atrophischer Körpermuskulatur. Es fand sich Folgendes: im Dickdarm betrug die Muscularis — und zwar an Stellen ohne die Ligamenta coli — im Minimum 0,56 Mm., sonst immer mehr; niemals also bestand in demselben eine ausgesprochene Atrophie. Ganz dasselbe gilt vom Dünndarm, die Dicke der Muskulatur ging hier nicht unter 0,3 Mm. herunter, betrug vielmehr oft weit mehr, wohlverstanden, dies immer an ganz normalen Darmpartien. Nur wenige Male unter einer grossen Summe von

Messungen war an umschriebenen Stellen die Muscularis etwas
dünner als normal, aber auch nicht eigentlich atrophisch, und bot
hier auch in ihrer Structur nichts besonders Auffälliges. So mass
ich einmal bei einer an Sarcom der Knochen Verstorbenen im
Jejunum 0,25, im oberen Ileum dagegen 0,375 und im unteren
über der Klappe 0,612; bei einem elenden Phthisiker einmal im
oberen Ileum 0,2—0,25, während über der Klappe die Muscularis
0,625 und im Jejunum 0,375 betrug. Derartige seltene Befunde
dürften kaum geeignet sein den Schluss umzustossen, welcher aus
der Gesammtheit der Messungen hervorgeht und so lautet: selbst
bei hochgradig Cachectischen, bei denen die querge-
streifte Körpermuskulatur in bedeutendem Grade geschwunden, tritt keine Atrophie der Darmmuskulatur
ein. Wenn und wo eine solche vorhanden ist, wird sie durch
örtliche pathologische Vorgänge im Darm selbst bedingt. Dieses
Ergebniss steht zwar im Widerspruch mit den üblichen Annahmen,
doch gründet es sich auf unmittelbare Messungen, während die bis-
herige Meinung anscheinend mehr auf einer allgemeinen Schätzung,
hergenommen von einer zuweilen sichtbaren Dünne der Darmwand,
fusst. Eine solche Dünnheit kommt ja öfter vor, doch habe ich
wenigstens bisher an solchen Stellen auch immer noch anderweitige
Veränderungen, insbesondere Atrophie der Schleimhaut gefunden.
In klinischer Beziehung wird auch mit der angenommenen Muskelatrophie die bei den genannten Zuständen gelegentlich vorkommende
träge Stuhlentleerung in Verbindung gebracht; da aber erstere
nicht besteht, so können natürlich auch keine solche Folgezustände
von ihr da sein, abgesehen von dem Umstande, dass heruntergekommene Kranke der oben genannten Art denn doch auch thatsächlich nicht gerade besonders bevorzugt an Obstipation leiden.
Und wo letztere wirklich vorhanden ist, wird man eben andere
Ursachen annehmen und aufsuchen müssen, wobei ich übrigens nur
auf die eine Möglichkeit hinweisen möchte, dass trotz der anatomischen anscheinenden Unversehrtheit des Muskels immerhin eine
functionelle Insufficienz denkbar wäre.

Muscularis bei chronischem Katarrh ohne Atrophie
der Mucosa. Das Dickenverhältniss der Muskelschicht wechselt
hierbei sehr. Bei den gewöhnlichen primären chronischen Katarrhen
der Erwachsenen, die eben ohne Atrophie der Mucosa einhergingen,

habe ich nur selten erheblich von der Norm abweichende Verhältnisse gefunden, für gewöhnlich weder Vermehrung noch Verminderung in der Masse der Muskelhaut. Falls aber Veränderungen
eintreten, dann noch eher Hypertrophie: so mass in einem derartigen Falle die Muscularis coli (ohne Ligament) 1,875 Mm.,
während Atrophie ohne gleichzeitigen entsprechenden Schwund der
Mucosa eigentlich nie vorkam. Bei den Stauungskatarrhen dagegen,
wie sie im Gefolge von Herzerkrankungen und Lungenemphysemen
sich entwickeln können, und meist mit starker venöser Hyperämie
des Darms einhergehen, pflegt eine zuweilen selbst auffällige Hypertrophie der Muskulatur zu Stande zu kommen, vorausgesetzt, dass
der Katarrh lange genug dauerte. Um einige Zahlen anzuführen,
so mass die Muscularis bei einem solchen Kranken im S romanum
= 1,0—1,5 (mit Ligament 2,87), Colon = 1,25, Ileum infimum
= 1,0—1,25, Jejunum = 1,625; bei einer anderen Kranken Colon
= 1,07, Coecum = 1,125, Ileum infimum = 1,25, Ileum superius
= 0,5, Jejunum = 1,612. Die hypothetischen Deutungen für diese
Verhältnisse liegen nahe, sind aber nicht zu beweisen.

Muscularis bei Schleimhautatrophie. Auch hier besteht
kein ganz regelmässiges, in allen Fällen sich gleichbleibendes Verhalten. Indessen lässt sich doch für die Mehrzahl als zutreffend
aussagen, dass bei Schleimhautatrophie die Muskulatur gewöhnlich
unter den normalen Maassen zurückbleibt, also ebenfalls atrophisch
ist, wenngleich zwischen dem Grade beider nicht immer ein pro-
portionales Verhältniss besteht. Zuweilen kann man, wenn in demselben Darmabschnitt, z. B. dem Coecum, atrophische Schleimhaut-
stellen zwischen normalen vorkommen, auch eine überraschend
wechselnde Dicke der Muscularis feststellen; andere Male wieder
ist die Muskulatur gleich stark an einer Stelle mit atrophischer
und einer andern mit normaler Schleimhaut. Ich will jetzt einige
Beispiele dieser verschiedenen Fälle geben.

a) Colon transversum: Mucosa = 0,012—0,024, Submucosa
= 0,312—0,375, Muscularis = 0,2—0,225 (in der Zone der Ligamenta coli = 0,375—0,5). Hier also hochgradige Schleimhaut-
und Muskelatrophie.

b) Colon transversum: Mucosa = 0,17, Submucosa = 0,75,
Muscularis = 0,435. Coecum an einer Stelle: Mucosa = 0,4, Submucosa = 1,0, Muscularis = 0,75; Coecum an einer anderen Stelle:

Mucosa = 0,15, Submucosa = 0,75, Muscularis = 0,435—0,5. Ileum infimum: Mucosa = 0,06, Submucosa = 0,625, Muscularis = 0,5. Ileum superius: Mucosa = 0,06, Submucosa = 0,25, Muscularis = 0,312. Hier also bei hochgradiger Schleimhautatrophie auch die Muscularis atrophisch, aber nicht in demselben Verhältnisse wie in Fall a.; ausserdem trifft im Coecum der bedeutendste Grad beider keineswegs zusammen.

c) Colon transversum an einer Stelle: Mucosa = 0,25, Submucosa = 0,375, Muscularis = 0,375, also atrophische Schleimhaut und atrophische Muskulatur; an einer anderen Stelle dagegen normale Muskulatur neben normaler Schleimhaut, nämlich Mucosa = 0,375, Submucosa = 1,125, Muscularis = 1,2 (ohne Ligament).

d) Coecum an einer Stelle: Mucosa = 0,08—0,15, Submucosa = 1,25, Muscularis = 0,5; an einer anderen Stelle: Mucosa = 0,375, Submucosa = 1,5, Muscularis = 0,56. Hier also auch entsprechend der atrophischen Schleimhaut die Muskulatur nicht schwächer wie an der gesunden Stelle.

Für die gewöhnliche Untersuchung lässt die atrophische Muskulatur keine bemerkenswerthen Eigenthümlichkeiten erkennen, abgesehen eben von der Verringerung der Gesammtdicke. Die Kerne färben sich mit Carmin gut und in entsprechender Menge, und auch sonst ist an den Muskelfasern nichts Auffälliges.

Eine sichere Erklärung dafür, wie die Muskelatrophie zu Stande komme, bin ich ausser Stande zu geben. Der Gedanke, dass etwa eine Bindegewebswucherung von der Mucosa auf die Muscularis sich fortpflanze, ist unhaltbar, denn einmal ist von einer solchen direct nichts wahrzunehmen, und dann könnte sie doch auch nicht die Submucosa überspringen, diese letztere aber ist keineswegs betheiligt, wie ich bereits oben dargelegt habe, und wie z. B. auch aus den unter d angeführten Verhältnissen sich ergiebt. Und auch die Annahme, dass Anomalien in der Blutzufuhr die Atrophie der Muskelschicht bedingen möchten, lässt sich schwer mit dem Zustande der Submucosa vereinbaren.

Selbständige Atrophie der Muscularis bei sonst normalem Darm kommt zuweilen vor und scheint mir in klinischer Beziehung von erheblicher Wichtigkeit.

Der Allgemeinzustand der Individuen ist bis zum Tode, der etwa durch eine acute Krankheit erfolgt, vortrefflich, sie hatten

immer eine gut entwickelte Körpermuskulatur; man findet keine
erhebliche Läsion der Darmwand sonst, aber die Darmmuscularis
bleibt unter den normalen Durchschnitts- oder selbst Minimal-
maassen zurück. Dabei lässt dieselbe sonst keine von der Norm
abweichenden Verhältnisse erkennen. Zur Erläuterung ein Beispiel:
21jähr. Mann, kräftige Körpermuskulatur, nach etwa 14tägigem
Krankenlager an Typhus exanthematicus gestorben. Keine abnorme
Länge oder Windungsanomalien des Colon. Im Darm die Zeichen
eines leichten acuten Katarrhs, unbedeutende umschriebene Schleimhautatrophie im Coecum, sonst mikroskopisch nichts Abweichendes;
auch die Maasse der Mucosa (von der unterschriebenen Atrophie-
stelle abgesehen) die gewöhnlichen. Dagegen misst die Muscularis
des Colon an verschiedenen Stellen nur die Hälfte der normalen
Minimaldicke, nämlich 0,25 Mm., diejenige des Coecum (an Stellen
mit nicht atrophischer Schleimhaut) nur 0,125—0,25 Mm.; während
der Dünndarm wieder eine wohlentwickelte Muskelhaut führt, nämlich im Ileum 0,625 Mm., und im Jejunum sogar 0,687.

Für diese Form der Atrophie weiss ich keine andere Auffassung, als dass es sich um eine angeborene Hypoplasie handelt.

Fettige Entartung der Muscularis. Dieser Zustand mag
mit wenigen Worten besprochen werden, weil er, obwohl selten
vorkommend, doch in den klinischen Anschauungen nicht entsprechend eingebürgert ist. Die betreffenden Mittheilungen in der
Literatur sind sehr spärlich: so ist in dem oben angeführten Falle
von Kussmaul und Maier eine fettige Entartung der Muskelschichten beschrieben, namentlich aber berichtet E. Wagner[93] über
eine solche, welcher sie 10mal unter etwa 400 Sectionen sah; von
diesen 10 waren die meisten Phthisiker, einer Gewohnheitstrinker.
Wagner beschreibt die Veränderung als ausschliesslich im Dünndarm, meist sogar auf das Jejunum beschränkt vorkommend.

Nach meinen eigenen Erfahrungen ist die Fettentartung der
Darmmusculatur in der That ein ziemlich seltenes Vorkommniss.
Unter etwa 50 genau daraufhin untersuchten Leichen ist sie mir
nur 3mal begegnet, bei drei älteren Männern, von denen zwei
Säufer waren, bei dem dritten war dies zweifelhaft. Das Verhalten
des übrigen Darmes war ein wechselndes in diesen Fällen. In dem
einen (gestorben an Myocarditis und Lebercirrhose), wo die Fettentartung am stärksten entwickelt war und sich durch den ganzen

Darm vom Jejunum bis zum Colon descendens erstreckte, bestand
nur ein höchst unbedeutender Katarrh an einzelnen Strecken, und
nur an den gewöhnlichen Partien im Coecum und Ileum infinum
eine beschränkte Schleimhautatrophie. In einem anderen (gestorben
an Pneumonie), wo eine ausgedehnte Atrophie der Mucosa vom
Colon transversum bis zum oberen Ende des Ileum sich erstreckte,
war dagegen nur im oberen Ileum auf ein kurzes Stück hin die
Muscularis in geringem Maasse fettig entartet. In dem dritten
endlich, wo ein starker Katarrh mit ausgedehnten katarrhalischen
Geschwüren durch den ganzen Dünndarm und Schleimhautatrophie
im Coecum vorlag, in Folge deren Pat. starb, bestand ein mässiger
Grad von Muskelverfettung im unteren Ileum, sehr geringer im
oberen Ileum, im Jejunum und Coecum. In all den anderen Fällen
mit hochgradigster und ausgedehntester Schleimhautatrophie fand
sich nie eine Spur von Muskelverfettung. Aus alledem geht wohl
hervor, dass irgend welche innere Beziehungen zwischen Darmkatarrh
und dessen Folgen einerseits und der Muskelverfettung andererseits
nicht bestehen, dass vielmehr die letztere als eine selbstständige
Veränderung angesehen werden muss. Auch Wagner betrachtet
die Fettmetamorphose als primär, und fand keine regelmässigen
Veränderungen der Schleimhaut.

Von den histologischen Einzelheiten, welche durchaus das gewöhnliche Bild der fettigen Degeneration der glatten Muskelfasern
und die schon von Wagner beschriebenen Verhältnisse zeigten,
hebe ich nur zwei Punkte hervor. Einmal dass der Process in der
äusseren, der Längsfaserschicht viel stärker entwickelt war als in
der inneren, und an den Partien mit geringer Degeneration überhaupt nur in ersterer. Dann als besonders interessant, dass auch
die Muscularis Submucosae, der Brücke'sche Muskel ebenfalls
die Fettdegeneration zeigte. Als abweichend von den Angaben Wagner's bemerke ich noch, dass es meist schon früh nicht
mehr gelang, den Kern durch Carmin zu färben.

Klinisches.

Welche klinischen Symptome werden durch die verschiedenen
vorstehend besprochenen anatomischen Veränderungen des Darmcanals veranlasst? Ist es möglich, letztere aus bestimmten Krank-

heitserscheinungen zu diagnosticiren? Feste und bestimmte Antworten auf diese Fragen sind schwer zu geben.

Wir beginnen mit der Atrophie der Mucosa. Ob es einen
Zustand giebt, bei welchem die Epithelien allein sich verändern
bezw. in sehr grosser Ausdehnung verloren gehen, ohne dass anderweitige Veränderungen der Schleimhaut bestehen, lässt sich, wie
oben dargelegt, nicht nachweisen; es wäre also müssig, etwaige
entsprechende Symptome aufzusuchen. Ebensowenig scheint eine
isolirte primäre Atrophie der solitären Follikel und Peyer'schen
Plaques vorzukommen; wir werden also auch kein bezügliches
Krankheitsbild zu suchen haben. Und der aus Vereiterung hervorgehende Schwund dieser Gebilde, welchem man eine Bedeutung bei
der sog. Phthisis meseraica infantum beimisst, ist bereits von verschiedenen Autoren bei diesem Zustande so vielfach gewürdigt, dass
es überflüssig ist, hier noch einmal auf denselben einzugehen. Eine
isolirte Atrophie der Zotten ohne sonstige tiefe Veränderungen der
Schleimhaut ist mir bei Erwachsenen ebensowenig bis jetzt begegnet;
eine solche muss also ebenfalls in klinischer Hinsicht unerörtert
bleiben. Die Fragen gestalten sich demnach allgemein so: veranlasst die Schleimhautatrophie des Dickdarms Erscheinungen bezw.
welche? welche die des Dünndarms?

Vorweg zu bemerken ist, dass die umschriebene Atrophie,
welche das Coecum und den dicht über der Klappe gelegenen Abschnitt des Ileum betrifft, ganz latent, ganz symptomlos bestehen
kann. Dieselbe findet sich sehr oft bei Individuen, welche an den
allerverschiedenartigsten acuten und chronischen Leiden gestorben
sind, und welche während der kürzeren oder längeren Beobachtungsdauer niemals irgendwelche besonderen oder überhaupt keine Darm-
symptome dargeboten hatten.

Mit Rücksicht auf die physiologischen Functionen der Dickdarmschleimhaut wird man von vornherein sich sagen, dass, wenn
eine selbst weitverbreitete Atrophie derselben, aber ohne noch anderweitige Veränderungen des Darms, besteht, sehr erhebliche und
in die Augen fallende Störungen nicht eintreten werden. Denn wenn
auch die Dickdarmverdauung noch nicht in allen Einzelheiten ermittelt ist, so kann man doch als sicher ansehen, dass ihre Bedeutung ziemlich gering ist; das eigentliche Verdauungsgeschäft
insgesammt wird also beim einfachen Ausfall der Dickdarmschleim-

haut nur wenig gestört sein und demgemäss werden auch erhebliche Rückwirkungen auf den Gesammtorganismus fehlen. Die hauptsächlichen Vorgänge im Dickdarm betreffen die Resorption, vor allem die des Wassers, und eine Beeinträchtigung der Wasserresorption könnte auch klinisch in die Erscheinung treten, während der etwaige Ausfall der Resorption einer geringfügigen Menge von Albuminaten oder Kohlehydraten oder von Gasen keine irgendwie am Krankenbett festzustellenden Zeichen veranlassen wird. Die Lieberkühn'schen Drüsen des Dickdarms sind nach Heidenhain [96] höchst wahrscheinlich Schleimdrüsen; ihr Ausfall bei der Schleimhautatrophie wird demnach vermuthlich den Mangel jeglicher Schleimbeimengung, wie sie sonst Dickdarmkatarrhen eigen zu sein pflegt, erwarten lassen.

Die kurze Summe des soeben Gesagten ist, dass eine Atrophie der Dickdarmschleimhaut, wenn überhaupt, dann nur solche Symptome veranlassen wird, welche sich auf den Dickdarminhalt beziehen; mit anderen Worten, man würde diesen Zustand nur aus der Beschaffenheit der Stuhlentleerungen diagnosticiren können. Und in der That entspricht diesen Voraussetzungen die directe Beobachtung.

Ich habe Kranke, welche, wie die Section lehrte, an Atrophie der gesammten Dickdarmschleimhaut litten, monatelang beobachtet und die Stuhlentleerungen insbesondere ganz regelmässig untersucht. Die letzteren boten zwei Eigenthümlichkeiten dar. Erstens waren sie nicht fest, geballt, sondern weich breiig, bei täglich nur einmal oder seltener erfolgendem Stuhlgang; zweitens fehlte stets jede Schleimbeimengung oder wenigstens jede solche, wie sie bei Dickdarmkatarrhen vorkommt.

Selbstverständlich wird man nicht ohne weiteres, wenn Jemand täglich einmal oder seltener einen weichbreiigen ungeformten Stuhl ohne Schleimbeimengung hat, eine Atrophie der Dickdarmschleimhaut annehmen dürfen, vielmehr ist die sorgfältigste Untersuchung und die Ausschliessung verschiedener Momente erforderlich, ehe man zu dieser Annahme gelangen darf. Da diese Art von Diagnostik bei Darmerkrankungen bisher kaum geübt ist, erscheint es mir wünschenswerth, auf die Einzelheiten etwas einzugehen. Wie ich früher auseinandergesetzt habe, kann die weichbreiige ungeformte Beschaffenheit eines Stuhles von folgenden Ursachen ab-

hängen: Beimengung von Fett, von Pflanzenbestandtheilen, namentlich Früchten, von Schleim, von vielem Wasser bezw. Darmflüssigkeit. Die ersten drei Möglichkeiten wird die mikroskopische Untersuchung der Excremente leicht ausschliessen lassen. Hat man nun
aber auch ermittelt, dass die weiche Consistenz von Flüssigkeits-
beimengung herrühre, so kann allerdings daraus noch nicht unmittelbar gefolgert werden, dass Schleimhautatrophie vorliege, weil
ja auch eine raschere Vorwärtsbewegung des Darminhalts eine Eindickung desselben verhindert. In dieser Hinsicht hat man nun
wieder die Häufigkeit der Defäcation zu berücksichtigen: erfolgt dieselbe nur einmal täglich oder noch seltener bei weichbreiiger Beschaffenheit unter den oben genannten Bedingungen, so wird man
mit grösserer Wahrscheinlichkeit an eine verringerte Wasserresorp-
tionsfähigkeit im Dickdarm denken.

Das zweite diagnostische Moment ist der Mangel des Schleims
im Stuhl; denn wenn die schleimbereitenden Drüsen im ganzen
Dickdarm untergegangen sind, kann natürlich kein Schleim gebildet
werden. Wie ich früher dargethan (vergl. Aufsatz No. 6), erscheint
der Schleim bei Dickdarmkatarrhen in ganz bestimmten Verhältnissen zur eigentlichen Kothmasse: entweder erscheint nur reiner
Schleim, oder er überzieht die Kothmasse, wenn diese geballt ist,
oder bei höherem Sitze des Katarrhs (Colon ascendens) sind beide
innig gemengt. Die beiden ersten Verhältnisse können selbstverständlich nie bei Dickdarmatrophie bestehen, wohl aber noch das
letztere mitunter, wenn nämlich ein gleichzeitiger Katarrh des untersten Dünndarms vorliegt, welcher dann den innig mit dem Koth
gemengten Schleim liefert. Dieser Möglichkeit muss man gedenken,
um diagnostische Irrthümer zu vermeiden. Wenn jedoch umgekehrt,
wie ich es auch beobachtet habe, die Schleimhautatrophie das ganze
Coecum, Colon ascendens, transversum und einen Theil des descendens betrifft, die untere Partie des letzteren aber, sowie das S romanum und Rectum verschont, dann kann es zur Unmöglichkeit
werden, die genannte ausgedehnte Atrophie auch nur zu vermuthen.
Denn dann kann noch im unteren Dickdarmabschnitt genügende
Eindickung des Inhalts eintreten und dieser kann hier auch noch
Schleimbeimengung erhalten.

Anders gestalten sich die Erscheinungen bei Atrophie der Dünndarmschleimhaut. Hier wird sich vermuthungsweise eine erhebliche

Rückwirkung auf die Verdauung und die Resorption der Nahrungsstoffe geltend machen. Von vornherein dürfte es wahrscheinlich
sein, dass die letztere viel mehr beeinträchtigt sein wird als die
erstere. Denn falls nur die Magenverdauung, sowie der Zufluss der
Galle und des pankreatischen Saftes normal sind, dürfte der Ausfall des Darmdrüsensaftes noch allenfalls ausgeglichen werden können. Die grosse Bedeutung dagegen der Verlegung und Unwegsam-
keit der Resorptionsbahnen ist schon längst gewürdigt. Lambl
lässt dieselbe bereits in den Epithelien sich geltend machen, Werber hebt die Atrophie der Zotten hervor und den zuweilen vorkommenden Schwund der Follikel. Die Atrophie der Schleimhaut
und die dadurch bedingte Behinderung der Resorption wird als die
anatomische Grundlage der Phthisis mesentaica infantum angesehen.
Dieselben Gesichtspunkte betonen Kussmaul und Maier für ihren
Fall. Auch die von mir beobachteten Fälle von Dünndarmatrophie
bei Erwachsenen zeichnen sich durch hochgradige Kachexie aus,
obwohl die Bilder nicht rein und eindeutig sind, weil es sich immer
noch um Complicationen handelte, so litt eine Person an Leukämie,
bei einer bestanden neben der Dünndarmatrophie (ohne solche des
Dickdarms) zugleich etwa 10 Ulcerationen im Jejunum und Ileum.
Bei diesem Mangel an unzweideutigen Beobachtungen halte ich es
vor der Hand nicht für erlaubt, ein Krankheitsbild bezw. die Diagnose der reinen Dünndarmatrophie bei Erwachsenen zu zeichnen.

Bei einer durch den Dünn- wie Dickdarm sich erstreckenden
Schleimhautatrophie wird naturgemäss eine Vereinigung der Symptome beider vorhanden sein. Es braucht kaum noch betont zu
werden, dass dieselben noch mannigfache andere Abweichungen erfahren müssen, wenn gleichzeitig etwa Geschwüre im Darm oder
eine Atrophie der Muscularis u. s. w. bestehen. Es wird Sache der
Ueberlegung im einzelnen Falle sein müssen, die verschiedenen vorhandenen Erscheinungen zurecht zu legen.

Erhebliches klinisches Interesse beanspruchen die atrophischen Zustände der Muscularis. Von allen Autoren wird ja
dem Verhalten der Darmmusculatur eine grosse Bedeutung beigelegt
für die Regelmässigkeit der Stuhlentleerung, und „Erschlaffung"
oder „mangelhafte Energie" derselben als eine Ursache träger Entleerung oder chronischer Verstopfung angesehen. Als anatomische
Grundlage dieser mangelhaften Energie gilt herkömmlich in vielen

Fällen eine Atrophie der Muscularis. Ich habe oben im anatomischen Theile gezeigt auf Grund bestimmter Messungen, dass für manche Fälle die unterstellte Atrophie 'thatsächlich nicht vorliegt. So besteht dieselbe im Allgemeinen und ohne Weiteres nicht, wie mannigfach angegeben wird, bei kachektischen Zuständen; sie besteht ferner nicht bei chronischen Katarrhen schlechtweg. Wohl aber kann sie auftreten, wenn der chronische Katarrh zu einer Atrophie der Mucosa geführt hat, und hier wird dann in der That die Atrophie der Musculatur zu den anderen Verhältnissen, welche schon sonst beim chronischen Katarrh Stuhlträgheit bedingen, als unterstützendes Moment sich hinzugesellen.

Insbesondere aber möchte ich auf die eine oben von mir beschriebene Form hinweisen, die selbständige primäre Atrophie der Musculatur, welche meines Wissens bisher in der Literatur nicht betont ist. Bamberger schreibt: „ob es eine selbständige Atrophie der Darmmuskelfasern gebe, ist zweifelhaft". Leichtenstern ist geneigt, bei chronischer habitueller Stuhlverstopfung als eine mögliche Ursache (neben anderen) allerdings anatomische Abweichungen anzunehmen, sucht dieselben aber besonders in einer angeborenen abnormen Länge und Windungs-Anordnung des Colon, und zur Entstehung dieser letzteren könne beim Kinde eine zu späte oder zu schwache Entwicklung der Ligamenta coli beitragen. Weitere auf directen Untersuchungen beruhende einschlägige Angaben sind mir in der Literatur nicht aufgestossen.

Dass eine Musculatur des Dickdarms, welche kaum die Hälfte von der normal in minimo vorhandenen Masse beträgt, hinter der normalen Leistungsfähigkeit weit zurückbleiben wird, bedarf wohl nicht erst eines ausführlichen Beweises. Es kann deshalb auch nicht auffallen, dass Individuen mit einer so wenig entwickelten Dickdarmmusculatur an dauernd trägem Stuhlgang leiden — und so war es in der That bei den vor mir beobachteten Personen, welche ihrer Angabe nach und gemäss der Beobachtung in der Klinik dauernd an trägem, nur alle paar Tage erfolgendem Stuhlgang litten. Diesem Befunde gemäss wird man fortan unter die mannigfachen ursächlichen Momente der sogenannten habituellen Obstipation auch das Bestehen einer selbständigen primären Atrophie der Dickdarmmuscularis aufnehmen können, welche überraschender Weise Individuen mit durchaus kräftiger Körpermuscu-

latur betreffen kann.   Ob man allerdings grade diese Ursache im
einzelnen Falle wird diagnosticiren können, scheint zweifelhaft;
immerhin ist es wichtig für die Therapie, dieselbe mit in Erwä-
gung zu ziehen.

Erklärung der Abbildungen.

a, c, d, e in allen Figuren gleichbedeutend: a die Mucosa, c der Brücke'sche
Muskel, d die Submucosa, e die Muscularis interna und externa (d und e in
Figur IV. nicht ausgeführt).

Figur I. Colon im Zustande hochgradiger Atrophie der Mucosa mit Verschmälerung derselben. b Haufen braungelben Pigmentes.

Figur II. Colon, in welchem die Drüsenschläuche ausgefallen sind;
b deutet die lichteren Stellen an, wo dieselben gesessen, dazwischen die verbreiterten Interstitien. f eine einzelne noch übriggebliebene Drüse.

Figur III. Ileum mit geschwundenen Lieberkühn'schen Drüsen und
Zotten; b b noch zwei atrophische Zotten; f Gefässe; g kein Geschwür, sondern zufällige Einsenkung des Schleimhautcontours.

Figur IV. Colon, in welchem die Drüsen stark hypertrophirt in das
Darmlumen hineinragen (f), bei g eine im Ausfallen begriffen. Die Drüsenzwischenräume etwas verbreitert und zellenreich. b ein Lymphfollikel.

Alle Figuren sind 55 mal vergrössert.

14.

Die Symptomatologie der Darmgeschwüre*).

Meine Herren. Die Section, welche wir vorhin gemacht haben, giebt mir Veranlassung, Sie von neuem auf eine Thatsache hinzu- weisen, welche ich schon mehrmals in diesem Semester bei unseren klinischen Besprechungen hervorzuheben Gelegenheit gehabt habe. Unser Kranker bot das alltägliche Bild einer hochgradigen Phthisis mit bedeutender Abmagerung, unregelmässigem Fieber, Appetit- losigkeit und allen physikalischen Erscheinungen ausgedehnter In- filtration beider Lungen. Sein Stuhlgang war dabei träge, erfolgte immer nur nach mehreren Tagen, öfters sogar erst auf Klystiere. Die Darmentleerungen selbst boten für die oberflächliche Betrach- tung, wie sie gewöhnlich geübt wird, gar nichts Besonderes; es waren wohlgeformte Kothballen von normaler brauner Farbe und normaler Consistenz, ohne irgend welche pathologische Beimen- gungen für das blosse Auge — den mikroskopischen Befund, wel- cher uns veranlasste einen chronischen Katarrh im oberen Dick- darm bezw. Ileum anzunehmen, werde ich später berühren. Eben- sowenig hatte uns die wiederholte Untersuchung des Abdomen, Palpation wie Percussion, irgend etwas Auffälliges geboten; über Schmerzen hatte der Kranke nie geklagt. Sie entsinnen sich, wie ich Ihnen am Krankenbett sagte, dass wir trotz dieses ganz nega- tiven Ergebnisses, trotz des Mangels aller Erscheinungen seitens des Darmkanals doch darauf gefasst sein müssten, bei der Section

---

*) Abgedruckt aus Volkmann's Sammlung klinischer Vorträge (No. 200).

im Darm tuberculöse Geschwüre zu finden; die Untersuchung ergäbe zwar keinen einzigen Anhaltepunkt um positiv eine Darmulceration zu diagnosticiren, aber ebensowenig dürften wir überrascht sein, wenn wir nichtsdestoweniger solche fänden.

Dass wir mit dieser vorsichtigen Fassung das Richtige trafen, hat die Nekropsie gelehrt. Denn ausser den erwarteten tuberkulösen Veränderungen in den Lungen ergaben sich verschiedene nicht unerhebliche tuberkulöse Geschwüre im untersten Abschnitt des Ileum und im Coecum, und daneben eine katarrhalische Affection der Schleimhaut. Die Darmverschwärungen hatten also bei dem Kranken vollkommen latent bestanden, ohne irgend ein Symptom zu machen. Und nur die Erfahrungsthatsache von dem Vorkommen dieser Möglichkeit hatte uns überhaupt im vorliegenden Falle an Darmläsionen denken lassen.

Sofort müssen sich mehrere Fragen uns aufdrängen: ist die Latenz der Darmverschwärungen nur etwas ausnahmsweise Vorkommendes oder etwas Gewöhnliches? unter welchen besonderen Verhältnissen machen Darmgeschwüre klinische Symptome, unter welchen bleiben sie latent? giebt es überhaupt charakteristische Erscheinungen, aus welchen man Darmgeschwüre diagnosticiren kann?

Ehe wir an der Hand der Erfahrung an die Beantwortung dieser Fragen gehen, lassen Sie mich Ihnen kurz ins Gedächtniss zurückrufen, welche Arten von Verschwärungen, anatomisch bezw. ätiologisch betrachtet, im Darm vorkommen, vom Anfang des Duodenum bis zum Rectum abwärts. Dabei sollen, wie dies auch der Sprachgebrauch und die übliche Handhabung thut, diejenigen Zerstörungen ausser Besprechung bleiben, welche die Folge sind von Darmincarcerationen, von Intussusceptionen, von zerfallenden Neoplasien, von ätzenden Giften, die etwa aus dem Magen in den obersten Darm noch gelangten. Scheiden wir dies und ähnliches aus, so bleiben uns folgende Formen von Verschwärungen:

1) Peptische Geschwüre (Leube[29]), wozu nur das Ulcus perforans duodeni rechnet.

2) Katarrhalische Geschwüre, welche im Gefolge von Katarrhen erscheinen, und entweder von den Follikeln ihren Ausgang nahmen (Follicullargeschwüre) oder von anderen Theilen der Darmwand, sei es durch primäre Schleimhauterosionen oder — wie man auch

annimmt*) — durch kleine submucöse nach dem Darmlumen durchbrechende Eiterherde veranlasst (gewöhnliche katarrhalische Geschwüre).

3) Diphtheritisch-dysenterische Verschwärungen.

4) Tuberculöse Geschwüre.

5) Typhöse Geschwüre (beim Abdominaltyphus).

6) Syphilitische Verschwärungen.

7) Verschwärungen beim Milzbrand.

8) Embolische Verschwärungen.

Die anatomischen Verhältnisse bei fast allen diesen verschiedenen Geschwürsformen, ihr Sitz, ihre Entstehungsweise, ihre histologischen Folgezustände sind so vielbesprochen und allbekannt, dass ich mich nicht dabei aufhalten werde; es genügt hier ihre summarische Aufzählung. Nur bei der letzten Form, der embolischen Verschwärung, welche seltener und relativ weniger bekannt ist, wollen wir uns kurz verweilen.

Vor einiger Zeit hatten wir die Section einer Frau, welche sich jahrelang selbst subcutane Morphininjectionen gemacht hatte. An den verschiedensten Körperstellen, namentlich an den Extremitäten, bestanden Infiltrationen der Haut mit kleinen Verschwärungen; die Achseldrüsen waren zum Theil vereitert. Die Frau litt lange Zeit an Albuminurie; sie starb unter den Erscheinungen der Pyämie. Die Section ergab grosse weisse geschwollene Nieren mit kleinen Eiterherden, Abscesse in den Lungen, und im Darm folgendes uns hier Interessirende: Die Schleimhaut des Jejunum und Ileum geröthet, in ersterem auf den Falten stellenweise sugillirt. Im mittleren, noch zahlreicher im unteren Ileum hanfkorn- bis linsengrosse, selten grössere, weisse Knötchen, über die umgebende Schleimhaut emporragend. Im unteren Drittel des Ileum ist eine Reihe dieser weissen Knötchen in Geschwüre umgewandelt, deren grösste bis 0,5 Ctm. Durchmesser erreichen, nur wenige dieses Maass etwas überschreiten. Auf den ersten Anblick macht es den

---

*) Ob diese letztere Annahme richtig ist, will ich nicht mit Bestimmtheit entscheiden; doch kann ich die Bemerkung nicht unterdrücken, dass mir bis jetzt kein Fall von einfachem acutem oder chronischem Darmkatarrh begegnet ist, in welchem die histologische Untersuchung die Entstehung der „katarrhalischen" Geschwüre aus primären submucösen Eiterherden wahrscheinlich machte.

Eindruck, als handle es sich um vereiterte solitäre Follikel und Peyer'sche Plaques. Unterhalb der Bauhin'schen Klappe ist nichts von derartigen Veränderungen zu finden.

Ich übergehe den sonstigen mikroskopischen Darmbefund und gebe nur das auf Knoten und Geschwüre Bezügliche. Schon die Loupen-, noch besser die mikroskopische Betrachtung ergiebt, dass die Knoten in der Submucosa liegen, die Schleimhaut gehoben darüber fortgeht. Jedes Knötchen besteht aus einer Anhäufung dichtgedrängter Rundzellen, Eiterzellen, in deren Centrum (seltener mehr nach der Peripherie zu) ein Blutgefäss liegt, hier und da sieht man auch noch einige Gefässe aussen um den Knoten herum. Auch noch auf einige Entfernung davon ist die Submucosa ziemlich zellenreich. Die solitären Follikel etwas geschwellt und zellenreich, aber deutlich von den Knoten getrennt, ohne Beziehung zu diesen und in ihrer normalen Lage dicht unter dem Brücke'schen Muskel. Dagegen nehmen die Knötchen die ganze Dicke der an diesen Stellen enorm verbreiterten Submucosa ein. An vielen Stellen sieht man, dass die Knoten in die Musculatur reichen: zuvörderst finden sich an Stelle der Ringmusculatur Eiterzellen, dann ist weitergehend auch die Längsmusculatur zerstört, so dass die Eiteranhäufung bis an die Serosa vordringt. Dabei kann die Schleimhaut, abgesehen von der passiven buckeligen Hervorwölbung, an sich ganz unversehrt über diesen Knoten weggehen. Andere Male dagegen geht die Rundzellenanhäufung durch die Schleimhaut, das Gewebe derselben ist ganz zerstört, und es ist auf diese Weise eine mehr oder weniger grosse Ulceration mit freier Oeffnung nach der Darmlichtung zu entstanden.

Wir haben es hier offenbar mit kleinen miliaren Abscessen zu thun, und es ist wohl kaum zu bezweifeln, dass dieselben durch Capillarembolien bedingt sind (— Lungenabscesse — vereiterte Achseldrüsen). Für diese Auffassung spricht insbesondere auch das Vorhandensein der metastatischen Herde in den Nieren.

Das Entstehen von kleinen typischen Darmgeschwüren, welche für die makroskopische Besichtigung mit Follikularulcerationen zuweilen eine überraschende Aehnlichkeit darbieten, aus Capillarembolien der Submucosa ist den Angaben der Literatur nach nicht allzuhäufig; in den allermeisten klinischen Abhandlungen über Darmgeschwüre wird es überhaupt nicht erwähnt. Klebs[86] äussert sich in dieser Beziehung nur so: „Capillarembolie (der Darmsubmucosa) kommt nur selten vor in solchen Fällen, in denen sehr zahlreiche und kleine Massen, meist im Herzen abgelöst werden. Die Herde bilden dann kleine miliare Abscesse mit hyperämischem Hof." Auch die meisten Autoren sonst sprechen ·nur immer von „metastatischen Herden oder Abscessen" in der Darmwand als bei pyämischen Zuständen vorkommend, beschreiben aber nur ganz ausnahmsweise daraus hervorgehende kleine Ulcerationen. So erwähnt Litten[98] letztere nicht, während er doch in mehreren Fällen von acuter maligner Endocarditis „bacteritische Abscesse" im Darm fand; ebenso führt Ponfick[99] auch nur „miliare Infarcte" als kleine hügelige Hervorwölbungen der Darmschleimhaut an, ohne Geschwürsbildung. Kussmaul[100] seinerseits fand „leichte Substanzverluste" über der Bauhin'schen Klappe in einem Falle von Embolie eines Astes der Arteria meseraica superior, von denen ich allerdings nicht entscheiden kann, ob sie Folge der embolischen Verchliessung waren. Nur Parenski[106] beschreibt fünf eigene Fälle von embolischer Darmverschwärung, indem er dabei ebenfalls deren Seltenheit betont. Vielleicht erklärt sich das seltene Vorkommen der Geschwürsbildung aus dem rasch eintretenden tödtlichen Ende in solchen fast immer sehr schweren Krankheitsfällen, welches den Process nur ausnahmsweise bis zur Perforation in den Darm sich entwickeln lässt. Sei dem wie ihm wolle, jedenfalls müssen wir trotz ihrer Seltenheit die aus Capillarembolien hervorgehenden Darmgeschwüre in unsere Aufzählung mit aufnehmen. Dabei möchte ich zur anatomisshen Charakterisirung dieser Form noch darauf aufmerksam machen, dass, wenigstens in dem beschriebenen Fall, die Neigung zur Weiterentwicklung nach der Serosa zu mit Zerstörung der Muscularis bedeutender zu sein scheint wie nach dem Darmlumen zu, entgegengesetzt den Follikularulcerationen. Vielleicht hängt dies ˙zusammen mit der Genese des Processes, seinen Beziehungen zu den Gefässen, dem Eintritt der letzteren durch die Muscularis her.

Kehren wir, meine Herren, jetzt zu unseren Eingangs gestellten Fragen zurück, so beginnen wir zweckmässig ˙wohl mit dieser; welche Erscheinungen überhaupt ist die Gegenwart von Darmgeschwüren im Stande zu veranlassen? Denn nur aus etwaigen krankhaften Störungen können wir das Vorhandensein von

Darmulcerationen erschliessen, da wir sie, mit Ausnahme der im untersten Mastdarmabschnitt befindlichen, nicht direct sehen können.

Man ist natürlich sofort mit folgender Antwort bei der Hand: Darmgeschwüre vermögen zu erzeugen: 1) Durchfall, d. h. häufigere und dünnere Stuhlentleerung; 2) Beimengung von Blut, 3) von Eiter, 4) von Gewebsfetzen zum Stuhl; 5) Schmerzen; 6) Peritonitis. Alle diese Dinge scheinen sich bei einfacher Ueberlegung von vornherein zu ergeben; vielleicht kann man noch Störungen des Allgemein-befindens unter Umständen, beim Ulcus duodeni Erbrechen, bei Follikulargeschwüren „sagokörnerartige" Schleimklumpen u. s. w. hinzufügen. Erörtern wir nun diese Punkte im Einzelnen, wobei ich vorweg nicht unerwähnt lassen kann, dass bereits Leube eine meines Erachtens gute kritische zusammenfassende Besprechung der wesentlich hier in Betracht kommenden Momente gegeben hat.

Durchfall. Die Vorstellung, dass eine ulceröse Zerstörung in der Darmwand gesteigerte Peristaltik und Durchfall veranlassen müsse, ist eine selbst heutzutage noch ziemlich weit verbreitete. Cohnheim[50] formulirt, nachdem bereits Traube[16] in gleichem Sinne vor Jahren sich ausgesprochen, bezüglich der Entstehung des Durchfalls bei Geschwüren folgenden Satz: „wodurch auch Sub-stanzverluste im Darm entstanden sein mögen, immer werden hier Nerven ihrer schützenden Hülle beraubt und allen Berührungen un-mittelbar ausgesetzt sein; und dass unter diesen Umständen schon der Contact mit dem gewöhnlichen Darminhalt und den normalen Verdauungssäften genügt, um verstärkte Darmbewegungen auszulö-sen, wird Niemanden verwundern. Auch kommt wenig darauf an, in welchem Abschnitte des Darmcanals die Geschwüre sitzen, da ja von jeder Stelle aus allgemeine peristaltische Contractionen er-regt werden können." Daneben kommt zweitens wenigstens bei sehr ausgebreiteten Verschwärungen im Dickdarm für die Entstehung der weichen oder flüssigen Entleerungen als weiterer Umstand noch die mangelhafte Wasserresorption von der kranken Darmwand aus in Betracht.

In der That erklären sich aus diesen beiden Momenten zu-sammen die Durchfälle bei den dysenterischen und den oft gross-artigen — ursprünglich — folliculären Verschwärungen des Dick-darms. Ohne weiteres muss überhaupt die Bedeutung des zweiten soeben erwähnten Umstandes zugegeben werden. Anders dagegen steht es mit dem ersten, dem nämlich, dass die Reizung der im Geschwürsgrunde blossgelegten sensiblen Nerven vermehrte Peristaltik und damit Durchfall errege, gleichgültig in welchem Darmtheil das Ulcus sich befinde. Dieser Satz bedarf verschiedener Einschränkungen. Wenn nämlich die Thatsache, dass jedes Darmgeschwür Durchfall erzeuge, nicht richtig ist, wenn sogar bei ausgebreiteten Ulcerationen Stuhlverstopfung bestehen kann, dann kann der Satz in dieser allgemeinen Fassung nicht richtig sein.

Darmgeschwüre, meine Herren, bestehen sehr häufig ohne den mindesten Durchfall, bei regelmässiger täglicher oder sogar bei träger, nur alle paar Tage eintretender Stuhlentleerung. Die Beobachtung jedes Klinikers und Arztes kann diesen Satz bestätigen.

Für die wohl am häufigsten vorkommende Geschwürsform, die bei Tuberculösen, ist es ja zweifellos richtig, dass bei Phthisikern öfters äusserst hartnäckige und heftige Diarrhöen bestehen in Fällen, wo man p. mort. ulceröse Darmläsionen findet. Aber die von Louis[101], um nur einen älteren Autor anzuführen, vertretene Meinung, dass bei tuberculösen Darmgeschwüren immer Diarrhöe bestände, ist sicher ein Irrthum, zu welchem den so hervorragenden französischen Beobachter wohl nur der Zufall verleitet hat. Traube macht die Bemerkung, dass sparsame und kleine Geschwüre ohne Schmerz und „sogar ohne Durchfall" einhergehen können. Auf diesem Standpunkt etwa scheint heute noch eine Reihe von Beobachtern zu stehen, so Spillmann[102], Damaschino[71], Habershon[70]; dagegen betonen andere, dass in seltneren Fällen auch ausgedehntere Ulcerationen ohne Durchfall bestehen können, so Bamberger[27], Rühle[103]. Besonders aber heben Leube und Kortum[104] das nicht seltene Fehlen der Diarrhöe bei selbst ausgedehnten Zerstörungen hervor. Diesen letzteren schliesse ich mich nach eigener Erfahrung an, denn ich habe mehrmals ganz erhebliche tuberculöse Verschwärungen gesehen ohne Diarrhöe.

Die typhösen Ulcerationen anlangend, so ist es eine nicht zu seltene Beobachtung, dass die Durchfälle im Leben in keinem Verhältnisse zu den in der Leiche gefundenen Geschwüren stehen; bekanntlich kann beim Ileotyphus sogar Verstopfung vorkommen, und leider wird man in einem solchen Falle gelegentlich einmal sehr unangenehm aus der trügerischen Annahme erweckt, dass eben

wegen der normalen Entleerungen nur sehr leichte Ulcerationen
bestehen möchten, wenn nämlich der Kranke plötzlich von einer
Darmblutung oder gar Perforationsperitonitis befallen wird.

Bei den ausgedehnten katarrhalischen und katarrhalisch-folli-
culären Geschwüren wird man allerdings sehr selten Durchfall ver-
missen, aber nur weil schon in dem ausgedehnten Katarrh eine
Bedingung für denselben gegeben ist. Die anderen Geschwürsformen können wir bei Seite lassen, weil bei denselben besondere
nachher zu berührende Verhältnisse vorliegen oder weil die Seltenheit ihres Vorkommens sie nicht recht zu Schlussfolgerungen geeignet macht. Es genügt schon die bei den typhösen und namentlich den tuberculösen Processen gewonnene Kenntniss zur Begrün-
dung des Satzes, dass Ulcerationen nicht zu selten ohne Durchfälle
einhergehen (bei Kortum's 13 Phthisikern mit Darmgeschwüren
war der Stuhl nur 4 mal diarrhoisch, 6 mal regelmässig, 3 mal ver-
stopft).

Es gilt nun zu ermitteln, welche besonderen Verhältnisse das Fehlen der Diarrhöe bedingen. Dass es nicht
die Zahl der Geschwüre an sich sein kann, ist schon erwähnt.
Bei ziemlich zahlreichen tuberculösen Substanzverlusten habe ich
nichtsdestoweniger Verstopfung gesehen, und Kortum wie andere
Beobachter berichten dasselbe. — Aber vielleicht die Schnelligkeit ihrer Entwicklung? Auch dies trifft nicht zu. [Denn die
typhösen Ulcerationen bilden sich doch rasch aus, und trotzdem
kann bei ihnen Durchfall fehlen; auch in dem oben mitgetheilten
Fall von embolischen Verschwärungen, deren Entwicklung man wohl
auch als eine ziemlich schnelle ansehen darf, wurde jeder Durchfall vermisst. — Nun dann vielleicht der Sitz der Geschwüre?
Diese Vermuthung hat von vornherein erheblich mehr Wahrscheinlichkeit für sich. Von Einigen wird allerdings der Satz aufgestellt,
dass man von jedem Punkte des Darmcanals aus peristaltische Bewegungen anregen könne, welche sich über den ganzen Darm ver-
breiten. Indessen ist derselbe keineswegs sicher erwiesen. Im
Gegentheil scheint gegen seine Richtigkeit schon das thatsächliche
Verhalten im Normalzustande zu sprechen. Bekanntlich ist nämlich
normal die Peristaltik des Dünndarms eine ausserordentlich rasche,
der Speisebrei durchläuft diesen ganzen Darmabschnitt in wenig mehr
als zwei Stunden. Würde nun wirklich regelmässig die Peristaltik

des ganzen Darms schon vom Magen oder Dünndarm aus angeregt, so müsste nach jeder Mahlzeit auch eine lebhaftere Dünndarmbewegung sich einstellen, und wir müssten normal schon mehrmals am Tage Stuhlgang haben, was bekanntlich nicht zutrifft. Vielmehr weist die Thatsache, dass unmittelbar hinter der Bauhin'schen Klappe der Darminhalt eine dickere, offenbar durch Wasserresorption bedingte Beschaffenheit hat, als dicht oberhalb derselben im unteren Ileumende, mit Sicherheit darauf hin, dass die regere Dünndarmperistaltik an der Klappe ein Ende erreichen muss. Hiermit steht denn auch vollständig eine durch directe experimentelle Beobachtung gewonnene Angabe von Engelmann[3] in Einklang. Dieser Forscher sah, dass die Reizung des Dünndarms weder den Magen noch den Dickdarm in Bewegung setzt, ebensowenig wie Reizung des Dickdarms Bewegungen des Dünndarms veranlasst; die Ileocöcalklappe (und der Pylorus) scheinen also unüberwindliche Hindernisse für den Fortschritt der peristaltischen Wellen darzustellen.

Halten wir demnach die Anschauung fest, dass die im normalen Dünndarm ausgelösten peristaltischen Wellen für gewöhnlich an der Klappe ihr Ende erreichen, so wäre es sehr wohl möglich, dass auch die durch pathologische Verhältnisse im Dünndarm angeregte Peristaltik vielfach das gleiche Loos haben wird. Dies scheint auch in der That der Fall zu sein. Denn wir wissen, dass ein acuter Katarrh des Dünndarms, wenn er auf diesen Abschnitt beschränkt ist, keine vermehrten Entleerungen veranlasst, trotz der lebhaftesten Peristaltik im Dünndarm, welche sich durch Kollern, Gurren und selbst fühlbare Bewegungen kundgiebt.

Im Anschluss hieran können wir nun vielleicht weiter folgern, dass auch Geschwüre im Dünndarm keinen Durchfall veranlassen werden. In der That sieht man dies durch die klinische Beobachtung bestätigt, wie namentlich bei den oft im unteren Dünndarm allein localisirten Geschwüren der Phthisiker, so fehlt der Durchfall ferner bei dem Ulcus duodenale perforans, so fehlt er in dem schon einige Male angeführten Fall von embolischen Verschwärungen. Die Durchfälle beim Abdominaltyphus können Sie keinenfalls als Gegenbeweis ansehen; denn einmal fehlen ja dieselben öfters trotz bedeutender Geschwüre; und dann weisen mehrere Umstände bestimmt darauf hin, dass beim Ileotyphus nicht die Ulcerationen wesentlich oder gar ausschliesslich für die Diarrhöe ver-

antwortlich gemacht werden können. Es kommen nämlich bei
dieser Krankheit gelegentlich sehr anhaltende und starke Diarrhöen
vor, und nichtsdestoweniger finder man p. mort. nur ein einziges
Geschwür, und was noch wichtiger, die Diarrhöe kann sich in einer
ganz frühen Periode einstellen, wo erfahrungsgemäss noch gar keine
Geschwüre zur Entwicklung gelangt sind. Es können also sicherlich beim Ileotyphus nicht die im unteren Dünndarm befindlichen
Verschwärungen das Bestimmende für den Durchfall sein, sondern
andere Momente: vielleicht der begleitende Katarrh, noch wahrscheinlicher aber, wie Cohnheim meines Erachtens mit Recht bemerkt, die typhöse Infection als solche (nach Analogie der putriden Intoxication), wenn wir auch über das nähere Wie in dieser
Beziehung noch ganz unaufgeklärt sind.

Aus dem bisher Vorgetragenen haben Sie, hoffe ich, die Ueber-
zeugung gewonnen, dass allerdings der Sitz der Geschwüre für das
Fehlen oder Auftreten der Durchfälle insofern von Bedeutung ist,
als Dünndarmgeschwüre an sich selbige nicht erzeugen.

Wie steht es nun mit dem Dickdarm? Veranlassen Geschwüre
in diesem immer Durchfälle? Zunächst für Ulcerationen im Coecum
und im Beginn des Colon ascendens muss dies entschieden verneint
werden. Ich habe verschiedene Male, ebenso wie andere Beobachter,
in diesen eben genannten Darmpartien Verschwärungen bei normalem oder selbst trägem Stuhl gesehen. Wenn wirklich Geschwürsflächen immer und unter allen Umständen vermehrte Peristaltik
anregten — was, wie ich Ihnen alsbald darlegen werde, meines
Erachtens nicht der Fall ist — so müsste man für die Erklärung
derartiger Fälle zu der Annahme greifen, dass selbst die im obersten Dickdarm ausgelöste Welle nicht über das ganze Colon bis
zum Rectum hin fortschritte. Und ich meine in der That, dass
auch diese Annahme gemacht werden kann mit Rücksicht auf andere
Beobachtungsthatsachen. Man weiss nämlich, dass das Gallenpigment sich so rasch umwandelt im Darm, dass bei der normalen,
doch ziemlich raschen Dünndarmperistaltik an der Bauhin'schen
Klappe die gewöhnliche Gmelin'sche Reaction erfolglos bleibt. Erhält man etwa im Colon ascendens oder gar transversum noch die
Reaction, so beweist dies, dass auch in diesen Abschnitten der
Darminhalt noch rasch vorwärts bewegt werden musste. Hört dann
aber die Reaction plötzlich z. B. am Ende des Colon transversum

auf, so folgt daraus, dass ein Reiz, welcher den obersten Abschnitt des Dickdarms in lebhaftere Peristaltik versetzt, nicht nothwendig den ganzen Dickdarm einschliesslich Rectum zu erregen braucht. Es werden also auch Geschwüre im Coecum und Colon ascendens durchaus nicht nothwendig Durchfall zu erzeugen brauchen, wodurch natürlich nicht ausgeschlossen ist, dass sie es unter Umständen thun können.

Anders dagegen steht es, wenn der Sitz der Ulcerationen im Rectum und unteren Colon ist. Reize, welche hier in entsprechender Weise auf den Darm einwirken, lösen fast immer Stuhlgang und vermehrte Darmentleerungen aus. Und so sehen wir denn auch, dass diejenige Krankheit, welche sich fast stets mit Ulcerationen hier localisirt, die Dysenterie, auch in demselben Verhältnisse Stuhldrang und Diarrhöe hervorruft. Um so erstaunlicher drängen sich dann aber Beobachtungen hervor, wie ich Ihnen eine nach Kortum mittheilen will. Eine Phthisica hatte bereits 10 Wochen vor ihrer Aufnahme in das Krankenhaus an Diarrhöen gelitten, welche noch 9 Tage fortwährten. Dann waren sie bis zu dem nach 5 Wochen eintretenden Tode verschwunden; es erfolgte mit wenigen Ausnahmen nur ein Stuhl, welcher allerdings meist etwas dünn war. Die Section ergab vom obersten Theil des Coecum bis zum After hin zahllose, im Colon zum Theil sehr ausgedehnte Geschwüre, so dass auf grösseren Strecken nur wenig Schleimhautinseln sich fanden.

Wie sollen wir derartige Beobachtungen auffassen? Wollen Sie zweierlei in der Angabe über die Stuhlentleerungen unterscheiden: dieselben erfolgten täglich meist nur ein Mal in den letzten Lebenswochen, aber sie waren dabei auch meist dünn. Zu dem Begriff der Diarrhöe fehlte hier also das eine Moment, die häufigere Entleerung, während das andere, die dünnere Beschaffenheit, da war. Ersteres setzt nothwendig eine regere und häufigere Dickdarmperistaltik als normal voraus, während letzteres sehr wohl ohne solche da sein kann. In einem solchen Falle, wie der in Rede stehende, erklärt sich nämlich die dünne Consistenz vollständig einmal durch die pathologische Secretion von den Geschwürsflächen, dann durch die verminderte Resorptionsfähigkeit der kranken Darmwand, in Folge wovon der Dickdarminhalt nicht wie normal eingedickt werden kann. Wie aber soll man es verstehen, dass bei so zahlreichen

Geschwürsflächen nicht eine heftige Reizung der blosgelegten Nerven mit lebhafter Peristaltik stattfand? Auch das kann uns nicht
in Erstaunen versetzen, wenn wir es mit analogen Erscheinungen
in anderen Theilen vergleichen. Es ist z. B. ganz bekannt, dass
Magengeschwüre ohne jedes Erbrechen, ganz latent, bestehen können; ich habe selbst, wie wohl jeder andere Beobachter auch, mächtige ulcerirte Carcinome des Magens ohne Erbrechen bis zum Tode
verlaufen sehen.   Für die Deutung aller derartigen Vorkommnisse
muss man annehmen entweder dass durch den destruiren-
den Process die Nerven in dem Geschwürsbereich überhaupt vollständig vernichtet sind, oder wenigstens dass
sie durch die beständige Wiederholung unerregbar geworden sind für die gewöhnlichen auf sie einwirkenden
Reize.   Beide Annahmen liegen durchaus im Bereich anatomischer
und physiologischer Erfahrung und Möglichkeit.

     Endlich haben wir noch eines Verhältnisses zu gedenken, auf
welches man ebenfalls hingewiesen hat, um das Fehlen der Durchfälle bei Darmulcerationen verständlich zu machen, nämlich des
Darmkatarrhs.   Man hat gemeint, dass bei Ulcerationen ohne
gleichzeitigen Katarrh das Fehlen der Durchfälle leichter verständlich sei.   Indessen hat man die Bedeutung dieses Verhältnisses doch
wohl nicht ganz klar aufgefasst. Es ist ja richtig, dass ein gleichzeitiger Katarrh zur Verstärkung der Diarrhöe seinerseits beitragen kann, aber man darf nicht übersehen, dass für den Katarrh
alle dieselben Momente gelten, welche wir vorstehend für die Ulcerationen entwickelt haben, d. h. mit anderen Worten, wenn einer
der oben dargelegten Umstände den Mangel der Diarrhöe bei Ulcerationen bedingt, so wird er es auch in gleicher Weise für den in
der betreffenden Darmstrecke meist unter den gleichen anatomischen
und physiologischen Beziehungen befindlichen Katarrh thun.   Ich
meine: Katarrh auf den Dünndarm beschränkt, ruft erfahrungsgemäss ebensowenig Durchfall hervor, wie Ulcerationen in dieser
Strecke; Geschwüre im Coecum mit Katarrh im Coecum erregen
ebensowenig lebhafte Peristaltik wie ohne denselben, — für alle
diese Verhältnisse könnte ich Ihnen eine Reihe von Beispielen aus
meiner Beobachtung mittheilen.   Und dass beim chronischen Dickdarmkatarrh Durchfall sehr häufig fehlt, ist ganz bekannt; den
Grund werden Sie sich nach dem vorher Besprochenen selbst sagen,

und Sie werden es danach auch verstehen, weshalb ungewohnte, neue, stärkere Reize, wie etwa ein gröberer Diätfehler auch beim chronischen Dickdarmkatarrh lebhaftere Peristaltik und Durchfall auslösen können. Wenn wirklich ein chronischer Katarrh anscheinend öfter mit Diarrhöe einhergeht als die Gegenwart einiger Geschwüre es thut, so darf man nicht vergessen, dass Katarrhe meist ausgebreitete Strecken des Darmes ergreifen, etwaige neue äussere Reize für die Peristaltik also verbreiteter und somit wohl auch erfolgreicher einwirken werden, als bei den meist doch nicht zu ausgedehnten Geschwüren.

Fassen wir noch einmal zusammen: 1) Durchfälle können als Folge von Darmgeschwüren bestehen, ohne übrigens, wie das selbstverständlich ist, ein charakteristisches Symptom derselben zu bilden. 2) Sehr häufig — um ein festes procentisches Verhältniss anzugeben, sind allerdings meine eigenen wie die in der Literatur mitgetheilten Zahlenreihen zu klein — werden aber auch Durchfälle durchaus vermisst. 3) Für die Erklärung dieses Fehlens der diarrhöischen Entleerungen bei Darmulcerationen kommt ein etwaiger gleichzeitiger Katarrh, kommt ferner die Natur und die Schnelligkeit der Entwicklung der Geschwüre gar nicht, und die Zahl derselben, wenn sie nicht übermässig wird, ebensowenig in Betracht. 4) Entscheidend für das Auftreten oder Fehlen der Diarrhöe ist wesentlich der Sitz der Ulcerationen (in der oben entwickelten Weise), und sehr wahrscheinlich noch der Umstand, ob selbst bei entsprechendem Sitze überhaupt noch sensible Nerven im Geschwürsgrunde sich finden bezw. ob dieselben für den durch den gewöhnlichen Darminhalt gebildeten Reiz noch erregbar sind.

Es liegt auf der Hand, meine Herren, dass man für die Diagnose der Darmgeschwüre auf die dünnen und häufigen Entleerungen an sich, als ein bei den verschiedensten ursächlichen Verhältnissen überaus häufiges Ereigniss, sehr viel weniger Gewicht gelegt hat, als auf die weitere Beschaffenheit der Stühle. Sie werden sich selbst sagen, dass von Geschwürsflächen stammen und auch mit dem Stuhl nach aussen entleert werden kann: Blut, Eiter, und bei rasch vorschreitender Nekrosirung vielleicht auch Darmgewebe. Besprechen wir dies jetzt im Einzelnen.

Blut. Wenn man die weitaus häufigsten vier Gerschwürsformen (ätiologisch, nicht anatomisch angesehen), die katarrhalischen tuberculösen, typhösen, dysenterischen, darauf hin vergleicht, in welcher Häufigkeit Blutungen im Stuhl überhaupt bei ihnen vorkommen. so werden Sie durch ein ganz auffälliges Missverhältniss überrascht. (Das Ulcus perforans duodeni, bei welchem starke Blutungen ein oftmaliges Symptom sind, lassen wir hier bei Seite einmal wegen seiner Seltenheit und dann namentlich, weil es den anderen Darmverschwärungen gegenüber überhaupt eine eigenthümliche Stellung einnimmt.) Blut im Stuhle ist nämlich sehr häufig bei Dysenterie und relativ häufig bei Abdominaltyphus, ausserordentlich selten dagegen bei katarrhalischen und tuberculösen Verschwärungen. Wie erklärt sich dieses Verhalten, namentlich woher die Verschiedenheit bei den tuberculösen und typhösen Ulcerationen, welche doch histologisch beide für gewöhnlich den gleichen Ausgangspunkt haben, nämlich vom Follikelapparat aus. und während doch tuberculöse Affectionen der Lungen so oft mit Blutungen einhergehen? Ob die Schnelligkeit der Entwicklung des Geschwürsprocesses hier irgend eine Rolle spiele, dürfte kaum sicher zu beantworten sein. Als wahrscheinlichste hypothetische Deutung möchte ich die ansehen, dass der typhöse Process als solcher in irgend einer Weise (durch Ernährungsstörung der Gefässwandungen oder dergl.) überhaupt mehr zu Blutungen disponirt, während dieses Moment bei den tuberculösen und einfach katarrhalischen Darmgeschwüren fortfällt. Und bei der Dysenterie erklärt sich die Häufigkeit der Blutungen wohl wesentlich durch den eilends vorschreitenden Nekrotisirungsprocess in der stark hyperämischen Schleimhaut.

Allerdings dürfen wir nicht übersehen, dass wir mit den gewöhnlichen klinischen Untersuchungsverfahren immer nur nachweisen, ob Blut im Stuhle in grösserer oder geringerer Menge nach aussen entleert wird, nicht aber ob überhaupt keines von der Geschwürsfläche kommt. Es ist sehr wohl möglich, ja sogar wahrscheinlich, dass auch bei tuberculösen und katarrhalischen Ulcerationen nicht selten kleine Blutspuren wohl in den Darminhalt, aber nicht mit diesem makroskopisch erkennbar nach aussen gelangen; denn öfters habe ich bei der mikroskopischen Untersuchung der Fäces ganz unbedeutende Haufen von rothen Blutzellen gesehen, wo die blosse Besichtigung nichts davon erwarten liess, und zwar in Fällen, wo die Section hinterher Geschwüre ergab. Immerhin bleibt die Thatsache bestehen, dass grössere Blutungen bei katarrhalischen tuberculösen Geschwüren zu den allerungewöhnlichsten Ausnahmen gehören, und auch kleinere Blutstreifen sind bei dem gewöhnlichen Sitz dieser Ulcerationen im Ileum und Coecum gemäss meiner Erfahrung wie derjenigen anderer Beobachter recht selten.

Nebenbei möchte ich Sie hier auf eine kleine prognostische Regel hinweisen. Schon mehrmals ist es eingetroffen, dass ich beim Auffinden solcher mikroskopischer Blutspuren im Stuhle Typhöser in der kürzesten Zeit darauf (12—36 Stunden) eine starke Darmblutung eintreten sah oder vorhersagte. Natürlich wäre es einfach thöricht, vom Arzte zu erwarten, dass er deswegen regelmässig täglich die Stühle seiner Typhuskranken mikroskopiren solle; auch ich fand dies nur zufällig gelegentlich einer methodischen Untersuchungsreihe. Noch mehr aber wird begreiflicher Weise die Gefahr einer möglichen bevorstehenden Darmblutung bei Typhösen dringend, wenn man schon mit blossem Auge Blutspuren bemerkt; und diese kleine Mühe, die Stühle seiner Typhösen makroskopisch zu besichtigen, dürfte man allerdings eher dem Arzte zumuthen, freilich nicht blos in der Weise, dass er einen halben Blick in das Gefäss thut. In solchen Fällen rathe ich Ihnen, den Kranken sofort absolute Ruhe beobachten, Opium nehmen und keine kalten Bäder gebrauchen zu lassen.

Dem Gesagten zufolge fehlt also Blut in den Stühlen in der grösseren Mehrzahl der Fälle von Geschwüren. Es erübrigt noch, auf die allbekannte Thatsache hinzuweisen, dass umgekehrt Blut vorkommen kann ohne Geschwüre. Doch ist diese letztere Thatsache für die Diagnose der Ulcerationen in vielen Fällen weniger schädigend, als man von vornherein meinen sollte. Denn von dem Ulcus duodenale abgesehen, haben die Enterorrhagien aus anderen Ursachen, wie z. B. bei Embolie der Arteria meseraica, bei Pfortaderstauungen, bei Neoplasmen, bei Phosphorvergiftung, bei Scorbut und dergl. meist ein so bestimmtes klinisches Gepräge, dass man in der Diagnose nur unter besonders ungünstigen Verhältnissen fehlgreifen wird.

Man könnte also die Sache etwa so formuliren: wenn Blut im Stuhle auftritt unter Verhältnissen, welche überhaupt an die Möglichkeit von Geschwüren denken las-

sen, so wird diese Erscheinung mit einer **sehr grossen Wahrscheinlichkeit** für Geschwüre sprechen. Weiter zu gehen ist
nicht erlaubt. Denn man darf nicht vergessen, dass, abgesehen
selbstverständlich von den leicht erkennbaren Hämorrhoidalblutun-
gen, Blut auch ohne Geschwüre und ohne einen der oben genannten
Zustände in den Darm bezw. in den Stuhl gelangen kann. Dass
dies bei einfachen Katarrhen nur ganz ausnahmsweise der Fall ist,
und dann namentlich bei acuten, darin stimme ich Leube durchaus bei: ich glaube also, dass die einfachen Katarrhe nur sehr
selten die Quelle von Fehldiagnosen sein werden. Doch muss ich
betonen, dass hier gelegentlich ganz sonderbare Dinge vorkommen
können. Nur im Verlauf der letzten zwei Wochen sind mir folgende zwei Fälle begegnet:

I. Phthisica; wochenlang Durchfälle, der Stuhl öfters von einer
eigenthümlichen braunen Beschaffenheit, welche den Verdacht auf
Blut erwecken konnte. Rothe Blutzellen nicht darin nachweisbar.
Doch brauchen ja diese bekanntlich nicht nachweisbar zu sein,
sie können schon zerstört sein, wenn das Blut aus den obersten
Darmabschnitten stammt (ich habe darüber an anderer Stelle berichtet, vergl. Abhandlung No. 6). Der Verdacht auf Darmgeschwüre also nicht unbegründet. Die Section ergab allerdings tuberculöse Geschwüre im untersten Ileum über der Klappe, im Coecum und Colon ascendens, aber hier nichts von blutigem Inhalt.
Dagegen dunkelchocoladefarbener blutiger Inhalt im untersten Jejunum und im obersten Ileum, weit oberhalb der Geschwüre. Die
Submucosa und Muscularis dieser Strecke mikroskopisch ganz normal, ohne irgend auffallende Gefässentwicklung, die Mucosa atrophisch, mit Schwund der Zotten und Drüsen. Das obere Jejunum
ganz normal. — Also keinerlei hervortretende Hyperämie, und doch
Darmblutung.

II. Phthisiker; Stuhl dünn, aber nur alle zwei Tage erfolgend,
Blut nicht bemerkt. Bei der Section in dem leeren, ganz blassen
Colon transversum, welches ebenso wie der übrige Darm frei von
Ulcerationen ist, eine nicht unbeträchtliche Menge von frischen Blut-
gerinnseln; ober- und unterhalb nichts von Blut.

Woher in diesen Fällen die Blutung? Eine sichere Antwort
vermag ich Ihnen zur Stunde nicht zu geben. Ich verzeichne vor-

läufig nur die Thatsachen, und bitte Sie daraus den Schluss zu
ziehen, dass auch bei Phthisikern ohne Ulcetationen und ohne Katarrh Darmblutungen vorzukommen scheinen.

Erheblich bedeutungsvoller noch als die Gegenwart von Blut
ist die von Eiter im Stuhl. Sie wissen, wie die katarrhalische
Entzündung vieler Schleimhäute ein Secret liefert, welches man
entweder als schleimig-eitrig, oder unter Umständen fast als rein
eitrig bezeichnen kann, ohne dass eine Spur von Ulcerationen auf
diesen Schleimhäuten zu bestehen braucht; ich erinnere Sie an das
schleimig-eitrige Sputum bei Bronchitis, welches man mitunter fast
als rein eitrig bezeichnen kann, ohne dass eine Spur von Ulcerationen auf diesen Schleimhäuten zu bestehen braucht, an das mitunter
fast rein eitrige Sediment bei Blasenkatarrh. Vergleichen Sie hiermit
das Secret beim Darmkatarrh, z. B. bei Colitis catarrhalis acuta oder
chronica, so finden Sie ein durchaus anderes Verhalten, insofern
von einer eigentlich eitrigen Trübung des Schleimes nie die Rede
ist. Während man das Sediment eines Blasenkatarrhs bei sehr
wenig Schleim mikroskopisch gelegentlich nur aus Eiter bestehen
sieht, fast wie das Secret einer eiternden Wundfläche der Haut;
während man bei dem Sputum coctum in die schleimige Grundsubstanz dichtgedrängt Eiterzellen eingelagert wahrnehmen kann,
findet man dies beim Darmkatarrh, auch bei ganz chronischen Formen, nie. Durch die mikroskopische Untersuchung vieler hunderte
von Stühlen habe ich mich überzeugt, dass, wenn in dem für gewöhnlich glasigen Schleim in und auf den Fäcalmassen eine gewisse Trübung, ein undurchscheinendes Aussehen besteht, dasselbe
in der Regel durch massenhafte Epithelien bedingt ist, die entweder noch mehr weniger gut erhalten oder verschiedentlich verändert, verschollt, wächsern, kernlos sind (vergl. Abhandlung No. 6).
Rundzellen sind daneben entweder gar nicht oder viel spärlicher
vorhanden, nur selten in erwähnenswerther Menge; und dann sind
es auch nicht in gleichmässiger Grösse und Gestalt nebeneinander
daliegende Gebilde, sondern grosse und kleine, meist sehr zarte
und blasse Rundzellen von ganz verschiedener Grösse. Ohne hier
die Ursachen dieses anderen Katarrhen gegenüber so eigenthümlichen Verhaltens der Formbestandtheile in dem Schleimhautproduct
beim Darmkatarrh besprechen zu wollen, mache ich Sie doch auf

dasselbe besonders aufmerksam, da ich es sonst kaum angegeben oder betont finde.

Ein Secret dagegen, welches dem Stuhle beigemengt schon makroskopisch die Eigenschaften des Eiters an sich trägt, durchweg getrübt, grau, undurchscheinend ist, und welches mikroskopisch durchweg aus dichtgedrängten gleichmässigen Rundzellen besteht, von der Gestalt der weissen Blutzellen, in gar keinen oder sehr wenig Schleim eingebettet, ein solches Secret können Sie als ein ziemlich zuverlässiges und sicheres Zeichen einer Ulcerationsfläche im Darm ansehen. Wenn es sich nur öfter fände! Bekanntlich gehört „Eiter im Stuhl" zu den ganz gewöhnlichen Begegnissen bei der Dysenterie, d. h. einem Processe, der mit Ulcerationen in den unteren Dickdarmabschnitten einhergeht. Anders liegt die Sache bei den höher hinauf befindlichen tuberculösen, typhösen, katarrhalischen Verschwärungen. Bei diesen gehört Eiter im Stuhl zu den grossen Seltenheiten, weil die geringe, auf kleinen Geschwürsflächen gebildete Menge desselben auf dem Wege bis zum Mastdarm meist in irgend einer Weise verschwindet, in der Fäcalmasse unauffindbar oder vielleicht auch durch die Darmsäfte vernichtet wird. Jedoch kann ich Sie versichern, dass ich ausnahmsweise auch bei Gegenwart weniger tuberculöser Geschwüre, deren tiefstgelegene bei der Section im Colon ascendens sich befanden, und selbst bei typhösen Ulcerationen Eiter im Stuhl gesehen habe. Natürlich waren dies nicht grosse Eitermassen, aber andererseits auch nicht bloss vereinzelte Eiterzellen. Vielmehr handelte es sich um kleine grauweisse Klümpchen, welche bei genauer Durchmusterung der Fäcalmassen auffindbar bei der mikroskopischen Besichtigung aus dichtgedrängten Eiterzellen bestehend sich erwiesen. Wenn man bei bestehendem Verdacht auf Darmgeschwüre auch nur ein einziges Mal im Stuhl solche zweifellose Pünktchen oder Klümpchen Eiter auffindet, so halte ich die Diagnose für gesichert.

Im Anschlusse lassen Sie uns nun zunächst bei Gebilden verweilen, welche bis auf den heutigen Tag in der Literatur viel erörtert werden bei auseinandergehenden Meinungen. Es sind die „kleinen Froschlaich- oder gekochten Sagokörnern ähnlichen durchsichtigen Schleimklümpchen", welche ein sicheres Zeichen der Follicularverschwärung sein sollen. Vor Entscheidung der Frage, ob diese Gebilde eine Bedeutung für die Diagnose von Geschwüren haben, muss vor allem ihre Natur festgestellt werden. Nebenbei sei bemerkt, dass, wenn sie wirklich schleimiger Natur wären, dieser Schleim unmöglich von den Follikeln stammen kann, weil diese bekanntlich keinen Schleim liefern. Höchstens könnte es dann von aussen in die Follicularverschwärungen hineingepresster Schleim sein (Heubner[74]), oder von Lieberkühn'schen Drüsen stammen, welche in das Geschwür hineingerathen sind (Kelsch[105]).

Virchow[18] nimmt bekanntlich für diese Gebilde in der weit überwiegenden Mehrzahl oder immer die pflanzliche Natur in Anspruch; Woodward[28] in seinem durch Gründlichkeit der Untersuchungen und überwältigende Belesenheit hervorragenden Werke spricht sich ganz ebenso aus. Wie ich bereits an anderer Stelle gesagt, bin ich für die meisten Fälle zu demselben Ergebniss gelangt: so oft ich diese hellen, glasigen, sagokornähnlichen Klümpchen untersucht, habe ich mich stets von ihrer pflanzlichen Structur oder Abstammung überzeugt; es handelte sich um Stärke oder um Fruchtstückchen.

Ich gebe gern die Möglichkeit zu, dass sich gelegentlich auch der Schleim in kleinen runden Klümpchen zusammenballen kann; ich selbst habe solche durch Gallenfarbstoff gelb aussehende kleine runde Schleimkörperchen a. a. O. beschrieben. Aber das muss ich entschieden bestreiten, dass dieselben für Ulcerationen irgendwie characteristisch seien, denn die gelben runden Schleimkörner (helle, glasige habe ich, wie bemerkt, selbst nie gesehen) sind mir auch bei blossen Katarrhen ohne die mindesten Geschwüre vorgekommen. Ob die sagokornähnlichen Schleimklümpchen bei epidemischer Ruhr etwa häufiger sind, kann ich nicht entscheiden, weil ich in den letzten Jahren nur vereinzelte Ruhrfälle gesehen und früher nicht besonders auf diesen Punkt geachtet habe. Aber selbst wenn dies der Fall wäre, muss ich wiederholen, dass den rundlichen Schleimklümpchen als solchen eine pathognomonische Bedeutung für die Diagnose von (Follicular-) Ulcerationen nicht beikommen kann, aus dem soeben angeführten Grunde*).

Als wichtig hätten wir endlich noch das Vorkommen von

---

*) Dass Schleim. überhaupt an sich im Stuhle auch nicht das Mindeste

Gewebsfetzen des Darmes im Stuhle zu bemerken. Sie werden
sich von vornherein sagen können, dass solche bei den kleinen und
bei den mehr langsam wachsenden Geschwürsformen kaum erwartet
werden dürfen, so bei den katarrhalischen, den tuberculösen, typhösen Verschwärungen. Hier werden sie in der That auch nie im
Stuhl getroffen, sind wenigstens meines Wissens noch nicht beschrieben. Sie sind eigentlich nur einem mit Ulcerationen einher-
gehenden Processe eigenthümlich, nämlich der Dysenterie. Bei dieser
können sie abgehen auch ohne dass die sog. brandige Form der
Ruhr vorliegt; wenigstens habe ich auch bei ziemlich verschleppten,
durch Wochen verlaufenden chronischen Ruhrfällen tagelang hintereinander kleine, mikroskopisch als solche nachgewiesene Gewebsfetzchen im Stuhle feststellen können.

Ueberblicken wir noch einmal das gewonnene Resultat: die
Beschaffenheit der Stühle kann, namentlich durch die Gegenwart
von Eiter und Gewebsfetzchen, zuweilen ganz bestimmt die diagnostische Frage, ob Darmgeschwüre bestehen, beantworten. Sehr viel
umsichtiger und vorsichtiger muss man die Anwesenheit von Blut
verwerthen. Alle diese pathologischen Beimengungen fehlen aber
viel häufiger als dass sie vorhanden wären, und fehlen gerade bei
den gewöhnlichsten Geschwürsformen am häufigsten, für deren Er-
kenntniss sie bei dem Mangel aller anderweitigen charakteristischen
Symptome gerade am erwünschtesten wäre, nämlich bei den einfach katarrhalischen, tuberculösen und typhösen Ulcerationen. Bezüglich der letztgenannten Form brauche ich wohl kaum noch ausdrücklich darauf hinzuweisen, dass, wenn wir bei einem Ileotyphus-
kranken in jedem Falle Darmgeschwüre diagnosticiren und dieselben
auch nach dem Tode finden, unsere Diagnose einfach auf eine bekannte Erfahrungsthatsache gegründet wird, aber nicht auf bestimmte und unmittelbare Symptome.

Dass man dem Schmerz als Zeichen des Darmgeschwüres
ungebührlich viel Werth für gewöhnlich beilegt, darin stimme ich
Leube vollkommen bei. Ja ich gehe noch weiter und möchte behaupten, dass spontaner Schmerz dem Darmgeschwür als solchem
überhaupt nur ganz ausnahmsweise zukommt, in den allermeisten

---

für Geschwüre beweist, ist so selbstverständlich, dass darüber kein weiteres
Wort nöthig ist.

Fällen, wenn nicht immer vermisst wird. Die Thatsache, dass viele Ulcerationen ganz latent bestehen und erst zufällig bei der Section gefunden werden, dass niemals irgend eine Erscheinung den Verdacht eines Darmleidens überhaupt erregte, weist für eine ganze Reihe von Fällen bestimmt die Abwesenheit von Schmerz nach. Ich wende mich an die allgemeine Erfahrung: wie viele Typhuskranke klagen über spontanen Schmerz in der rechten Unterbauchgegend? Meiner Erfahrung nach nur diejenigen, bei welchen zugleich eine auch noch so wenig umfängliche Betheiligung des Peritoneum besteht. Und wie mit den typhösen verhält es sich mit den katarrhalischen Ulcerationen. Wie häufig ereignet es sich, dass Jemand vom Coecum oder vom Processus vermiformis aus eine ulcerative Perforationsperitonitis erleidet, der niemals auch nur ahnte, dass eine so heimtückische Verschwärung in seinem Darm Platz gegriffen hätte! Es verhält sich hier wie bei Geschwürsflächen auf der Haut, welche ganz schmerzlos sein können, so lange kein äusserer Reiz auf sie einwirkt. Nun werden Sie einwenden, dass ja der Darminhalt ein solcher Reiz sei. Hierauf ist zu entgegnen, dass dies doch nur ausnahmsweise zutrifft. Betrachten Sie den Darminhalt, wie er in den allermeisten Fällen den Dünndarm bis zur Klappe erfüllt und oft auch noch im Colonanfang getroffen wird, d. h. also in den Darmabschnitten, welche der gewöhnlichste Sitz der (typhösen, tuberculösen, katarrhalischen) Verschwärungen sind, so werden Sie ihn von einer dickflüssigen oder zähschleimigen Beschaffenheit finden bei der gewöhnlichen täglichen Nahrung ohne feste, harte Beimengungen; denn wir verschlucken ja doch nicht täglich Kirschkerne, oder Johannisbeer- und Erdbeerkerne und dgl. Dieser so beschaffene Darminhalt ruft aber, wenn er auf der Geschwürsfläche sich befindet, so wenig Schmerzen in derselben hervor, wie Wasser oder ein chemisch indifferenter breiiger Ueberschlag von Körpertemperatur es thun, die ein Hautgeschwür bedecken. Und auch eine chemisch reizende Beschaffenheit des Darminhalts dürfte, wenn nicht gleichzeitiger Magen-Darmkatarrh mit abnormen Zersetzungen vorkommt, ziemlich selten sein. Die mittleren Darmabschnitte sind in allen diesen Beziehungen erheblich günstiger daran als der Magen, was ich nicht weiter auszuführen brauche.

Wenn man nun aber doch in einer Reihe von Fällen spontanen Schmerz beobachtet, so geht derselbe von den Geschwüren nicht

unmittelbar, sondern nur mittelbar aus, oder hängt auch gar nicht
von diesen ab. Einmal nämlich kann ein gleichzeitig bestehender
Katarrh Kolikschmerzen veranlassen. Dann aber erregen erfahrungsgemäss tiefergehende Geschwüre recht häufig eine umschriebene
peritonitische Reizung, mit Hyperämie und zuweilen auch fibrinöser
Exsudation; und am allerhäufigsten thun dies bekanntermaassen
tuberculöse Ulcerationen, denen entsprechend man recht oft auf der
Serosa eine Miliartuberkeleruption findet. Diese beiden Umstände,
namentlich der letztgenannte, sind mit seltenen Ausnahmen die fast
regelmässige Ursache der bei Ulcerationen beobachteten spontanen
Schmerzen.

Freilich wird man umgekehrt die Berechtigung haben, in einem
Falle, wo die Möglichkeit von Darmulcerationen und solcher umschriebener Schmerz e Peritonitide besteht, für welche eben eine
andere Ursache als Darmulceration nicht aufgefunden werden kann,
aus der Peritonitis auf Ulcus zu muthmassen; aber damit ist doch
keineswegs gesagt, dass das Geschwür direct den Schmerz bedingt.
Wir müssen uns oftmals bei der Diagnose mit solchen mittelbaren
Schlüssen helfen und begnügen, werden aber um so sicherer gehen,
wenn wir uns die Tragweite und die Tragfähigkeit derselben stets
bis ins Einzelnste klar machen.

Dass die Dysenterie sonst immer, vom Tenesmus abgesehen,
auch spontane Schmerzen erzeugt, ist nicht nur kein Widerspruch
gegen das bisher Gesagte, sondern eher eine Bestätigung. Vorhin
bereits äusserte ich, dass Ulcerationen, wenigstens frischere, im
unteren Dickdarme, dem gewöhnlichen Sitz der Ruhr, abnorme Peristaltik auslösen, und diese geht bekanntlich mit Kolikschmerzen
einher; solche in Anfällen auftretende Schmerzen kommen nun aber
bei der Ruhr vor. Des weiteren ist in allen irgend heftigeren
Fällen das Peritoneum in der That betheiligt, injicirt, oft sogar bis
zur Exsudatlieferung entzündet.

Dass äusserer Druck auf den Leib (in der Regel in etwas be-
deutenderem Grade erforderlich) bei Ulcerationen auch ohne Betheiligung der Serosa zuweilen Schmerzen erzeugen möge, will ich
nicht in Abrede stellen. Dass dies aber keineswegs regelmässig
ist, dessen kann ich Sie bestimmt versichern. In einer Reihe von
Fällen meiner Beobachtung fanden sich bei Phthisikern zahlreiche
und zum Theil enorm umfängliche Darmgeschwüre, und es hatte

nicht nur bei wochenlanger Beobachtung in der Klinik kein spontaner Schmerz, sondern auch kein Druckschmerz bestanden.

Die positiven Anhaltspunkte, welche aus allem Gesagten über das Verhalten der Schmerzen für die Diagnose sich ergeben, werden Sie sich, meine Herren, selbst entwickeln können; sie sind ziemlich beschränkt und müssen mit Vorsicht benutzt werden. Nur das will ich betonen, dass umschriebener Druckschmerz, noch mehr aber umschriebener spontaner Schmerz, auch wenn er nach der obigen Entwicklung als peritonitischer aufgefasst werden müsste, im vorliegenden Falle, wenn überhaupt der Verdacht auf Darmulcerationen gerechtfertigt ist und die Diagnose zwischen diesen und Katarrh schwankt, für die Annahme der Ulcerationen ins Gewicht fallen würde, weil eben ein blosser Katarrh umschriebene Peritonitis schwerlich erzeugt. Noch mehr aber betone ich, dass Sie wegen fehlender Schmerzen nie eine Verschwärung ausschliessen dürfen.

Ich habe soeben bereits die umschriebene Peritonitis erwähnt als eines Symptoms, welches unter Umständen und bei genauer Berücksichtigung aller Verhältnisse im einzelnen Falle die Diagnose auf Ulceration zu vermitteln wohl geeignet ist; dasselbe gilt selbstverständlich von der seltneren Peritonitis diffusa. Muss man sich hier immer noch mit verbindenden Schlussfolgerungen helfen, so liegt die Diagnose unmittelbar auf der Hand, sobald es sich um die glücklicher Weise verhältnissmässig seltene Peritonitis perforativa mit Gasaustritt handelt. Denn hier ist nur zu entscheiden, ob die Perforation vom Magen oder vom Darm aus erfolgte, und mit Hülfe der anamnestischen Daten und gestützt auf die objective Untersuchung ist dies in der Regel möglich. Sämmtliche Einzelfälle hier durchzugehen, ist überflüssig; lassen Sie mich nur ein Beispiel anführen. Wenn ein Phthisiker, welcher niemals irgend welche Darmerscheinungen darbot, von einer Perforationsperitonitis mit Gasaustritt befallen wird — was nebenbei nach sämmtlichen Beobachtern ausserordentlich selten geschieht — so wird man mit Recht mit der grössten Wahrscheinlichkeit den ulcerirenden Process im Darm und nicht im Magen suchen, weil tuberculöse Geschwüre im letzteren zu den allerseltensten Vorkommnissen gehören im Verhältniss einerseits zu denen im Darm und andererseits noch mehr zu der Häufigkeit der Tuberculose überhaupt*). Freilich wenn man einen Kranken vor sich hat, welcher inmitten vollster Gesundheit, ohne je weder seitens des Magens noch des Darms Erscheinungen geboten zu haben, von einer Peritonitis mit Gasaustritt befallen wird, dann bleibt als schwacher Anhaltepunkt für die Diagnose, ob latentes Ulcus rotundum ventriculi bezw. duodeni oder latentes katarrhalisches Ulcus im tieferen Darm nur die Erfahrungsthatsache, dass Perforationen bei ersteren an sich häufiger sind, und vielleicht noch die Angabe des Leidenden, an welcher Stelle des Leibes er den ersten Schmerz verspürte.

Hiermit, meine Herren, sind wir am Ende. Zwar können zuweilen noch weitere, den Gesammtorganismus betreffende Folgezustände von Darmgeschwüren bedingt werden, so Fieber und allgemeine Ernährungsstörung; aber dieselben sind so vieldeutiger Natur, dass von einer eigentlichen Benutzung für die Diagnose unmöglich die Rede sein kann. Unser Ergebniss lautet:

Darmgeschwüre können häufig durchaus symptomenlos bestehen. — Selbst bei sehr grosser Menge und Ausbreitung derselben stehen die etwa vorhandenen Erscheinungen oft in gar keinem Verhältniss zur Intensität der anatomischen Veränderungen. — Zuverlässige Zeichen der Darmverschwärung sind nur Eiter und Darmgewebsfetzen im Stuhl; ein sehr wichtiges Zeichen ist auch Blut im Stuhl, immerhin jedoch nur mit Umsicht zu verwerthen; zu directen Schlüssen gar nicht verwendbar ist die Zahl und blos dünne Beschaffenheit der Stühle. — Der Nachweis einer umschriebenen Peritonitis kann unter Umständen die Diagnose stützen, eine Perforationsperitonitis sie sicherstellen.

---

*) Vergl. die Zusammenstellung bei Spillmann.

Literatur-Verzeichniss.

1. van Braam Houckgeest, Pflueger's Arch. f. Physiol., IV. Bd. VI.
2. Foster, Lehrbuch der Physiologie. Uebersetzt von Kleinenberg. Heidelberg 1881.
3. Engelmann, Pflueger's Arch. f. Physiol. II. Bd. 1869.
4. S. Mayer, im Handbuch der Physiologie, herausgegeben von L. Hermann, V. Bd.
5. R, Maier, Virchow's Arch. 85. Bd. S. 65.
6. Busch, Virchow's Arch 14. Bd.
7. Leichtenstern, in v. Ziemssen's Handburch d. spec. Pathol. u. Ther. VII. Bd. 2. Aufl.
8. Schwarzenberg, Henle-Pfeuffer's Zeitschr. f. rat. Med. VII. Bd.
9. Kussmaul, Die peristaltische Unruhe des Magens. In Volkmann's Sammlung klin. Vortr. No. 181.
10. Falck, Zeitschr. f. Biologie. IX. Bd.
11. Battey, citirt nach Woodward, cf. No. 28.
12. A. Hall, cf. No. 28.
13. Morgagni, De sedibus et causis morborum. Edd. Radius, Lipsiae 1828. Tom. III. Epist. YXXIV.
14. van Swieten, Comment. in H. Boerhaavji aphorismos. Tom. III.
15. Watson, Lectures on the principles and practice of physic.
16. Traube, Die Symptome der Krankheiten des Respirations- und Circulationsapparates. Berlin 1867.
17. Leubuscher, Virchow's Arch. 85. Bd.
18. Leichtenstern, Prager Vierteljahrsschr. f. Heilkde. 1873.
19. Leichtenstern, in v. Ziemssen's Handbuch der spec. Pathol. u. Ther. VII. Bd. 2. Abth.
20. Nasse, Beiträge zur Physiologie der Darmbewegung. Leipzig 1866.
21. Gscheidlen, Untersuchungen aus dem physiologischen Laboratorium in Würzburg. Bd. 2. 1869.
22. Rossbach, Handbuch der Arzneimittellehre von Nothnagel und Rossbach. 5. Aufl. 1884.
23. Frerichs, Zeitschr. für klin. Med. I. Bd. Einleitung.
24. Lambl, Mikroskopische Untersuchung der Darmexcrete. Prager Vierteljahrsschr. 1859. I. Bd.
25. Lambl, Aus dem Franz-Josef-Kinderspitale in Prag. I. Th. Prag 1860.
26. Valentiner, Die chemische Diagnostik in Krankheiten. Berlin 1863.
27. Bamberger, Die Krankheiten des chylopoetischen Systems. In Virchow's Handb. der spec. Pathol. u. Ther. VI. Bd.
28. Woodward, The medical and surgical history of the war of the rebellion. Part. II. Vol. I. Med. history.
29. Leube, in v. Ziemssen's Handb. der spec. Pathol. u. Ther. VII. Bd. 2. Hälfte.

30. Stephen Mackenzie, Brit. med. Journ. 1880. May 15.
31. Lawyer, Ibidem 1879. Sept. 27.
32. Walters, Ibidem 1879. May 31.
33. Frerichs, Art. Verdauung, in Wagner's Handwörterbuch d. Physiologie.
34. Kletzinsky, Compendium der Biochemie. Wien 1858.
35. Widerhofer, in Gerhardt's Handbuch der Kinderkrankheiten. IV. Bd. 2. Abtheil.
36. Remak, Diagnostische und pathogenetische Untersuchungen. Berlin 1845.
37. Lehmann, Lehrbuch der physiologischen Chemie. II. Bd. Leipzig 1853.
38. Hoefle, Chemie und Mikroskop am Krankenbett. Erlangen 1848.
39. Wehsarg, Mikroskop. und chemische Untersuchungen der Fäces gesunder Menschen.
40. Szydlowski, Beiträge zur Mikroskopie der Fäces. Dorpat 1879.
41. Maly, in Hermann's Handbuch der Physiologie. V. Bd. 1. Th. Leipzig 1880.
42. Hoppe-Seyler, Physiologische Chemie. II. Th. Berlin 1878.
43. Birnbaum, De crystallis in faecibus tam sanorum tam aegrotorum. Diss. inaug. Bonnae 1851.
44. Baeumler, Correspondenzbl. f schweiz. Arzte. 1881.
45. Leyden, Zur Kenntniss des Bronchialasthma. Virchow's Arch. 54. Bd.
46. Kuehne, Lehrbuch der physiol Chemie. Leipzig 1866.
47. Friedreich, Krankheiten des Pancreas, in v. Ziemssen's Handbuch der spec. Path. u. Ther. VIII. Bd.
48. Virchow, in seinem Archiv. Bd. 5 u. 52.
49. Weigert, Virchow's Arch Bd. 70 u. 79.
50. Cohnheim, Vorlesungen über allgemeine Pathologie. Berlin 1877.
51. Cohn, Untersuchungen über Bakterien. Beiträge zur Biologie der Pflanzen. Bd. II.
52. Schroeter, Ueber einige durch Bakterien gebildete Pigmente. In Cohn's Beiträgen etc. Bd. II.
53. Ekekrantz, Virchow-Hirsch's Jahresbericht 1869.
54. Tham, ebenda 1870
55. Marchand, Virchow's Arch. Bd. 64.
56. Zunker, Deutsche Zeitschr. für prakt. Med. 1878. No. 1.
57. Gros, citirt bei Woodward, p 280 (cf. No. 28).
58. Cohn, cf. No. 51. Bd. I Heft 2.
59. Cohn, ibid Heft 3.
60. Koch. Untersuchungen über Bakterien. In Cohn's Beiträgen zur Biologie der Pflanzen. II. Bd. Heft 2.
61. Brefeld, Zur Biologie der Hefe.
62. Prazmowski, Untersuchungen über die Entwicklungsgeschichte und Fermentwirkung einiger Bakterienarten. Leipzig 1880.
63. Trécul, Comptes rendus. 1865. T. 61. u. 1867. T. 65.
64. van Tieghem, ibid. 1879. T. 88 u. 89.
65. Hansen, Referat im Botanischen Centralblatt 1880. S. 263.
66. Virchow's u. Reinhardt's Archiv 1847. I. Bd. S. 334.
67. Leyden u. Jaffe, Ueber putride Sputa. Deutsches Arch. f. klin. Med. II. Bd.
68. Brieger, Bericht der Deutschen chemischen Gesellschaft. X. S. 1027.
69. Virchow, Berliner klin. Wochenschr. 1883. No. 8 u. 9.
70. Habershon, Diseases of the abdomen. III. ed. London 1878.
71. Damaschino, Maladies des voies digestives. Paris 1880.
72. Radziejewski, Zur physiologischen Wirkung der Abführmittel. Reichert u. Dubois-Raimond's Arch 1870.
73. Abercrombie, Untersuchungen über die Krankheiten des Magens, des Darmcanals u. s. w. Uebersetzt von v. d. Busch. Bremen 1843.
74. Heubner, Art. Dysenterie, in v. Ziemssen's Handbuch der spec. Pathol. u. Ther. II. Bd.

75. Jaffe, Centralbl. f. d. med. Wissensch. u. Virchow's Arch. Bd. 70.
76. Senator, Centralbl. f. d. med. Wissensch. 1879. No. 20, 21, 22.
77. Hennige, Die Indicanauscheidung in Krankheiten. Deutsches Arch. f. klin. Med. 23. Bd.
78. Leyden, Verhandlungen des Vereins für innere Medicin. Berlin 1882.
79. Longuet, Rec. de mém. de méd. milit. 1878. p. 467.
80. Da Costa, Amer. Journ. of med. Scienc. 1871.
81. Marchand, Berliner klin. Wochenschr. 187
82. Beard, Die Nervenschwäche u. s. w. Uebers. von Neisser. Leipzig 1883.
83. Borel, Le nervosisme. Paris 1873.
84. Handfield Jones, On functional nervous disorders. London 1864.
85. Kundrat (-Widerhofer), in Gerhardt's Handbuch der Kinderkrankheiten. IV. Bd. 2. Abth Tübingen 1880.
86. Klebs, Handbuch der pathol. Anatomie. I. Bd. Berlin 1868.
87. Rindfleisch, Lehrbuch der pathol. Gewebelehre. Leipzig 1873.
88. Fenwick, On atrophy of the stomach etc. London 1880.
89. Aitken, citirt bei Fenwick.
90. Beale, bitirt bei Woodward, vergl. No. 28.
91. Werber, in den Berichten der naturforschenden Gesellschaft zu Freiburg i. Br. III. Bd. 3. Heft. Freiburg i. Br. 1865.
92. Kussmaul u. Maier, im Deutsch. Arch. für klin. Med. Bd. IX.
93. Koelliker, Handbuch der Gewebelehre des Menschen.
94. Klein u. Verson, in Stricker's Handbuch der Gewebelehre. Leipzig 1881.
95. Wagner, Archiv der Heilkunde. II. Jahrgang 1861.
96. Heidenhain, in Hermann's Handbuch der Physiolog. V. Bd. Leipzig 1880.
97. Hervieux, referirt in Schmidt's Jahrbüchern. 88. Bd.
98. Litten, Ueber acute maligne Endocardititis u. s. w. Berliner Charité-Annal. III. Jahrgang. 1877.
99. Ponfick, Ueber embolische Aneurysmen u. s. w. Virchow's Arch. 58. Bd.
100. Kussmaul, Würzburger med. Zeitschr. 1864. V. Bd.
101. Louis, Recherches sur la phthisie. Paris 1825.
102. Spillmann, De la tuberculisation des voies digestives. Paris 1880.
103. Ruehle, Lungenschwindsucht, in v. Ziemssen's Handbuch der spec. Path. u. Ther. V. Bd.
104. Kortum. Ueber Enterophthise. Inaug.-Diss. Berlin 1879.
105. Kelsch, Archives de physiol. normale et pathol. 1877.
106. Parenski, Wiener med Jahrb. 1876.
107. Gerhardt, Zeitschr. für klin. Med. VI. Bd.

Gedruckt bei L. Schumacher in Berlin.

Fig. 1.

Fig. 2.

Fig. 3.

Fig. 4.

Fig. 5.

Fig. 6.

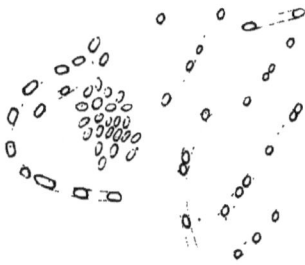
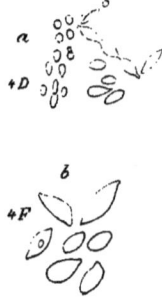

Fig. 7.

Fig. 8.

Fig. 9.

Fig. 10.

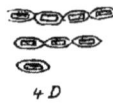

Fig. 11.

Fig. 12.

Fig. 13.

Fig. 14.

Fig. 15.

Fig. 16.

Fig. 17.

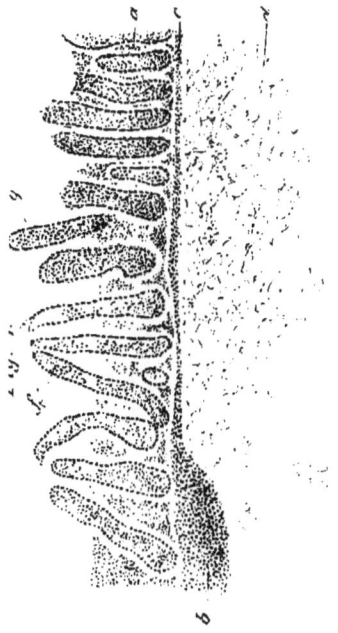

Fig. 2.

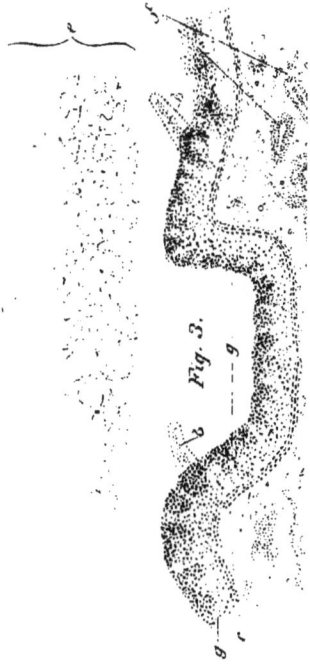

Fig. 3.